生物炭与土壤功能

张爱平　李洪波　杜章留 等　著

中国水利水电出版社
www.waterpub.com.cn
·北京·

内 容 提 要

本书以长期施用生物炭的定位实验基地为基础，充分运用土壤学、微生物学、植物营养学等理论知识，将田间试验和室内研究相结合，针对生物炭施用在土壤固碳、氮磷循环和作物生长中的关键作用及其驱动机制进行了系统的研究，揭示了生物炭促进土壤有机质、抑制农田土壤 N_2O 排放的规律和微生物机制，明确了生物炭在土壤磷转化的作用机制，阐明了生物炭促进作物生长的生物学机理，综合评估了生物炭对土壤多功能性的效应。这些研究成果对于生物炭科学施用具有重要的指导价值。

本书主要内容包括：生物炭与土壤碳库，研究生物炭对土壤有机质和碳足迹的影响；生物炭与氮循环，研究生物炭对氮排放、氮素平衡的影响和机理分析；生物炭对土壤磷动态的作用机制；生物炭调节水稻、小麦和玉米生长发育的作用机制；生物炭与土壤功能，研究生物炭对土壤微生物的影响以及生物炭对土壤多功能性的作用机理。

本书可供从事土壤化学、环境科学等专业的师生和研究人员参考，也可作为相关专业的教材。

图书在版编目（CIP）数据

生物炭与土壤功能 / 张爱平等著. -- 北京 ： 中国水利水电出版社，2024.6. -- ISBN 978-7-5226-2523-2

Ⅰ．S-01

中国国家版本馆CIP数据核字第2024UQ5940号

书　　　名	**生物炭与土壤功能** SHENGWUTAN YU TURANG GONGNENG	
作　　　者	张爱平　李洪波　杜章留　等 著	
出 版 发 行	中国水利水电出版社 （北京市海淀区玉渊潭南路 1 号 D 座　100038） 网址：www.waterpub.com.cn E-mail：sales@mwr.gov.cn 电话：（010）68545888（营销中心）	
经　　　售	北京科水图书销售有限公司 电话：（010）68545874、63202643 全国各地新华书店和相关出版物销售网点	
排　　　版	中国水利水电出版社微机排版中心	
印　　　刷	北京印匠彩色印刷有限公司	
规　　　格	184mm×260mm　16 开本　14.25 印张　295 千字	
版　　　次	2024 年 6 月第 1 版　2024 年 6 月第 1 次印刷	
定　　　价	**98.00 元**	

现代集约化农业生产中，肥料的过量施用容易造成土壤质量退化、微生物多样性降低和环境污染。生物炭作为一种新兴的土壤改良剂，是废弃生物质（如农作物秸秆、木材、畜禽粪便等）在缺氧或无氧环境中经热裂解后产生的固体产物，具有多孔、比表面积大、吸附能力强、碳稳定性强等特点。同时，生物炭具有较高的 pH 值，并富含多种微量元素和有机物质，其单独使用或者作为添加剂使用，能够改良土壤结构、提高土壤碳储量、促进作物的肥料和水分利用效率、降低温室气体排放、促进微生物生长和活性。因此，系统地评估生物炭在农田土壤中的功能，能够强化我们对生物炭提高土壤肥力、促进土壤健康和农业绿色发展的理解。

本书以长期施用生物炭的定位实验基地为基础，充分运用土壤学、微生物学、植物营养学等理论知识，将田间试验和室内研究相结合，针对生物炭施用在土壤固碳、氮磷循环和作物生长中的关键作用及其驱动机制进行了系统的研究，揭示了生物炭促进土壤有机质、抑制农田土壤 N_2O 排放的规律和微生物机制，明确了生物炭在土壤磷转化的作用机制，阐明了生物炭促进作物生长的生物学机理，综合评估了生物炭对土壤多功能性的效应。这些研究成果对于生物炭科学施用具有重要的指导价值。

本书共分为 5 章：第 1 章主要介绍生物炭与土壤碳库，撰写人为张爱平、杜章留、孙佳丽、陈卓熙和高悦，由杜章留统稿；第 2 章主要阐述生物炭与农田 N_2O 排放和氮素平衡，撰写人为张爱平、李洪波、刘宏元、孙佳丽和段鹏宇，由张爱平统稿；第 3 章主要阐述生物炭对土壤磷动态的作用机制，撰写人为张爱平、董志杰、罗娜、周娜和贾菁文撰写，由李洪波统稿；第 4 章主要阐述生物炭调节水稻、小麦和玉米生长发育的作用机制，撰写人为李洪波、刘碧桃、韩硕、周娜和张爱平，由李洪波统稿；第 5 章主要阐述生物炭与土壤功能，撰写人为张爱平、杜章留、董志杰、孙佳丽、陈卓熙和张雨楼，由张爱平统稿。本书的出版得到了国家水体污染控制与治理科技重大专项"松干流域粮食主产区农田面源污染全过程控制技术集成与综合示范"课题的资助。

  由于作者水平有限，本书不足之处难免，敬请读者批评指正。

编者

2024 年 6 月

前言

第 1 章

生 物 炭 与 土 壤 碳 库

1.1 生物炭对土壤有机质的影响

1.1.1 背景

近年来，通过秸秆热解制成的生物炭（biochar）被视为实现碳封存、改良土壤质量和利用秸秆资源的潜在有效措施之一。生物炭含有大量的芳香碳，作为外源物质输入土壤能够增加土壤有机碳（SOC）含量。生物炭的应用可以刺激细菌和真菌的活动，从而通过细胞外酶增强有机物的分解和营养物质的吸收。此外，土壤有机质（SOM）的分子结构与根际群落密切相关。截至目前，大多数研究针对短期生物炭对森林和草原 SOM 组成的影响进行开展，而长期重复施用生物炭对农田根际土壤中 SOM 的微生物来源和分子组成的影响尚不清楚。

生物炭本身可能会释放出与土壤有机碳结构不同的溶解有机碳（DOC），导致 SOM 的结构变化。SOM 的组成复杂且不均匀，其本质上为分子量变化巨大的有机物的集合，主要由植物和微生物残留物的异质混合物组成，含有分子量范围很广的有机化合物。SOC 包括易氧化有机碳（LOC）、溶解性有机碳（DOC）和颗粒态有机碳（POC）等，是 SOM 的重要组成部分。然而，SOC 在分子结构上与 SOM 不同，其中 SOM 的分子结构包括长链脂肪族（n-烷烃，n-烷醇和正烷烃酸）和来自高等植物的类固醇，以及来自微生物的短链脂肪族和海藻糖。生物标志物（如游离态脂质和木质素衍生酚类）被广泛用于鉴定 SOM 的分子组成。这些生物标志物以各种方式提取（包括溶剂萃取、碱性水解和 CuO 氧化等），并通过气相色谱-质谱（GC - MS）测定，极大地促进了对 SOM 起源及其在分子水平上稳定性的理解。目前，尽管已有一项为期 2 年的研究报道了水稻土壤中植物衍生分子（主要是脂质）的生物炭增强保存，但生物炭添加对 SOM 的影响也取决于生物炭施用时间和土壤类型。因此，目前尚不清楚长期施用生物炭如何改变 SOM 的分子组成和来源以及其在农田中的分解动力学。

除生物炭以外，作物根系生长还可以通过吸收和释放各种化合物来影响 SOM。植物根系向根际提供的碳可以直接促进 SOM 分解。除了沉积物进入土壤外，植物还以根际沉积的形式向土壤释放活性有机化合物，包括根系分泌物和脱落的根细胞。根状分解在稳定 SOC 池中起着关键作用，可以用作微生物的能量来源，从而增加微生物活性。此外，生物炭的应用可以调节根系生长并改变根际有机物。然而，对于长期生物炭施用与根系生长之间的相互作用如何影响 SOM 分子组成，目前尚缺乏系统的研究。

SOM 的分子组成因生长阶段而异。例如，拟南芥根系分泌物中糖和糖醇的浓度在拟南芥的晚期阶段（开花）低于早期（营养）阶段。生物炭对根系养分获取有重要影响。先前的研究表明，长期施用生物炭可促进分蘖时根系生长，延缓生长后期根系衰老，从而改变不同生长阶段的根系活性。改变的根活性可能对根系分泌物的组成和数量有显著影响。植物根系提供的碳可以直接驱动 SOM 分解，但尚不清楚碳对根际土壤中 SOM 组成的影响如何在分子水平上发生变化。因此，随着生物炭的长期重复应用，在不同生长阶段对作物根际和原状土壤中 SOM 的数量和分子组成的表征将建立对 SOM 来源及其动态的更全面了解的基础。

作为土壤质量的重要指标之一，细胞外微生物酶参与 SOM 的分解和养分循环。许多具有短期田间和实验室实验的研究已经调查了生物炭改良剂对土壤酶活性的影响，以及不同的生物炭特征和土壤类型。鉴于生物炭分解的长期动力学，相对短期的实验不适合确定生物炭的添加将如何影响掺入后数年的土壤酶活性，对 SOM 在根系环境中的来源和组成产生长期影响。

宁夏黄河灌溉区是中国古老的灌溉区之一，具有人为冲积土的特殊土壤类型。水稻是该地区最重要的作物之一。这里的土壤保持养分的能力较差，有机质含量低。目前，尽管一些短期研究已经提供了有关生物炭添加后土壤碳动力学的重要信息，但所使用的方法并没有提供任何关于 SOM 组成变化的分子水平细节，并且对于长期应用生物炭是否会影响不同水稻生长阶段的 SOM 分子组成并改变土壤碳循环缺乏知识。

为了解决这些问题，研究时添加三种生物炭用量（0，4.5t/hm² 和 13.5t/hm²）到稻田土壤，引起土壤酶活性和化学成分以及有机物来源的变化。旨在回答以下问题：①长期施用生物炭和水稻生长阶段是否会影响二氯甲烷（DCM）/甲醇（MeOH）可提取化合物（n-烷醇、正链烷酸、类固醇和碳水化合物）、木质素衍生的酚类物质以及根际和原状土壤中 SOM 的分解；②长期生物炭添加对人为冲积土中碳组分（易氧化有机碳、溶解性有机碳和颗粒有机碳）以及土壤碳循环和氧化酶活性的影响。

1.1.2　材料和方法

1.1.2.1　试验材料

试验位于宁夏回族自治区青铜峡市叶盛镇地三村宁夏正鑫源现代农业发展集团有限公司试验田。试验区为温带大陆性气候，平均海拔为 1100m，年平均雨量在 192.9mm 左右，年平均气温在 9.4℃ 左右。主要土壤类型为灌淤土，土壤质地组分为黏土18.25％、壤土53.76％和砂土27.99％。耕层（0～20cm）土壤有机质含量为16.1g/kg，总氮含量为1.08g/kg，土壤容重为1.33g/cm。

试验开展于2012年，设置了3个碳水平，分别为BC-0（0t/hm²）、BC-L（4.5t/hm²）和BC-H（13.5t/hm²）。试验选用水稻品种为宁粳43号，于4月28日育秧，5月29日插秧，9月28日收获。试验采用完全随机区组设计，每组3个重复。地块间距为1.5m，地块面积为13m×5m。150kg/hm²、39.3kg/hm²和74.5kg/hm²的尿素（N，46％）、双过磷酸钠（P，20％）和氯化钾（K，50％）和生物炭在移栽水稻前一次性均匀撒施后旋耕，旋耕深度为20cm左右并于秧苗期和拔节期各追施氮肥一次，分别为90kg/hm²和60kg/hm²（表1-1）。试验所用生物炭购于山东省三立新能源公司，为350℃下以小麦秸秆为原料，经高温裂解而成的黑色粉末。生物炭的含碳量和含氮量分别为65.7％和0.5％，pH$_{H_2O}$值为7.78。为了保持一致性，同样对未添加生物炭的地块进行了翻耕，不同地块和年份的作物管理是一致的。

表1-1　　　　　　　　　　生物炭和氮肥用量

处理	生物炭/(t/hm²)	氮/(kg/hm²)	磷/(kg/hm²)	钾/(kg/hm²)
BC-0	0	300	39.3	74.5
BC-L	4.5	300	39.3	74.5
BC-H	13.5	300	39.3	74.5

1.1.2.2　土壤样品

土壤样品（0～20cm）采集于2019年分蘖期、拔节期、开花期和收获期。在取样过程中，用铲子挖出每个地块中随机选择的3株水稻的根系，摇动根部去除松散的黏附土壤（原状土壤）。紧紧黏附在根部的土壤被视为根系土壤，通过用无菌水清洗根部，然后离心收集沉淀物（Zhang et al.，2017）。每个土壤样品均被分为3份，一份冷冻干燥后过2mm的筛子用于测定生物标记物；一份自然风干后过2mm筛子用于测定土壤有机碳和土壤全氮；剩余土壤在-20℃下储存用于测定土壤酶活性。土壤有机碳和土壤全氮采用元素分析仪测定。分蘖期和收获期采集的根际土壤和原状土壤样品采用GC-MS提取SOM生物标志物（Otto et al.，2005）。分蘖期、拔节期、开花期和收获期采集的原状土壤测定易氧化有机碳（LOC）、溶解性有机碳（DOC）和颗粒态有机碳（POC）。

1.1.2.3　土壤有机质分子组成的提取与测定

溶剂萃取主要获得游离态脂质，主要包括四步，即有机溶剂的提取、粗滤和精滤、旋转蒸发和氮吹。称取5.00g土样于聚四氟乙烯管中，加入30mL色谱纯二氯甲烷（DCM），先超声波提取15min，然后离心5min（转速为4000r/min），上清液经过P8滤纸粗滤，收集滤液于三角瓶中；聚四氟乙烯管中剩余的固体分别依次加入30mL

二氯甲烷：甲醇（DCM/MeOH 1∶1，体积比）和 30mL 甲醇（MeOH），按上述方法超声提取、离心和收集滤液。混合滤液通过玻璃纤维膜（Whatman GF/A 在上，GF/F 在下）精滤后转移至圆底烧瓶中。将圆底烧瓶安装在旋转蒸发仪（型号 RE－52AA），设置旋转速度为 1/2，加热温度为 37℃，将多余的溶剂蒸发，浓缩后的样品用DCM/MeOH 1∶1 溶液转移至 GC 小瓶中，最后用氮气吹干，放冰箱中冷冻保存。聚四氟乙烯管中剩余的固体在通风橱中晾干，用于氧化铜氧化（Otto et al.，2005）。

氧化铜（CuO）氧化主要用于提取木质素衍生酚类。称取溶剂萃取后风干的土样250mg、CuO 粉末 1g 和六水合硫酸铵铁 [Fe(NH$_4$)$_2$(SO$_4$)$_2$·6H$_2$O] 100mg 于聚四氟乙烯容器中，加入 2mol/L NaOH 溶液 15 mL，氮气吹扫排走溶液上层空气后立即盖上盖子，放入高压反应釜内，于烘箱中 170℃ 消煮 2.5h。消煮后取出高压反应釜，用流水将其冷却。将上清液转移至离心管中，剩余的固体用 10mL 去离子水转移至另一离心管中，超声波处理 10min，离心 10min（转速为 2500r/min），上清液转移至第一个离心管中；剩余的固体继续加入 10mL 去离子水，重复超声并离心，上清液转移至第一个离心管。混合的上清液中加入 6mol/L HCl 酸化至 pH＝1，室温下暗处理1h，防止肉桂酸发生聚合反应。暗处理后的离心管离心 10min（转速为 2500r/min），上清液转移至新离心管。安装 HLB 萃取柱（cartridges）和真空抽滤泵，依次加入上清液、4mL MeOH、4mL 去离子水和 1.5mL 30% MeOH，真空干燥 10min；分 3 次加入 0.5mL 二氯甲烷∶乙酸甲酯∶吡啶混合液（DCM∶methylacetate∶pyridine 70∶25∶5），2 次 0.5mL MeOH，用新的玻璃小瓶收集提取液，转移至 GC 小瓶中，氮气吹干，冷冻保存（Otto et al.，2005）。

溶剂萃取及氧化铜氧化得到的样品中加入 100 L 双（三甲基硅烷基）三氟乙酰胺（BSTFA，[N，O－bis－(trimethylsilyl) trifluoroacetamide]）和 10L 吡啶（pyridine），盖上瓶盖，置于 70℃ 烘箱中加热 1h，冷却后加入 400L 己烷（hexane）进行稀释，最后用针筒式滤膜过滤器（0.22m）过滤。本试验定量采用外标法，即溶剂萃取的标准样品有二十二醇（Behenzyl alcohol）、二十四烷（Tetracosane）、二十三酸甲酯（Methyl tricosanoate）和麦角固醇（Ergosterol），氧化铜氧化的标准样品为丁香酸（Syringic acid）和丁香醛（Syringaldehyde）。除二十四烷和二十三酸甲酯不需衍生化，其他标准样品的衍生化过程与样品相同。

衍生化后的样品利用气相色谱-质谱联用仪（GC－MS）进行分析。气相色谱仪型号为 Bruker 451－GC，质谱仪型号为 Bruker SCIONTQ。样品（1L）通过自动进样器注入气相色谱仪，氦气为载气，分流比为 2∶1，注射器温度为 280℃，并通过 HP－5MS 熔融石英毛细管柱（内径：30m×0.25mm，薄膜厚度：0.25μm）实现分离。气相系统设置条件如下：初始温度为 65℃ 稳定 2min，后以 6℃/min 的速度从 65℃ 升至300℃，并在 300℃ 保持 20min。质谱的电离能（EI）为 70eV，质量扫描范围为 50～

650Da。通过比较和分析 GC – MS 图谱和 NIST MS 数据库来鉴别物质和面积积分 (Otto et al.，2005)。

提取得到的生物标志物通过比较单个物质的峰面积和相对应的标准样品的浓度和面积来计算其浓度。溶剂萃取获得的游离态脂质和碳水化合物中，植物源有机质主要包括长链脂肪族脂质（≥C20）和植物甾醇（菜油甾醇、豆甾醇和谷甾醇），微生物源有机质主要包括短链脂肪族脂质（＜C20）和海藻糖 (Otto et al.，2005)，并进一步计算了植物源和微生物源有机质的相对贡献，以％表示。脂质的分子特性（如碳链长度和碳链优势）可以指示不同植被中和森林或草地土壤中有机质的来源和降解 (Bush et al.，2013；LI et al.，2018b)。通过检测土壤脂质特性对耕作措施的响应，可以进一步推测不同耕作措施对土壤有机质来源和降解的影响。此外，在氧化铜氧化产物中，丁香基与香草基的比值（S/V）和肉桂基与香草基的比值（C/V）用来推测木质素的来源和降解，木质素衍生酚类单体的酚酸与对应的醛类的比值（即 Ad/Al）用来推断木质素的氧化程度，该比值随着木质素的降解而增加 (Otto and Simpson，2006b)。(Ad/Al)s 代表丁香基的氧化程度，(Ad/Al)v 代表香草基的氧化程度 (Otto et al.，2006b)。

1.1.2.4　土壤酶活性测定

土壤酶活性参照 Jing 等 (2016) 的方法，测定包括 α -1，4 -葡萄糖苷酶（AG）、β -1，4 -葡萄糖苷酶（BG）、β – D -纤维素生物水解酶（CB）和 β -1，4 -木糖糖苷酶（BX）四种水解酶，以及多酚氧化酶（PPO）和过氧化物酶（PER）两种氧化酶活性。具体方法如下：取 2.75g 新鲜土壤，加入 100mL 50 mM Tris 缓冲液（pH 8.0），用磁力搅拌器搅拌 2min 使其均匀化。对于水解酶，待溶液澄清后用移液器取 200μL 土壤泥浆移于 96 孔微孔板，并加入 50μL 200mM 伞形酮（MUB）作为底物测定水解酶活性，微平板置于暗环境下经过 25℃ 恒温培养 4h 后，用多功能酶标仪（Spectra Max M5，Molecular Devices，Sunny）在 365nm 激发和 450nm 发射条件下测定水解酶的荧光度。对于氧化酶，待溶液澄清后用移液器取 150μL 土壤泥浆移于 96 孔微孔板，并加入 50μL 5mM 乙二胺四乙酸二钠和 50μL 25mM L -二羟苯丙氨酸（DOPA）为底物标示氧化酶活性。微平板置于暗环境下经过 25℃ 恒温培养 3h 后，用多功能酶标仪（Spectra Max M5，Molecular Devices，Sunny）在 450nm 发射条件下测定氧化酶的吸光度。

1.1.2.5　数据分析

采用双因素方差分析法（Two – way ANOVA）分析生物炭处理、土壤样品类型（根际和原状土壤）及其交互作用对溶剂萃取游离态脂质和木质素衍生酚类化合物的影响。同时，采用双因素方差分析法分析生物炭处理、生育时期及其交互作用对水稻循环相关酶活性的影响。采用单因素方差分析（One – way ANOVA）分析生物炭用量对土壤有机碳（SOC）、总氮（TN）、LOC、DOC 和 POC 的影响，平均值比较采用邓肯法（Duncan）进行，显著性分析均为 $P<0.05$。通过 Pearson 相关分析，得到溶剂萃取有机质组分、木质素衍生酚、酶活性和有机碳组分之间的相关系数。采用 SPSS 25.0 软件进行统计分析。

1.1.3　结果

1.1.3.1　土壤理化指标

生物炭的添加对 SOC 和 C/N 有显著影响，但对 TN 没有显著影响（图 1-1）。SOC 含量通常随着生物炭速率的增加而增加。在 BC-L 下，SOC 含量增加了 38%（$P>0.05$），在 BC-H 下增加了 71%（$P<0.05$）。在 BC-L 和 BC-H 下，生物炭添加分别显著增加了 30% 和 44% 的 C/N。

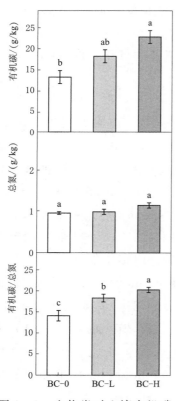

图 1-1　生物炭对土壤有机碳、
总氮和土壤有机质碳氮比的影响

1.1.3.2　颗粒有机碳、易氧化有机碳和溶解性有机碳

在水稻不同生育阶段，生物炭施用对土壤有机碳组分（POC、LOC 和 DOC）的影响不同（图 1-2）。在分蘖期、开花期和收获期，BC-H 较对照 POC 浓度显著增加了 16%、21% 和 13%，但开花期 BC-L 显著降低了 POC 含量［图 1-2（a）］。BC-H 在分蘖期、开花期和收获期较对照 LOC 浓度显著增加了 16%、25% 和 21%，BC-L 在分蘖期和拔节期显著增加了 LOC，但 LOC 浓度在收获期显著降低了 6.5%［图 1-2（b）］。BC-L 在收获期显著降低了 DOC 浓度 7.8%，但 BC-H 在各个生长阶段显著增加 DOC 浓度 8.4%～13%［拔节期除外；图 1-2（c）］。

1.1.3.3　溶剂萃取化合物的组成和来源

生物炭、土壤样品类型（根际和原状土壤）及其交互作用对正构醇、正链烷酸、类固醇和碳水化合物有显著影响（表 1-2）。在分蘖期，BC-L 和 BC-H 显著降低了原状土壤中正构醇、正链烷酸、类固醇和总提取化合物的浓度，分别为 63%～71%、42%～52%、65%～66% 和 43%～53%［图 1-3（a）～（c）、（e）］。BC-L 较 BC-0 原状土壤中碳水化合物的浓度显著增加了 80%，而 BC-H 相对于 BC-0 原状土壤中碳水化合物的浓度显著降低了 64%［图 1-3（d）］。生物炭显著降低了根际土

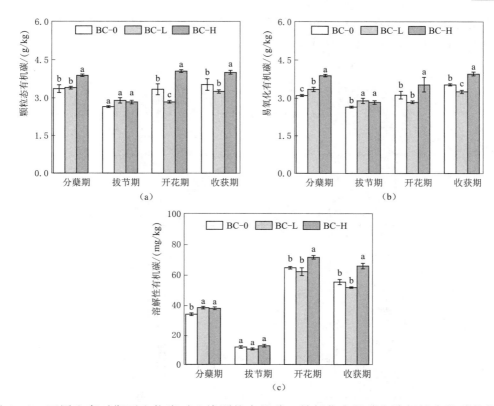

图 1-2　不同生育时期下生物炭对土壤颗粒有机碳、易氧化有机碳和溶解性有机碳的影响

壤中正构醇、碳水化合物和总提取化合物的浓度，分别为 60%～63%、68%～88% 和 30%～39%［图 1-3（a）、（d）、（e）］。BC-H 使根际土壤中正链烷酸的浓度显著降低了 53%［图 1-3（b）］。在所有处理中，原状土壤中正构醇、正链烷酸、类固醇、碳水化合物和总提取化合物的浓度均显著高于根际土壤［BC-H 中的类固醇除外；图 1-3（a）～（e）］。

　　在水稻收获时，BC-H 显著降低了原状土壤中正构醇、正链烷酸、碳水化合物、类固醇和总提取化合物的浓度，分别降低了 55%、51%、55%、59% 和 53%［图 1-3（f）～（j）］。相对于 BC-0，BC-L 使原状土壤中正链烷酸的浓度提高了 42%（$P < 0.05$），碳水化合物浓度增加了 7.6%（$P > 0.05$），总提取化合物的浓度增加了 11%（$P < 0.05$）［图 1-3（g）、（i）、（j）］，并且正构醇的浓度降低了 41%（$P < 0.05$），类固醇浓度降低了 30%（$P < 0.05$；图 1-3（f）、（h）］。与 BC-0 相比，生物炭在根际土壤中显著降低了类固醇和总提取化合物的浓度，分别降低了 50%～93% 和 46%～86% 的［图 1-3（h）、（j）］。BC-H 显著降低了根际土壤中的正构醇（77%），正链烷酸（87%）和碳水化合物（63%）［图 1-3（f）、（g）、（i）］。在原状土壤中，BC-L 和 BC-H 中的正构醇浓度、所有处理的正链烷酸、BC-0 和 BC-H 中的类固醇、BC-0 和 BC-L 中的碳水化合物以及所有处理的总提取化合物的浓度均显著高于

根际土壤［图 1-3（f）～（j）］。相比之下，在所有处理中，根际土壤中总提取化合物的浓度在分蘖期高于收获期［图 1-3（e）、（j）］。

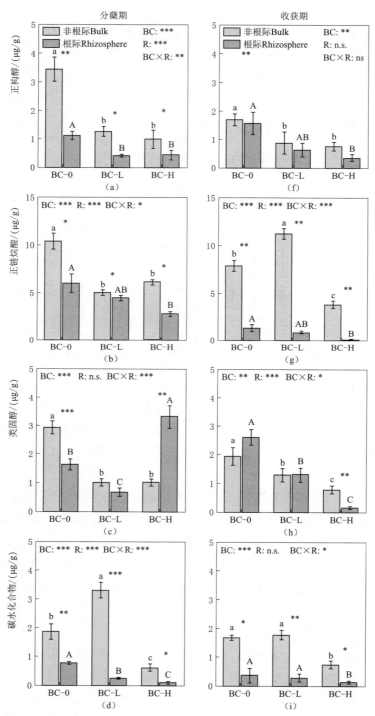

图 1-3（一）　不同生物炭处理下对原状和根际土壤溶剂萃取游离态化合物的影响

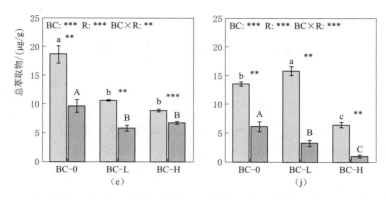

图 1-3（二）   不同生物炭处理下对原状和根际土壤溶剂萃取游离态化合物的影响

在水稻分蘖期，生物炭相较 BC-0 原状土壤中溶剂可萃取植物来源的 SOM 显著降低了 62%～63%［图 1-4（a）］。分蘖期根际土壤溶剂可萃取植物源 SOM 在 BC-L 处理下降低了 57%（$P < 0.05$），在 BC-H 处理下增加了 65%（$P < 0.05$）［图 1-4（a）］。长期添加生物炭后，原状土壤和根际土壤中溶剂可萃取微生物源 SOM 分别显著降低了 40%～52% 和 36%～59%［图 1-4（b）］。在水稻收获期，与 BC-0 相比，生物炭显著降低了原状和根际土壤中溶剂可萃取植物源 SOM 含量，分别降低 56%～90% 和 33%～57%［图 1-4（c）］。在原状土壤中，BC-L 处理下溶剂可萃取微生物

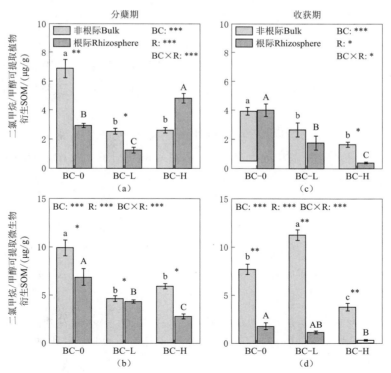

图 1-4   不同生物炭处理下对原状和根际土壤可萃取 SOM 来源的影响

源 SOM 增加了 43%（$P<0.05$），BC-H 处理下降低了 51%［$P<0.05$；图 1-4（d）］。根际土壤中溶剂可萃取微生物源 SOM 在 BC-H 处理下显著降低了 81%［图 1-4（d）］。分蘖期各处理中，原状土壤中溶剂萃取可萃取植物源性 SOM 和微生物源 SOM 均显著高于根际土壤［图 1-4（a）、（b）］。收获期各处理中，原状土壤中的溶剂可萃取微生物源 SOM 均显著高于根际土壤［图 1-4（d）］。在 BC-0 和 BC-H 处理下，分蘖期和收获期原状土壤中溶剂可萃取微生物源 SOM 高于植物源 SOM。

1.1.3.4 木质素衍生的酚类

生物炭、土壤样品类型（根际和原状土壤）及其交互作用显著影响木质素衍生的酚类［VSC：包括香草基（V）、丁香基（S）和肉桂基（C）］。在水稻分蘖期原状土壤中，总香草基的浓度在 BC-L 处理下显著增加了 64%，丁香酯的浓度在 BC-H 处理下显著降低了 67%［图 1-5（a）、（b）］。与 BC-0 相比，生物炭显著降低了原状土壤中的肉桂基和 VSC，分别为 62%～86% 和 19%～66%［图 1-5（d）］。相对于 BC-0，根际土壤中肉桂基和 VSC 在 BC-L 处理中显著降低了 37% 和 21%［图 1-5（d）］。在 BC-0 和 BC-L 处理中，原状土壤中 VSC 的浓度高于根际土壤，但在 BC-H 处理中，原状土壤中 VSC 的浓度低于根际土壤［$P<0.01$；图 1-5（d）］。

在水稻分蘖期，生物炭较对照显著降低了原状土壤中的 S/V 和 C/V，分别为 59%～64% 和 76%～82%，并显著提高了（Ad/Al）v 和（Ad/Al）s，分别为 210%～262% 和 27%～63%［图 1-5（e）～（h）］。分蘖期根际土壤（Ad/Al）s 在 BC-L 处理下降低了 12%（$P>0.05$），在 BC-H 处理下降低了 128%［$P<0.05$；图 1-5（h）］。在 BC-L 和 BC-H 处理中，原状土壤的 S/V 和 C/V 比均高于根际土壤［图 1-5（e）、（f）］。BC-L 处理中原状土壤（Ad/Al）v 和（Ad/Al）s 显著高于根际土壤［图 1-5（g）、（h）］。

在水稻收获期的原状土壤中，生物炭处理下香草基浓度提高了 77%～92%［$P<0.05$；图 1-5（i）］，但肉桂基浓度降低了 33%～66%［$P<0.05$；图 1-5（k）］。与 BC-0 相比，BC-L 处理的原状土壤 VSC 浓度降低了 28%（$P<0.05$），BC-H 处理的 VSC 浓度降低了 8.0%［$P>0.05$；图 1-5（l）］。在根际土壤中，与对照相比，生物炭使总香草基的浓度降低了 37%～61%（$P<0.05$），而 BC-L 显著提高了丁香酯、肉桂基和 VSC 的浓度，分别为 64%、167% 和 42%［图 1-5（i）～（l）］。

生物炭显著降低了原状土壤中 S/V、C/V、（Ad/Al）v 和（Ad/Al）s 的比例，分别降低了 36%～53%、65%～83%、71%～88% 和 37%～39%［图 1-5（m）～（p）］。与 BC-0 相比，生物炭显著提高了根际土壤 S/V 和 C/V，分别为 156%～171% 和 260%～295%［图 1-5（m）、（n）］。根际土壤中，与对照相比，BC-L 处理下（Ad/Al）v 降低了 61%（$P<0.05$），BC-H 处理下（Ad/Al）v 增加了 42%［$P<0.05$；图 1-5（o）］。此外，BC-H 处理下（Ad/Al）s 显著增加了 68%［图 1-5（p）］。

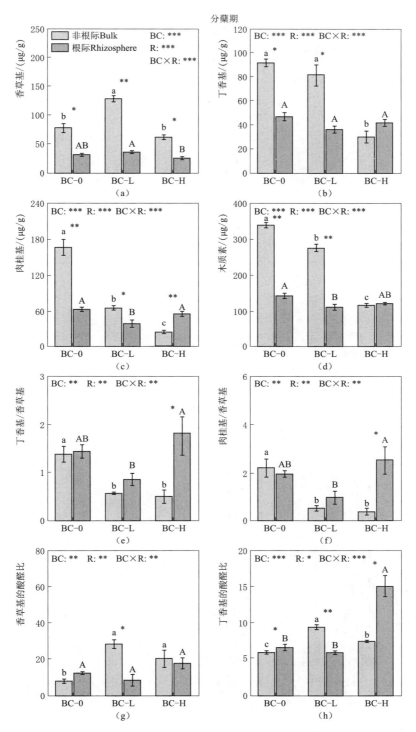

图1-5（一） 生物炭对根际和非根际中香草基（V）、丁香基（S）、肉桂基（C）、
总木质素单体（VSC）浓度和木质素单体参数的影响

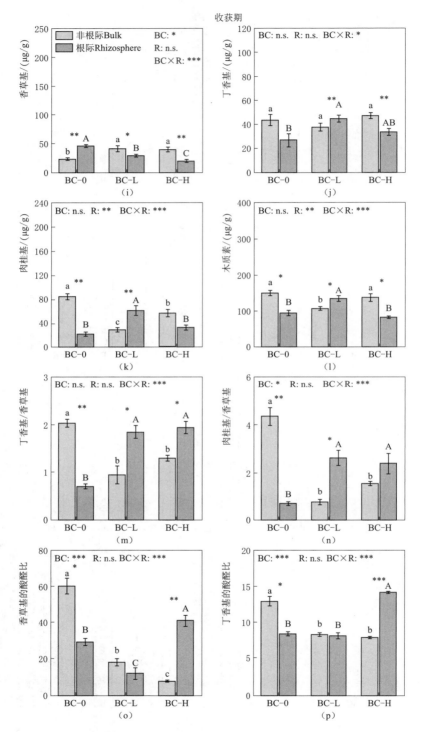

图 1-5（二）　生物炭对根际和非根际中香草基（V）、丁香基（S）、肉桂基（C）、
　　　　　　总木质素单体（VSC）浓度和木质素单体参数的影响

在 BC-H 处理中，原状土壤香草基、丁香酯和 VSC 的浓度显著高于根际土壤 [图 1-5 (i)、(j)、(k)]。根际 S/V、(Ad/Al)v 和 (Ad/Al)s 在 BC-0 处理下显著低于原状土壤，而在 BC-H 处理下则相反。在 BC-0 和 BC-L 处理下，原状土壤 VSC 的浓度在分蘖期高于收获期，根际土壤 VSC 的浓度在分蘖期高于收获期在 BC-0 和 BC-H 处理 [图 1-5 (d)、(k)]。

表 1-2　　生物炭含量和土壤类型对二氯甲烷/甲醇可提取化合物和木质素衍生酚的双因素方差分析

分蘖期测定指标	生物炭		土壤类型		生物炭×土壤类型	
	F-value	P-value	F-value	P-value	F-value	P-value
正构醇	25.59	0.000	39.33	0.000	7.76	0.007
正链烷酸	28.79	0.000	37.45	0.000	6.74	0.011
类固醇	28.19	0.000	1.60	0.230	38.66	0.000
碳水化合物	38.30	0.000	135.43	0.000	32.74	0.000
二氯甲烷/甲醇萃取的总化合物	40.68	0.000	69.65	0.000	9.96	0.003
二氯甲烷/甲醇可提取植物衍生 SOM	49.20	0.000	31.18	0.000	37.15	0.000
二氯甲烷/甲醇可提取微生物衍生 SOM	26.31	0.000	31.47	0.000	6.24	0.014
香草基	36.63	0.000	245.50	0.000	22.50	0.000
丁香基	24.63	0.000	43.51	0.000	22.01	0.000
肉桂基	85.69	0.000	41.32	0.000	62.02	0.000
木质素	136.89	0.000	384.39	0.000	113.07	0.000
丁香基/香草基	7.90	0.006	14.91	0.002	7.19	0.009
肉桂基/香草基	10.68	0.002	10.74	0.007	9.25	0.004
香草基的酸醛比	12.92	0.001	17.31	0.001	13.09	0.001
丁香基的酸醛比	28.32	0.000	8.17	0.014	34.60	0.000
收获期测定指标						
正构醇	8.73	0.005	1.88	0.196	0.14	0.870
正链烷酸	61.11	0.000	503.87	0.000	38.34	0.000
类固醇	10.81	0.002	91.21	0.000	5.11	0.025
碳水化合物	35.62	0.000	0.02	0.868	4.73	0.031
二氯甲烷/甲醇萃取的总化合物	77.98	0.000	342.45	0.000	20.30	0.000
二氯甲烷/甲醇可提取植物衍生 SOM	35.67	0.000	5.70	0.034	2.07	0.049
二氯甲烷/甲醇可提取微生物衍生 SOM	58.06	0.000	428.18	0.000	38.69	0.000
香草基	3.25	0.045	1.89	0.195	32.97	0.000

续表

分蘖期测定指标	生物炭		土壤类型		生物炭×土壤类型	
	F - value	P - value	F - value	P - value	F - value	P - value
丁香基	1.09	0.367	4.21	0.063	5.81	0.028
肉桂基	2.20	0.153	20.07	0.001	47.02	0.000
木质素	1.23	0.325	19.21	0.001	18.42	0.000
丁香基/香草基	2.67	0.110	0.54	0.476	52.64	0.000
肉桂基/香草基	4.35	0.038	2.26	0.159	72.13	0.000
香草基的酸醛比	63.40	0.000	0.29	0.599	106.72	0.000
丁香基的酸醛比	39.92	0.000	3.62	0.081	115.37	0.000

1.1.4 讨论

1.1.4.1 添加生物炭对土壤 SOC、POC、DOC 和 LOC 的影响

施用生物炭能够增强 SOC 封存（Hu et al.，2021；Wang et al.，2016）。许多之前的研究表明，添加生物炭增加了 SOC（Blanco - Canqui et al.，2020；Wang et al.，2016；Zheng et al.，2016），这在我们的研究中得到了证实（表 1 - 1），这可以解释为生物炭的高含碳含量来解释，主要是顽固性芳烃 C，增加了 SOC 存量（Zheng et al.，2016）。

许多研究表明，生物炭的掺入能够改变 POC，LOC 和 DOC（Huang et al.，2018；Yang et al.，2017，2018）。在本研究中，在土壤中添加生物炭（BC - H）增加了分蘖期和收获期的 LOC [图 1 - 2（b）]。一个可能的解释是，实验中使用的生物炭是在约 350℃ 相对低温下厌氧制备的，这表明它没有完全氧化，而且仍然存在高氧化性有机碳组分（Huang et al.，2018）。此外，我们的研究结果表明，BC - L 处理降低了开花期和收获期的 DOC [图 1 - 2（c）]，这主要是由于生物炭对 DOC 的吸附作用（Lu et al.，2014）。生物炭施用于土壤后，土壤衍生的 DOC 可能进入生物炭的孔隙或被吸附在生物炭的外表面（Zheng et al.，2016）。一旦被吸附的有机物覆盖生物炭表面并填充孔隙，生物炭孔隙中的有机碳和生物炭衍生碳不能被酶降解，抑制了吸附的 SOC 分解，降低了 DOC（Lu et al.，2014）。相反，BC - H 在不同水稻不同生长阶段显著增加了 DOC [图 1 - 2（c）]，这可能是由于生物炭（特别是在热解不完全后）仍含有一些易挥发的有机 C，施用于土壤后可能会溶解（Dong et al.，2019a）。此外，在开花和收获期，BC - H 处理的 POC 显著增加 [图 1 - 2（a）]，这可能是由于生物炭促进了土壤团聚体的形成（Burrell et al.，2016；Ma et al.，2020），从而最大限度地减少/防止微生物对 POC 的快速降解。生物炭的这种效应是速率依赖性的，因为它不会在开花和收获时发生在 BC - L 处理中。

1.1.4.2　添加生物炭对土壤中溶剂萃取化合组成和来源的影响

无论是否施用生物炭，分蘖期原状土壤中溶剂萃取化合物（正构醇、正链烷酸、类固醇和提取的总化合物）的浓度均显著高于根际土壤［图 1-3（a）～（c）、(e)、(g)］，这可能是由根际启动效应引起的（Huo et al.，2017）。根际对 SOM 分解的启动效应可能是正的，也可能是负的。本研究中，根际正启动效应可能增加了根际土壤中 SOM 的分解，使其含量低于原状土壤（Cheng et al.，2014；Finzi et al.，2015）。

在所有处理的根际中，分蘖期提取的总游离态化合物浓度高于收获期［图 1-3（e）、(j)］。这可能是由于水稻分蘖期处于淹水状态，而在收获期未处于淹水状态。成熟根系周围的根际厌氧状态减缓了有机物的分解，导致有机物积累增强（Chen et al.，2013；Hall and Silver，2015）。

短链脂族化合物主要来源于微生物群落，而长链脂族化合物和甾类化合物主要来源于植物（Otto et al.，2005）。越来越多的人认识到，微生物来源的 C 可能比植物来源的 C 更稳定和持久，微生物来源的化合物容易与土壤矿物质相互作用形成稳定的 C，是稳定、长期 SOM 储存的主要成分（Angst et al.，2021；Chen，Hu et al.，2021）。在本研究中，无论生长阶段如何，在原状土壤 BC-0 和 BC-H 处理下微生物来源的 SOM 均高于植物来源的 SOM（图 1-4）。这可能是由于：①微生物来源的 C 在有机矿物组合中可以得到物理保护，因为它与土壤矿物基质接近并相互作用，因此它往往比未改变的植物来源的 C 更稳定（Sokol et al.，2019）；②生物炭中本身具有可供微生物消耗的活性物质（Farrell et al.，2013）；③通过生物炭表面吸附增强营养物质的有效性（Sarkhot et al.，2013）；④在生物炭微孔中存在合适的微生物栖息地并可以保护其免受捕食者的侵害（Pietikäinen et al.，2000），在适宜的生境中，微生物的生长促进了有机物的分解。

1.1.4.3　生物炭改良对木质素衍生酚类的影响

在本研究中，生物炭的添加改变了木质素衍生酚的浓度（图 1-5）。在水稻分蘖和收获期，BC-H 降低了根际和原状土壤中 VSC 的浓度［图 1-5（d）、(i)］。革兰氏阳性细菌通常具有分泌几组木质素降解酶的能力，这些酶是分解复杂生物炭衍生碳所必需的（Farrell et al.，2013；Lu et al.，2014；Wang et al.，2020）。事实上，之前的研究表明，添加生物炭增加了原状土壤中革兰氏阳性细菌的丰度（Wang et al.，2015），这可能导致添加生物炭后木质素降解酶的增加，木质素衍生酚浓度的降低，即水稻土中木质素的稳定性降低（Wang et al.，2020）。

在 BC-0 和 BC-H 处理中，分蘖期根际土壤中 VSC 的浓度高于收获期［图 1-5（d）、(i)］。根际分泌物含有很多有机化合物（包括有机酸阴离子、糖、酚），为根际微生物提供营养物质和能量以改变其活性（Chaparro et al.，2013）。Zhang 等（2018）研究发现，水稻根系微生物群在营养阶段具有高度动态性，但在繁殖阶段则不那么活跃，直到水稻成熟前变化不大。因此，本研究中不同生育时期根际土壤中木质素浓度的变化可能是由根系微生物群的变化间接引起的［图 1-5（d）、（i）］。

生物炭的添加显著提高了分蘖期原状土壤中的（Ad/Al）v 和（Ad/Al）s［图 1-5（g）、（h）］，说明生物炭促进了香草基和丁香基的降解。然而，生物炭的添加降低了收获期（Ad/Al）v 和（Ad/Al）s 的比例［图 1-5（o）、（p）］，表明木质素的降解程度随着水稻生长而降低。之前的研究表明，添加生物炭会影响微生物（Wang et al.，2020）。由于微生物是土壤中有机质的主要分解者，生物炭引起的微生物活性和群落组成的变化可能会改变木质素的降解（Mitchell，Simpson，Soong，Schurman et al.，2016）。木质素与半纤维素和纤维素结合形成木质素-纤维素复合体，而土壤中木质素-纤维素的降解被认为主要由真菌引发的，但其他种类的细菌也会引起（Ferreira et al.，2010）。Wang 等（2020）表明，在生物炭改性下和作物生长季节的旺盛阶段，细菌和真菌生物量得到积累。因此，生物炭可能在旺盛阶段（分蘖期）刺激微生物活性的积累，加速木质素降解，而在收获期微生物活性降低，导致木质素降解降低。此外，根际土壤中（Ad/Al）v 和（Ad/Al）s 比值在较高量生物炭添加下增加（表明木质素降解），但在较低量生物炭添加下降低。生物炭激发木质素降解启动效应的不确定性取决于施用量、土壤类型和生物炭施用时间（Wang et al.，2020），有待进一步研究。我们的研究结果也表明，虽然长期添加生物炭影响了 SOM 的分子水平组成，但 SOM 与微生物活性密切相关。因此，长期添加生物炭对根际微生物活性的影响对于阐明根-SOM-微生物相互作用可能是必要的，这可能有助于对 SOM 稳定性的理解。

1.1.5　结论

本研究清楚地表明了土壤碳组分、酶活性和有机物分子组成对不同生物炭用量的响应。相对于 BC-0，添加生物炭后，分蘖期和收获期原状土壤中木质素衍生酚（BC-L 处理）和总萃取化合物（BC-H 处理）含量均较低，分蘖期根际和原状土壤中总萃取化合物植物源和微生物来源的 SOM（BC-L 处理）含量均较低。在所有生物炭处理中，原状土壤中正构醇、正链烷酸、碳水化合物和总萃取化合物的浓度均高于根际土壤。不同生育期木质素降解程度存在差异。这些结果表明，不同的生物炭用量可以改变 SOM 的分子组成、来源和分解，但植物效应（根际和原状土壤之间的差异）也很显著。

参　考　文　献

Angst, G., Mueller, K. E., Nierop, K. G. J., et al., 2021. Plant-or microbial-derived? A review on the molecular composition of stabilized soil organic matter. Soil Biology and Biochemistry, 156, 108189.

Blanco-Canqui, H., Laird, D. A., Heaton, E. A., et al., 2020. Soil carbon increased by twice the amount of biochar carbon applied after 6 years: Field evidence of negative priming. Global Change Biology Bioenergy, 12, 240 – 251.

Burrell, L. D., Zehetner, F., Rampazzo, N., et al., 2016. Long – term effects of biochar on soil physical properties. Geoderma, 282, 96 – 102.

Chaparro, J. M., Badri, D. V., Bakker, M. G., et al., 2013. Root exudation of phytochemicals in Arabidopsis follows specific patterns that are developmentally programmed and correlate with soil microbial functions. PLoS One, 8, e55731.

Chen, J., Liu, X., Zheng, J., et al., 2013. Biochar soil amendment increased bacterial but decreased fungal gene abundance with shifts in community structure in a slightly acid rice paddy from Southwest China. Applied Soil Ecology, 71, 33 – 44.

Chen, S., Ding, Y., Xia, X., et al., 2021a. Amendment of straw biochar increased molecular diversity and enhanced preservation of plant derived organic matter in extracted fractions of a rice paddy. Journal of Environmental Management, 285, 112104.

Chen, X., Hu, Y., Xia, Y., et al., 2021b. Contrasting pathways of carbon sequestration in paddy and upland soils. Global Change Biology, 27, 2478 – 2490.

Cheng, W., Parton, W. J., Gonzalez – Meler, M. A., Phillips, R., Asao, S., McNickle, G. G., Brzostek, E., Jastrow, J. D. (2014). Synthesis and modeling perspectives of rhizosphere priming. New Phytologist, 201, 31 – 44.

Clemente, J. S., Simpson, A. J., Simpson, M. J., 2012. Association of specific organic matter compounds in size fractions of soils under different environmental controls. Organic Geochemistry, 42, 1169 – 1180.

Dijkstra, F. A., Zhu, B., Cheng, W., 2021. Root effects on soil organic carbon: a double – edged sword. New Phytologist, 230, 60 – 65.

Dong, X., Singh, B. P., Li, G., Lin, Q., Zhao, X., 2019a. Biochar has little effect on soil dissolved organic carbon pool 5 years after biochar application under field condition. Soil Use and Management, 35, 466 – 477.

Dong, X., Singh, B. P., Li, G., Lin, Q., Zhao, X., 2019b. Biochar increased field soil inorganic carbon content five years after application. Soil and Tillage Research, 186, 36 – 41.

Du, Z., Yuan, Z., Zhang, A., Li, G., 2019. Consecutive Biochar Application Alters Thermal Stability of Soil Organic Matter in Cropland of North China. Geophysical Research Abstracts.

Elzobair, K. A., Stromberger, M. E., Ippolito, J. A., 2016. Stabilizing effect of biochar on soil extracellular enzymes after a denaturing stress. Chemosphere, 142, 114 – 119.

Farrell, M., Kuhn, T. K., Macdonald, L. M., Maddern, T. M., Murphy, D. V., Hall, P. A., Singh, B. P., Baumann, K., Krull, E. S., Baldock, J. A., 2013. Microbial utilisation of biochar – derived carbon. Science of the Total Environment, 465, 288 – 297.

Ferreira, P., Hernandez – Ortega, A., Herguedas, B., Rencoret, J., Gutierrez, A., Martinez, M. J., Jimenez – Barbero, J., Medina, M., Martinez, A. T., 2010. Kinetic and chemical characterization of aldehyde oxidation by fungal aryl – alcohol oxidase. Biochemical Journal, 425, 585 – 593.

Finzi, A. C., Abramoff, R. Z., Spiller, K. S., Brzostek, E. R., Darby, B. A., Kramer, M. A., Phillips, R. P., 2015. Rhizosphere processes are quantitatively important components of terrestrial carbon and nutrient cycles. Global Change Biology, 21, 2082 – 2094.

Gao, Q., Ma, L., Fang, Y., Zhang, A., Li, G., Wang, J., Wu, D., Wu, W., Du, Z., 2020. Conservation tillage for 17 years alters the molecular composition of organic matter in soil profile. Science of the Total Environment, 762, 143116.

Hall, S. J., Silver, W. L., 2015. Reducing conditions, reactive metals, and their interactions can explain spatial patterns of surface soil carbon in a humid tropical forest. Biogeochemistry, 125, 149 – 165.

Hu, F., Xu, C., Ma, R., Tu, K., Yang, J., Zhao, S., Yang, M., Zhang, F., 2021. Biochar application driven change in soil internal forces improves aggregate stability: Based on a two – year field study. Geoderma, 403, 115276.

Hu, J., Wu, J., Qu, X., 2019. Effects of organic wastes on labile organic carbon in semiarid soil under plastic mulched drip irrigation. Archives of Agronomy and Soil Science, 65, 1873 – 1884.

Huang, J., Liu, W., Deng, M., Wang, X., Wang, Z., Yang, L., Liu, L., 2020. Allocation and turnover of rhizodeposited carbon in different soil microbial groups. Soil Biology and Biochemistry, 150, 107973.

Huang, R., Tian, D., Liu, J., Lv, S., He, X., Gao, M., 2018. Responses of soil carbon pool and soil aggregates associated organic carbon to straw and straw – derived biochar addition in a dryland cropping mesocosm system. Agriculture Ecosystems & Environment, 256, 576 – 586.

Huang, R., Zhang, Z., Xiao, X., Zhang, N., Wang, X., Yang, Z., Xu, K., Liang, Y., 2019. Structural changes of soil organic matter and the linkage to rhizosphere bacterial communities with biochar amendment in manure fertilized soils. Science of the Total Environment, 692, 333 – 343.

Huo, C., Luo, Y., Cheng, W., 2017. Rhizosphere priming effect: A meta – analysis. Soil Biology and Biochemistry, 111, 78 – 84.

Hütsch, B. W., Augustin, J., Merbach, W., 2015. Plant rhizodeposition – an important source for carbon turnover in soils. Journal of Plant Nutrition and Soil Science, 165, 397 – 407.

Jackson, O., Quilliam, R. S., Stott, A., Grant, H., Subke, J. A., 2019. Rhizosphere carbon supply accelerates soil organic matter decomposition in the presence of fresh organic substrates. Plant and Soil, 440, 473 – 490.

Li, J., Wen, Y. C., Li, X. H., Li, Y. T., Yang, X. D., Lin, Z., Song, Z. Z., Cooper, J. M., Zhao, B. Q., 2018a. Soil labile organic carbon fractions and soil organic carbon stocks as affected by long – term organic and mineral fertilization regimes in the North China Plain. Soil & Tillage Research, 175, 281 – 290.

Li, Y., Hu, S., Chen, J., Müller, K., Li, Y., Fu, W., Lin, Z., Wang, H., 2018b. Effects of biochar application in forest ecosystems on soil properties and greenhouse gas emissions: a review. Journal of Soils and Sediments, 18 (2), 546 – 563.

Liu, B. T., Li, H. L., Li, H. B., Zhang, A. P., Zed, R., 2021a. Long – term biochar application promotes rice productivity by regulating root dynamic development and reducing nitrogen leaching. Global Change Biology Bioenergy, 13, 257 – 268.

Liu, M., Li, P., Liu, M., Wang, J., Chang, Q., 2021b. The trend of soil organic carbon fractions related to the successions of different vegetation types on the tableland of the Loess Plateau of China. Journal of Soils and Sediments, 21, 203 – 214.

Liu, P., Ptacek, C. J., Blowes, D. W., Berti, W. R., Landis, R. C., 2015. Aqueous leaching of organic acids and dissolved organic carbon from various biochars prepared at different temperatures. Journal of environmental quality, 44 (2), 684 – 695.

Liu, S. N., Meng, J., Jiang, L. L., Yang, X., Lan, Y., Cheng, X. Y., Chen, W. F., 2017. Rice husk biochar impacts soil phosphorous availability, phosphatase activities and bacterial community characteristics in three different soil types. Applied Soil Ecology, 116, 12 – 22.

Liu, Y., Zhu, J., Gao, W., Guo, Z., Xue, C., Pang, J., Shu, L., 2019. Effects of biochar amendment on bacterial and fungal communities in the reclaimed soil from a mining subsidence area. Environmental Science and Pollution Research, 26 (33), 34368 – 34376.

Lu, W. W., Ding, W. X., Zhang, J. H., Li, Y., Luo, J. F., Bolan, N., Xie, Z. B., 2014. Biochar suppressed the decomposition of organic carbon in a cultivated sandy loam soil: A negative priming effect. Soil Biology and Biochemistry, 76, 12 – 21.

Ma, L., Lv, X., Cao, N., Wang, Z., Zhou, Z., Meng, Y., 2020. Alterations of soil labile organic carbon fractions and biological properties under different residue – management methods with equivalent carbon input. Applied Soil Ecology, 161, 103821.

Ma, T., Zhu, S., Wang, Z., Chen, D., Dai, G., Feng, B., Su, X., Hu, H., Li, K., Han, W., Liang, C., Bai, Y., Feng, X., 2018. Divergent accumulation of microbial necromass and plant lignin components in grassland soils. Nature Communications, 9, 3480.

Majumder, S., Neogi, S., Dutta, T., Powel, M. A., Banik, P., 2019. The impact of biochar on soil carbon sequestration: Meta – analytical approach to evaluating environmental and economic advantages. Journal of Environmental Management, 250, 109466.

Mitchell, P. J., Simpson, A. J., Soong, R., Schurman, J. S., Thomas, S. C., Simpson, M. J., 2016a. Biochar amendment and phosphorus fertilization altered forest soil microbial community and native soil organic matter molecular composition. Biogeochemistry, 130 (3), 227 – 245.

Mitchell, P. J., Simpson, A. J., Soong, R., Simpson, M. J., 2016b. Biochar amendment altered the molecular – level composition of native soil organic matter in a temperate forest soil. Environmental Chemistry, 13 (5), 854 – 866.

Otto, A., Shunthirasingham, C., Simpson, M. J., 2005. A comparison of plant and microbial biomarkers in grassland soils from the Prairie Ecozone of Canada. Organic Geochemistry, 36, 425 – 448.

Otto, A., Simpson, M. J., 2006. Evaluation of CuO oxidation parameters for determining the source and stage of lignin degradation in soil. Biogeochemistry, 80, 121 – 142.

Otto, A., Simpson, M. J., 2007. Analysis of soil organic matter biomarkers by sequential chemical degradation and gas chromatography – mass spectrometry. Journal of Separation Science, 30, 272 – 282.

Pausch, J., Kuzyakov, Y., 2018. Carbon input by roots into the soil: Quantification of rhizodeposition from root to ecosystem scale. Global Change Biology, 24, 1 – 12.

Pietikäinen, J., Kiikkilä, O., Fritze, H., 2000. Charcoal as a habitat for microbes and its effect on the microbial community of the underlying humus. Oikos, 89, 231 – 242.

Sánchez – García, M., J., A. A., Sánchez – Monedero, M. A., Roig, A., Cayuela, M. L., 2015. Biochar accelerates organic matter degradation and enhances N mineralisation during composting of poultry manure without a relevant impact on gas emissions. Bioresource Technology, 192, 272 – 279.

Sarkhot, D. V., Ghezzehei, T. A., Berhe, A. A., 2013. Effectiveness of biochar for sorption of ammonium and phosphate from dairy effluent. Journal of Environmental Quality, 42, 1545 – 1554.

Sokol, N. W., Sanderman, J., Bradford, M. A., 2019. Pathways of mineral – associated soil organic matter formation: Integrating the role of plant carbon source, chemistry, and point of entry. Global Change Biology, 25 (1), 12 – 24.

Tayier, M., Zhao, Y., Duan, D., Zou, R., Wang, Y., Ruan, R., Liu, Y., 2014. Rhizosphere microbiome assemblage is affected by plant development. The ISME Journal, 8, 790 – 803.

Tian, J., Wang, J., Dippold, M., Gao, Y., Blagodatskaya, E., Kuzyakov, Y., 2016. Biochar affects soil organic matter cycling and microbial functions but does not alter microbial community structure in a paddy soil. Science of the Total Environment, 556, 89 – 97.

Ventura, M., Alberti, G., Viger, M., Jenkins, J. R., Girardin, C., Baronti, S., Zaldei, A., Taylor, G., Rumpel, C., Miglietta, F., 2015. Biochar mineralization and priming effect on SOM decomposition in two European short rotation coppices. Global Change Biology Bioenergy, 7 (5), 1150 – 1160.

Wang, C., Xue, L., Dong, Y., Jiao, R., 2020. Soil organic carbon fractions, C – cycling hydrolytic enzymes, and microbial carbon metabolism in Chinese fir plantations. Science of the Total Environment, 758, 143695.

Wang, J., Xiong, Z., Kuzyakov, Y., 2016. Biochar stability in soil: meta – analysis of decomposition and priming effects. Global Change Biology Bioenergy, 8 (3), 512 – 523.

Wang, J. J., Bowden, R. D., Lajtha, K., Washko, S. E., Wurzbacher, S. J., Simpson, M. J., 2019. Long – term nitrogen addition suppresses microbial degradation, enhances soil carbon storage, and alters the molecular composition of soil organic matter. Biogeochemistry, 142, 299 – 313.

Wang, X. B., Song, D. L., Liang, G. Q., Zhang, Q., Ai, C., Zhou, W., 2015. Maize biochar addition rate influences soil enzyme activity and microbial community composition in a fluvo – aquic soil. Applied Soil Ecology, 96, 265 – 272.

Wang, Y., Liu, Y., Liu, R., Zhang, A., Yang, S., Liu, H., Zhou, Y., Yang, Z.,

2017. Biochar amendment reduces paddy soil nitrogen leaching but increases net global warming potential in Ningxia irrigation，China. Scientific Reports，7，1592.

Yang，F.，Tian，J.，Fang，H.，Gao，Y.，Xu，M.，Lou，Y.，Zhou，B.，Kuzyakov，Y.，2019. Functional soil organic matter fractions，microbial community，and enzyme activities in a mollisol under 35 years manure and mineral fertilization. Journal of Soil Science and Plant Nutrition，19（2），430－439.

Yang，X.，Meng，J.，Lan，Y.，Chen，W.，Yang，T.，Yuan，J.，Liu，S.，Han，J.，2017. Effects of maize stover and its biochar on soil CO_2 emissions and labile organic carbon fractions in Northeast China. Agriculture，Ecosystems & Environment，240，24－31.

Yang，X.，Wang，D.，Lan，Y.，Meng，J.，Jiang，L.，Sun，Q.，Cao，D.，Sun，Y.，Chen，W.，2018. Labile organic carbon fractions and carbon pool management index in a 3－year field study with biochar amendment. Journal of soils and sediments，18（4），1569－1578.

Yargicoglu，E. N.，Reddy，K. R.，2017. Effects of biochar and wood pellets amendments added to landfill cover soil on microbial methane oxidation：A laboratory column study－ScienceDirect. Journal of Environmental Management，193，19－31.

Zhang，J.，Zhang，N.，Liu，Y. X.，Zhang，X.，Hu，B.，Qin，Y.，Xu，H.，Wang，H.，Guo，X.，Qian，J.，Wang，W.，Zhang，P.，Jin，T.，Chu，C.，Bai，Y.，2018. Root microbiota shift in rice correlates with resident time in the field and developmental stage. Science China Life Sciences，61，613－621.

Zhang，L.，Xiang，Y.，Jing，Y.，Zhang，R.，2019. Biochar amendment effects on the activities of soil carbon，nitrogen，and phosphorus hydrolytic enzymes：a meta－analysis. Environmental Science and Pollution Research，26，22990－23001.

Zhang，X. X.，Zhang，R. J.，Gao，J. S.，Wang，X. C.，Fan，F. L.，Ma，X. T.，Yin，H. Q.，Zhang，C. W.，Feng，K.，Deng，Y.，2017. Thirty－one years of rice－rice－green manure rotations shape the rhizosphere microbial community and enrich beneficial bacteria. Soil Biology and Biochemistry 104，208－217.

Zheng，J.，Chen，J.，Pan，G.，Liu，X.，Zhang，X.，Li，L.，Bian，R.，Cheng，K.，Jinwei，Z.，2016. Biochar decreased microbial metabolic quotient and shifted community composition four years after a single incorporation in a slightly acid rice paddy from southwest China. Science of the Total Environment，571，206－217.

1.2　生物炭与碳足迹

1.2.1　背景

目前温室气体排放趋势表明，2030—2050 年间，全球平均气温将升高 1.5℃（IPCC，2018）。在六大温室气体（CO_2、CH_4、N_2O、SF_6、HFCs 和 PFCs）中，甲烷（CH_4）和氧化亚氮（N_2O）对全球气候变化的相对贡献分别为 20% 和 10%（Barba et al.，2019）。农业是温室气体排放的主要贡献者之一，农田温室气体排放量占全球温室气体排放总量的 17%～32%（Panchasara et al.，2021）。水稻是世界上最重要的农产品之一，全球种植面积占粮食作物总种植面积的 22%（Liu et al.，2022），全球约有 30% 和 11% 的农业 CH_4 和 N_2O 来自稻田（Gupta et al.，2021）。生物炭在提高土壤碳储量，减少氮素损失方面起作用（Bamminger et al.，2018）。利用生物炭与氮肥配施来提高长期土壤固碳能力、作物生产力、氮肥利用效率（NUE）和净生态系统经济效益（NEEB），并且降低作物生产中的温室气体排放，可以抵消全球气候变化的影响（Bamminger et al.，2018；Liu et al.，2022）。净生态系统经济效益（NEEB）是综合了作物产量、温室气体排放量和农业活动的用于评估作物生产的经济效益的一种方法（Huang et al.，2022）。但目前只有少数研究同时评估碳足迹与 NEEB（Li et al.，2015）。因此，本研究通过使用生命周期评价法来评估和量化施用生物炭是否可以有效的减缓温室气体排放，并为生物炭与氮肥配施所带来的经济效益提供科学支撑。

氮肥施用是提高作物产量的基础，可以保证粮食安全和农业的可持续生产（Gonzalez-Cencerrado et al.，2020）。2018 年，中国施用氮肥产生的 N_2O 排放量占全球 N_2O 排放量的 20%（Ma et al.，2022）。增加稻田的氮肥投入，会使氮肥利用率降低并且造成一些环境问题，如温室气体排放量过高、氮沉降加剧、土壤酸化等（Dimkpa et al.，2020）。虽然增加氮肥投入可以提高土壤中有效氮的含量，但会诱导土壤细菌的硝化和反硝化过程排放更多的 N_2O（Bai et al.，2023）。此外，当氮肥农学利用效率达到平台期时，作物产量将不受影响（Zhang et al.，2015）。因此，减少氮肥施用被广泛认为是减少 N_2O 排放量的有效措施（Nath et al.，2017）。降低氮肥施用通过以下两方面来减少温室气体排放量，降低碳足迹。一方面通过调节土壤碳循环来减少温室气体排放。在高氮条件下，水稻的呼吸作用使 CO_2 排放量增加。此外，尽管高氮条件有助于增加 SOC，但其对土壤的固碳作用被高排放的 N_2O 所抵消（Zhong et al.，2016）。另一方面是通过提高氮肥利用率，减少能源消耗来降低碳足迹。氮肥利用率的提高不仅有助于降低氮肥投入成本，而且有助于最大限度地增加作物产量，减少温室气体排放对环境的污染（Liang et al.，2017）。

生物炭作为一种土壤改良剂可以改善土壤结构，提高土壤肥力，并通过以下三个方面调节温室气体排放（Mosa et al.，2023；Liu et al.，2021）：

（1）施用生物炭可以提高氮素吸收率，减少温室气体排放量。Meta 分析表明施用生物炭使活性氮损失减少 25%，温室气体排放减少 66%（Xia et al.，2023）。同时也有研究发现氮肥与生物炭配施，可以使水稻对氮素的吸收增加 27%，且配施条件下可以使稻田 N_2O 排放量降低 40%～51%（Zhang et al.，2010）。这表明生物质炭可能通过提高 NUE 间接调节作物生产氮素需求，从而减少生产以及施用氮肥产生的温室气体排放（Li et al.，2015）。

（2）生物炭施用后会刺激相关微生物与菌群的变化。生物炭的施用对 CH_4 和 N_2O 排放量均造成不同的影响。稻田施用生物炭后，使 CH_4 排放量增加 19%（Song et al.，2016）。可能由于生物炭施用后土壤 pH 值增加，*mcrA* 产甲烷菌在弱碱性和中性土壤中较为活跃，使 CH_4 排放量增加（Lyu et al.，2022）。但也存在稻田施用生物炭会减少 CH_4 的排放量的情况（Jeffery et al.，2016）。施用生物炭可以使 N_2O 排放量降低 38%，并且对水稻土和砂土的减排效果最强（Borchard et al.，2019）。因为生物炭可以改善土壤通气性，增加阳离子交换量，提高土壤 pH，使 N_2O 还原酶活性增强，进而使 N_2O 排放量减少（Cayuela et al.，2013）。但也有施用生物炭后 N_2O 排放量增加的情况（Wu et al.，2018）。

（3）生物炭可以提高土壤有机碳含量，抵消温室气体排放（Zhang and Ok，2014）。水稻土是显著的碳汇，其土壤有机碳含量比耕地土壤高出约 20%（Qi et al.，2023）。提高 SOC 含量能够降低土壤呼吸，提高生产力，并且可以带来可观的经济效益（Gangopadhyay et al.，2022）。施用生物炭可以通过碳封存和作为 CO_2 等温室气体的吸附剂以减少温室气体排放，其中 41%～64% 的减排量与土壤碳固存有关（Gaunt and Lehmann，2008；Huang et al.，2015）。但影响生物炭广泛施用的原因在于其高昂的价格，因此在采用增碳减排措施，优化稻作系统田间管理模式的同时，推动其纳入"碳交易"市场，对实现碳中和起到积极作用。

除了温室气体排放、CF 和碳强度外，另一个关注点是提高水稻生产的经济效益，即净生态系统经济效益。NEEB 由作物产量收益减去农业化学投入成本和碳交易价格构成（Cai et al.，2018）。生物炭与氮肥配施虽然使蔬菜产量显著增加 28%，但 NEEB 只提高 7.1%，然而当蔬菜产量只增加 12% 时，NEEB 降低 8.0%（Bi et al.，2022）。由于产量收益在 NEEB 中占主导地位，水稻生态系统中单独施用生物炭仅使产量增加 11%（Liu et al.，2022）。上述结果说明在可获得较高产量的蔬菜上 NEEB 表现良好，但在大宗作物上，即使可以提高产量，但由于生物炭价格高昂且与其他土壤改良代替品没有竞争优势，因此无法平衡产量收益（Clare et al.，2015）。然而作物秸秆炭化还田是充分利用农业废弃物、改善农业生态环境的有效方式。并且生物炭够在提高土壤碳储量的同时显著降低碳足迹，因此将生物炭纳入"碳交易"市场可以认为是一种多赢的策略（Li et al.，2015；Liu et al.，2022；Wu et al.，2022）。

生物炭增加土壤有机碳含量，利用生命周期评价法耦合碳足迹量化温室气体排放，可以更好的了解生物炭的作用。本研究目的是：①量化长期施用不同水平的生物炭后水稻生产过程中的碳足迹及其组成；②通过计算经济产量、农艺投入和碳交易价格量化净生态系统经济效益（NEEB）。期望可以更好地解释生物炭施用对碳足迹的影响，进而为生物炭应用和农业可持续发展提供信息。

1.2.2　材料与方法

1.2.2.1　试验地概况和试验设计

试验地位于宁夏回族自治区青铜峡市。试验地平均海拔为 1100m，是温带大陆性季风气候，年平均气温为 9.2℃，年平均降水量为 182mm。土壤质地组分为砂土 27.95%，壤土 54.16%，黏土 17.89%。表层土壤（0~15cm）的土壤容重为 1.33g/cm³，SOM 为 13.30g/kg。

试验于 2012 年开始，2018 年结束。设置 3 个生物炭处理：0t/(hm²·a)（B0）、4.5t/(hm²·a)（B1）和 13.5t/(hm²·a)（B2）以及两个氮肥处理：0kg/(hm²·a)（N0）和 300kg/(hm²·a)（N，为当地常规施氮量）。两个试验因素采用完全随机区组设计，3 个重复。

试验地小区为 13m×5m，小区间隔为 1.5m。试验种植的水稻品种为宁粳 43，于 2012 年 4 月播种，5 月移栽，9 月收获。将生物炭在水稻移栽前施入土壤，氮肥以尿素（N，46% w/w）施入，并在苗期和拔节期分别追施 90kg N/hm² 和 60kg N/hm²，过磷酸钙（P，20% w/w），硫酸钾（K，50% w/w）作为基肥分别施入 90kg P/hm²，90kg K/hm²。生物炭由山东省三力新能源公司生产，由小麦秸秆在 350℃厌氧条件下热解制得（直径＜0.25mm）。生物炭的 C、N、P 含量（w/w）分别为 66.0%、0.5%、0.1%，pH 为 7.78（Dong et al.，2022）。生物炭随基肥撒施于土壤表面，与土壤表层（0~15cm）通过翻耕方式混合。未施用氮肥和生物炭处理的试验小区也通过翻耕来保持一致性。在地块和年份之间作物管理保持一致。水稻生长季 6—10 月灌水 900~1200mm，分蘖期（6 月 11 日）、拔节期（6 月 23 日）和开花期（9 月 18 日）均淹水。

1.2.2.2　研究方法

生命周期评价法（LCA）是一种环境管理工具，自 20 世纪 60 年代以来一直被使用，它的开发是为了分析产品所提供的服务，采用自上而下的计算方法，衡量产品生命周期中所有生产过程和原材料的总碳足迹。生命周期评价法是通过某种作物自播种到收割的整个成长周期中的输入、输出及其对环境的潜在的影响的汇编和评价，进而对作物在其整个生命周期对环境的影响做出评估的方法。其目的在于对人为活动造成的不良后果进行分析并提出防治措施与手段。对于碳足迹而言，生命周期评价的组成主要包括边界、数据及计算三部分，因此本研究计算、评估稻田生态系统碳足迹主要通过以下三个步骤：

（1）确定调查边界。

（2）收集数据。

（3）计算稻田碳足迹。

1.2.2.3　调查边界

本研究以宁夏生态系统中的水稻农田作为研究对象，评价水稻生态系统在整个生命周期中的农业相关投资及产出过程的碳足迹。水稻种植的准备材料包括种子、化肥等。对于水稻生长过程中温室气体通量以及农业活动中使用机械所生产的能源消耗处于调查边界以内。作物收割之后的加工处理、贮藏、运输、销售等环节则不属于本次的调查边界之内。

1.2.2.4　温室气体排放量测定

CH_4 和 N_2O 通量采用静态密闭箱法（Hutchinson et al.，1981）测定，每个处理 3 个重复，全年同步测定 CH_4 和 N_2O 通量。采样箱是由内径为 30cm，高为 50cm 和 100cm 的圆柱形 PMMA 管制成的，可以在生育期的不同阶段单独或一起使用。当采集气体样本时，根据水稻高度选择 50cm 或 100cm 的 PMMA 管安装在水稻土壤表层 15cm 的充满水的凹槽中，形成一个气密系统。外柱和盖子用铝箔覆盖，以防止光和热，减少温度对样品的干扰。盖子上装有一个小电风扇和一个铰链式温度计，以混合气体并确定箱内温度。在水稻季时，每隔一个星期进行气体通量测量，并在降水事件或施肥后排放峰值期间补充更频繁的采样（间隔 1～2d）。在每次通量测量中，从 9：00 到 11：00 使用 25mL 注射器于 0min、10min、20min、30min 从箱中收集 4 个气体样品。气体样品储存在预先抽真空的玻璃瓶中，待实验室分析。

CH_4 浓度分析使用配有火焰氢离子化检测器（FID）的气相色谱仪（Agilent 7890A，Shanghai，China）测定，N_2O 浓度分析使用配有电子捕获检测器（ECD）的气相色谱仪（Agilent 7890A，Shanghai，China）测定。

温室气体排放通量计算公式为（Liang et al.，2017）：

$$F = \rho h [273.15/(273.15 + T)] \times dc/dt$$

式中：F 为温室气体排放通量，$mg/(m^2 \cdot h)$；ρ 为标准状态下的密度，CH_4 为 $0.714kg/m^3$，N_2O 为 $1.964kg/m^3$；h 为静态采样箱的有效高度，即从底座稻田水层至顶盖的高度，m；T 为采样时箱体内的平均温度，℃；dc/dt 为气体排放速率，$1 \times 10^{-6}L/(L \cdot min)$。

1.2.2.5　碳足迹计算

全球升温潜势值（GWP）用于评估不同温室气体从二氧化碳当量转化为温室气体的能力。在计算二氧化碳排放量时不考虑总的二氧化碳当量，甲烷和氧化亚氮的 100 年全球升温潜能值分别为 25 和 298（IPCC，2007）。GWP 计算公式为

$$GWP = 25 \times CF_{CH_4} + 298 \times CF_{N_2O}$$

式中：GWP 为全球增温潜势，$kg\ CO_2\ eq/hm^2$；CF_{CH_4} 和 CF_{N_2O} 分别为 CH_4 和 N_2O 气体排放总量，kg/hm^2。

农资投入温室气体排放计算（Xu et al.，2019）：

$$CF_{input} = \sum_{i=1}^{n} \delta_i m_i$$

式中：CF_{input} 为农资投入产生的温室气体排放量，kg CO_2 eq/hm²；n 为农资投入的种类；δ_i 为第 i 种农资的投入量，kg/hm²；m_i 为第 i 种农资的温室气体排放因子，kg CO_2 eq/kg（表 1-3）。

表 1-3 评估中使用各投入的排放因子

排放来源	农艺投入	排放因子 r	数据来源
柴油	13L/hm²	0.89kg CO_2 eq/L	CLCD 0.7
种子	12kg/hm²	1.84kg CO_2 eq/kg	Ecoinvent 2.2
杀虫剂	1.5kg/hm²	10.15kg CO_2 eq/kg	Ecoinvent 2.2
除草剂	0.15kg/hm²	16.61kg CO_2 eq/kg	Ecoinvent 2.2
氮肥	0kg/hm²	2.39kg CO_2 eq/kg N	CLCD 0.7
	300kg/hm²		
钾肥	90kg/hm²	0.66kg CO_2 eq/kg P_2O_5	CLCD 0.7
磷肥	90kg/hm²	0.57kg CO_2 eq/kg K_2O	CLCD 0.7
生物炭	0t/hm²	293.4kg CO_2 eq/t	Ji et al.（2018）
	4.5t/hm²		
	13.5t/hm²		

生产过程产生的温室气体排放（Xu et al.，2019）：

$$CF_{field} = CF_{N_2O} + CF_{CH_4}$$

式中：CF_{field} 为生产过程温室气体排放量，kg CO_2 eq/hm²；CF_{N_2O} 和 CF_{CH_4} 分别为积累的 N_2O 和 CH_4 的二氧化碳排放当量，kg CO_2 eq/hm²。

土壤耕层 SOC 储量（Xu et al.，2019）：

$$\Delta C_{SOC} = \frac{(C_{SOCe} - C_{SOCs})}{n} \times \varepsilon$$

$$C_{SOC} = SOC \times BD \times H$$

式中：ΔC_{SOC} 为耕层 SOC 固存量，kg CO_2 eq/hm²；C_{SOCe} 和 C_{SOCs} 为试验测定结束年份和开始年份的耕层 SOC 固存量，kg CO_2 eq/hm²；n 为试验总年数；ε 为碳转换为 CO_2 当量的系数，为 44/12；BD 为土壤容重，g/cm³；H 为土壤耕层厚度，为 15cm。

农业生产碳足迹计算（Xu et al.，2019）：

$$CF = CF_{input} + CF_{field} - \Delta C_{SOC}$$

式中：CF 为农业生产碳足迹，kg CO_2 eq/hm²；CF_{input} 为农资投入的温室气体排放量，kg CO_2 eq/hm²；CF_{field} 为农业生产过程温室气体排放量，kg CO_2 eq/hm²；ΔC_{SOC} 为耕层 SOC 固存量，kg CO_2 eq/hm²。

1.2.2.6　碳强度

碳强度（GHGI）是指单位质量粮食生产引起的 CO_2 eq 排放强度，主要由作物产量驱动（Kim et al.，2019），是一个很好的、评估可持续集约化的指标（Balaine et al.，2019），计算公式如下（Liu et al.，2016）：

$$GHGI=\frac{CF}{Y}$$

式中：GHGI 为碳强度，kg CO_2 eq/kg grain；CF 为农业生产碳足迹，kg CO_2 eq/hm^2；Y 为水稻产量，kg grain/hm^2。

1.2.2.7　经济效益

净生态系统经济效益（NEEB）是由经济产出、农艺投入和碳成本三方面综合评价的，计算方法如下（Cai et al.，2018）：

$$NNEB=经济产出-投入成本-碳成本$$

式中：NEEB 为净生态系统经济效益，\$；经济产出由水稻产量与其价格乘积计算得到，\$（表 1-4）；投入成本由各种农学投入品的用量与其价格乘积计算得到（表 1-5）；碳成本由 CF 与碳交易价格乘积计算得到；碳交易价格取 35.1 美元/Mg CO_2 eq（Huang et al.，2022）。

表 1-4　用于计算经济产出的价格（数据来源于农业农村大数据网站）

作物	单位	价格/美元
水稻	kg	0.54

表 1-5　各种价格用于计算不同水稻为主的轮作体系的投入成本（数据来源于农业农村大数据网站）

种类	单位	价格/美元
机械耕作（稻田）	hm^2	462.04
机械收获	hm^2	408.32
劳动力	hm^2	1289.42
柴油	hm^2	10.53
氮肥	kg	0.19
磷肥	hm^2	5.57
钾肥	hm^2	13.07
杀虫剂	hm^2	7.64
除草剂	hm^2	113.90
种子	hm^2	135.39
生物炭	t	143.15

1.2.2.8　统计方法

本实验的所有数据都在 Microsoft Excel 2021 和 SPSS 25.0 中对原始数据进行整理分析。所有测定数据为 2012—2018 年的数据平均值。采用单因素方差分析对不同生物炭处理下的 CH_4 排放量、N_2O 排放量、GWP 值、ΔC_{SOC} 含量、碳足迹和碳强度值进行显著性检验。采用双因素方差分析对不同生物炭处理以及氮肥处理下的产量进行显著性检验。显著性水平选择 $P < 0.05$。最后再利用 Prism 8 进行作图。图中数据均为平均值±标准误差。

1.2.3　结果

1.2.3.1　温室气体排放量、SOC 固存量和碳足迹

分析结果表明 CH_4 和 N_2O 排放量均只与生物炭施用有关（图 1-6）。生物炭施用使 CH_4 排放量增加，与 B0 处理相比，B2 处理显著增加 CH_4 排放量 38%；B1 处理增加 CH_4 排放量 4.1%，但是没有达到显著水平。与 B1 处理相比，B2 处理显著增加 CH_4 排放量 33%［图 1-6（a）］。施用生物炭降低 N_2O 排放量，与 B0 处理相比，B1 与 B2 处理均使 N_2O 排放量降低，分别降低 29% 和 4.8%，其中 B2 处理达到了显著水平。与 B1 处理相比，B2 处理显著降低 N_2O 排放量 25%［图 1-6（b）］。总的来说，与 B0 处理相比，B2 处理显著增加 27% 的 GWP；B1 处理使 GWP 提高 84 kg CO_2 eq/ha，但没有达到显著水平。与 B1 处理相比，B2 处理显著增加 GWP 24%［图 1-6（c）］。

ΔC_{SOC} 含量和 CF 只与生物炭施用有关（图 1-7）。当 ΔC_{SOC} 为正值时，表现为土壤固碳；当 ΔC_{SOC} 为负值时，表现为土壤碳库损失。与 B0 处理相比，B1 与 B2 处理分别使 ΔC_{SOC} 含量显著增加 87% 和 173%。与 B1 处理相比，B2 处理显著提高了 ΔC_{SOC} 含量 46%［图 1-7（a）］。在考虑 SOC 固存的情况下，可以更清楚地评估不同生物炭与氮肥施用量下的 CF（表 1-6）。

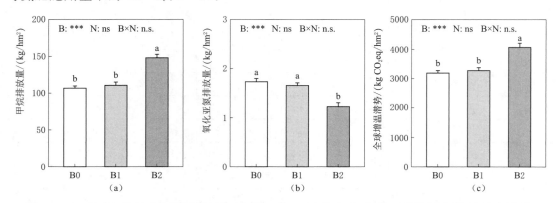

图 1-6　不同生物炭和氮肥施用量对氧化亚氮、甲烷和全球增温潜势累积排放量的影响

注：误差棒为标准误差，不同小写字母表示处理间在 $P < 0.05$ 水平上差异显著。

表 1-6　　　　　　　　　不同处理下的年温室气体排放量

项　　目	N0			N		
	B0	B1	B2	B0	B1	B2
甲烷排放量/(kg CO$_2$ eq/hm^2)	2641	2768	3623	2719	2810	3790
氧化亚氮排放量/(kg CO$_2$ eq/hm^2)	544	483	366	497	509	374
柴油/(kg CO$_2$ eq/hm^2)	12	12	12	12	12	12
种子/(kg CO$_2$ eq/hm^2)	22	22	22	22	22	22
除草剂/(kg CO$_2$ eq/hm^2)	15	15	15	15	15	15
杀虫剂/(kg CO$_2$ eq/hm^2)	2.5	2.5	2.5	2.5	2.5	2.5
氮肥/(kg CO$_2$ eq/hm^2)	0.00	0.00	0.00	717	717	717
磷肥/(kg CO$_2$ eq/hm^2)	59	59	59	59	59	59
钾肥/(kg CO$_2$ eq/hm^2)	51	51	51	51	51	51
生物炭/(kg CO$_2$ eq/hm^2)	0.00	1320	3961	0.00	1320	3961
总温室气体排放量/(Mg CO$_2$ eq/hm^2)	3.3	4.7	8.1	4.1	5.5	9.0
土壤有机碳固存量/(Mg CO$_2$ eq/hm^2)	3.8	6.5	9.7	3.7	7.4	10.5
碳足迹/(Mg CO$_2$ eq/hm^2)	−0.42	−1.8	−1.6	0.43	−1.9	−1.5

　　生物炭的固碳作用，使得 B1 与 B2 处理的 CF 都是负值。与 B0 处理相比，B1 与 B2 处理分别使 CF 显著降低 1.8 和 1.5 Mg CO$_2$ eq/hm^2。与 B1 处理相比，B2 处理使 CF 降低 13%，但没有达到显著水平［图 1-7（b）］。尽管施用生物炭使温室气体排放量增加，但由于其显著的土壤固碳作用，使得 CF 显著降低。相反，尽管 B0 处理温室气体排放量最低，但由于土壤固碳作用细微，CF 最高［图 1-7（a）］。

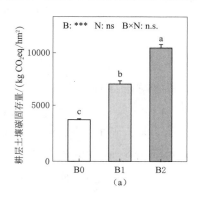
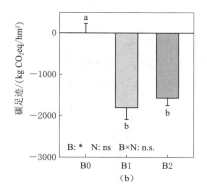

图 1-7　(a) 2012—2018 年 0～15cm 表层土壤有机碳固存。(b) 不同处理下的碳足迹比较。
注：误差棒为标准误差，不同小写字母表示处理间在 $P < 0.05$ 水平上差异显著。

　　不同田间管理措施主要导致土壤 CH$_4$ 和 N$_2$O 排放量以及生物炭与氮肥生产和运输引起的温室气体排放量差异［图 1-8（b）］。CH$_4$ 排放是稻田 CF 的主要贡献者，占 42%～79%。N$_2$O 排放量占总温室气体排放量的 4%～16%。氮肥与生物炭排放温室气体的途径主要是生产和运输。其中，生物炭生产及运输排放的温室气体占总温室气体排放量的 $24\%\sim49\%$，氮肥生产及运输排放的温室气体占 $8\%\sim18\%$。当添加生物炭时，CH_4 排放量占比降低。此外，添加氮肥时，N_2O 排放量占比降低。

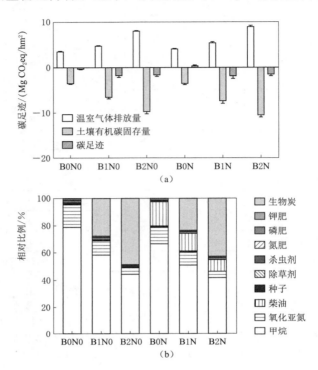

图 1-8　（a）不同处理下的碳足迹比较。温室气体排放量以正值表示；
SOC 固存以负值表示。（b）生物炭和施氮量对温室气体排放总量各组分相对贡献的影响

1.2.3.2　产量和碳强度

产量与生物炭施用、氮肥施用和两者交互作用均显著相关 [图 1-9（a）]。B2N 显著增加水稻产量，与 B0N0、B0N 和 B2N0 处理相比分别显著增加 128%、23% 和 98%。当施用氮肥时，生物炭施用量从 B1 增加到 B2 时，产量增幅仅为 14%，未达到显著水平。然而，在 N0 条件下，施用生物炭不能显著增加水稻产量。当不施用氮肥时，生物炭施用量从 B0 增加到 B1 时，产量增幅仅为 16%；生物炭施用量从 B0 增加到 B2 时，产量增幅仅为 15%，均未达到显著水平；并且 B2N0 处理比 B1N0 处理产量低 27kg/ha。碳强度只与生物炭施用有关 [图 1-9（b）]。与 B0 相比，B1 和 B2 使碳强度显著降低 $0.27kg\ CO_2\ eq/kg$ 和 $0.22kg\ CO_2\ eq/kg$。与 B2 相比，B1 使 GHGI 降低 $0.05kg\ CO_2\ eq/kg$，但没有达到显著影响。

1.2.3.3　净生态系统经济效益

净生态系统经济效益（NEEB）由作物产量收益减去农业化学投入成本和碳交易价格构成（表 1-7）。NEEB 中 N0 条件下均为亏损状态，其中施炭量越多亏损越大。

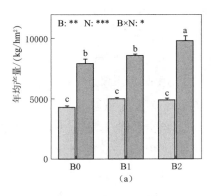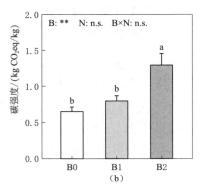

图1-9　生物炭和施氮量对总产量和碳足迹（7年平均值）的影响

注：误差棒为标准误差，不同小写字母表示处理间在 $P<0.05$ 水平上差异显著。

与 B0N0 相比，B1N0 和 B2N0 分别使 NEEB 降低195％和1286％。而在施氮条件下则表现为盈利状态，投入成本和产量收益均表现为 B2N 处理最大，施用生物炭越少 NEEB 越大。B0N 分别比 B1N 和 B2N 的 NEEB 高14％和98％。与 B0N0 相比，B0N 的 NEEB 增加1871美元/hm²，即1559％。在所有处理中，只有 B0N 的碳交易价格为正值，说明其为"碳源"，其余处理表现为"碳汇"。

表1-7　　　　不同处理的经济产出、投入成本、

碳成本和净生态系统经济效益（NEEB）

项目	经济产出/（美元/hm²）	投入成本/（美元/hm²）	碳成本/（美元/hm²）	净生态系统经济效益（NEEB）/（美元/hm²）
B0N0	2311	2446	−15	−120
B1N0	2675	3091	−62	−354
B2N0	2660	4380	−57	−1663
B0N	4269	2503	15	1751
B1N	4622	3148	−66	1540
B2N	5269	4437	−54	885

1.2.4　讨论

1.2.4.1　温室气体排放量、碳足迹、产量和碳强度

稻田土壤 CH_4 静通量是产甲烷和甲烷氧化过程的平衡，受 SOC 和土壤 Eh 的强烈影响（Liu et al.，2016）。CH_4 是在产甲烷菌的协助下，在有机质的分解过程中产生的（Sun et al.，2022）。在本研究中，稻田施用生物炭使 CH_4 的排放量显著增加［图1-6（a）］。可能因为细质土壤相较于粗质土壤的孔隙小，能够容纳更多土壤水，导致厌氧条件下产甲烷菌数量增加（Qi et al.，2020）。此外，施用生物炭后，土壤中产甲

烷菌的基因丰度增加，也导致 CH_4 排放量增加（Kim et al.，2016）。并且，由于 $NH_4^+ - N$ 与 CH_4 竞争甲烷氧化菌的氧化作用，且这种吸附作用随着生物炭施用量的增加而增加，因此 NH_4^+ 的存在会刺激稻田 CH_4 的排放（Song et al.，2016），这与本文的研究结果一致，即生物炭施用量越高，CH_4 排放量越高。

Meta 分析表明，随着生物炭施用量增加，N_2O 排放量减少（Lyu et al.，2022），本节也得到此结果［图 1-6（b）］。可能因为生物炭影响土壤通气性，进而影响土壤的氮动态和氮循环过程，并且改善土壤通气性能够提高土壤反硝化细菌的功能性和多样性，降低反硝化细菌的活性，进而减少 N_2O 排放（Li et al.，2015）。添加生物炭增加了氧化亚氮还原菌（nosZ）编码的细菌 N_2O 还原酶的相对基因和转录物拷贝数，使 N_2O 排放量减少（Harter et al.，2014）。

生物炭施用显著增加了整个试验期间的 GWP，这与 CH_4 排放结果一致（图 1-6）。在 B0、B1 和 B2 处理中，CH_4 排放量分别占 GWP 的 84%、85% 和 91%［图 1-6（a）］。因此在可持续农业生产中，应用合理措施减少 CH_4 排放量可以降低 GWP，如合理灌溉（Wang et al.，2012）。当地块被淹没时会出现强烈的厌氧环境，这有利于产甲烷菌的生长（Xiong et al.，2015）。因此，可以将目前大多数水稻种植所采用的漫灌制度改为间歇性灌溉或沟灌（Wang et al.，2015；Zeng and Li，2021）。与漫灌相比，沟灌使水稻产量提高 8.2%~18%，灌溉水利用效率提高 40%，CH_4 排放量降低 49%~70%，GWP 降低 48%~61%（Zeng and Li，2021）。因此，应用合理灌溉措施与施用生物炭时，可以降低 GWP。

在本研究中，生物炭是降低水稻生产过程中 CF 的主导因子，由于生物炭显著的土壤固碳作用，可以显著降低 CF（图 1-7）。尽管 B2 处理温室气体排放量最高，但由于 ΔC_{SOC} 值最大，使 CF 显著降低。其获得最高的 ΔC_{SOC} 值可能由于生物炭具有多孔结构并且促进微团聚体形成，可以抑制 SOC 矿化（Han et al.，2022）。此外，由于生物炭的碳组分具有高度顽固性（Koga et al.，2017），将 ΔC_{SOC} 值纳入碳足迹计算时，可以将稻田生产所产生的温室气体排放抵消，表明土壤有机碳固存是巨大的碳汇（Xu et al.，2019；He et al.，2019）。

农业面临着可持续发展的挑战，农户和政策制定者应该了解温室气体排放源头以及如何减少，最终目的是提高整个农业生态系统的可持续性（Ronga et al.，2019）。在所有处理中，直接温室气体排放（CH_4 和 N_2O）和氮肥以及生物炭生产运输排放温室气体占比较大［图 1-8（b）］。CH_4 为稻田 CF 的最大贡献者，施用生物炭会增加 CH_4 排放［图 1-6（a）］。同时在生产和运输生物炭时也会排放温室气体，此时温室气体排放量占比较大，使 CH_4 排放量占比相对降低［图 1-8（b）］。生物炭引起 CH_4 排放量的差异取决于其热解技术、温度和材料，以及施用量，因此改善生物炭性质可以降低 CH_4 排放量（Mosa et al.，2023）。施用 550℃ 下热解的银粉蔷薇枝条制成的生

物炭时会降低 CH_4 排放量（Ji et al.，2021）。且与水热炭相比，生物炭对 CH_4 的氧化效率更高，且热解温度越高效果越好（Mosa et al.，2023）。当施用作物秸秆制成的生物炭，施用量增加约一倍时（24Mg/hm² 增加到 42Mg/hm²），CH_4 的排放量减少 20%～51%（Wang et al.，2019）。N_2O 排放量占比的差异主要是由于氮肥损失量造成的，B0 处理的 N_2O 排放量最高，占比也最高（12%～16%）。

尽管生物炭生产及运输所引起的温室气体排放量占总温室气体排放量的 24%～49%。但 ΔC_{SOC} 是决定 CF 的关键指标。生产及运输生物炭所引起的温室气体排放与 CF 的比率远远小于 ΔC_{SOC} 与 CF 的比率，因此与 B0 处理相比，B1 和 B2 处理的 CF 降低。说明 SOC 储量是缓解温室气体排放的基本指标，也是选择农业管理措施第一考虑因素，也证明了生物炭在碳中和的积极作用。因此，减少稻田 CH_4 和生产及运输生物炭所引起的温室气体排放为降低 CF 和增加净碳汇提供协同效应的策略。

在本研究中，在不施用氮肥条件下，单独施用生物炭对水稻产量影响细微［图 1-9（a）］，与 Ye et al.（2020）结果一致。而 B2N 显著提高水稻产量 23%，与 Liu et al.（2022）结果一致。可能由于生物炭与氮肥配施，激发微生物活性，促进养分释放，减少了养分淋失（Li et al.，2015）。此外，由于生物炭具有较高的表面积、孔隙度和 N 生物有效性，促进水稻根系生长，进而提高作物生产力（Agegnehu et al.，2016）。

评估粮食作物生命周期内产生的温室气体可以识别"真正"的主要温室气体排放来源（Chen et al.，2014）。如在水稻生产中，以往的研究多数关注于水稻土的 CH_4 排放（Zhang et al.，2015），但本研究发现生物炭和氮肥的生产及运输产生的温室气体对碳强度的贡献也很大。结果表明，施用生物炭可以显著降低碳强度［图 1-9（b）］。说明温室气体排放量的降低可以与作物产量的提高同时实现（Ma et al.，2013）。但 GHGI 的降低幅度因试验条件、土壤和生物炭性质不同而不同。如在旱地，施用生物炭后 GHGI 的降低幅度显著高于水田，说明在旱地中施用生物炭可能会带来更好的环境和农艺效益（Liu et al.，2019）。为进一步降低未来水稻生产过程中的碳强度，首先可以通过选择合适的氮源、考虑来自土壤的氮供应和作物的氮需求之间的动态关系，以正确的时间和地点施用（Xia et al.，2016），来提高氮肥利用率降低碳强度。其次，合适的水分管理措施，如沟灌、间歇性灌溉等措施可以提高籽粒灌浆速率，促进水稻根系生长，增加作物产量，降低温室气体排放量（Zhao et al.，2015；Zeng et al.，2021）。与漫灌相比，沟灌使碳强度降低 54%～75%（Zeng et al.，2021）。可以通过施用生物炭来提高 SOC 固存量进而降低碳强度（Ma et al.，2013；Koga et al.，2017）。因此，可以通过提高 SOC 含量提高土壤肥力，进而增加作物产量，减少农田温室气体排放量实现三赢（Wang et al.，2015）。目前，尽管作物产量与土壤肥力提高有着积极的协同作用，但由于经济等因素，农民尚未广泛应用生物炭。需要升级农业推广服务，对生物炭进行合理的补贴，以降低温室气体的排放，并实现作物生产力和SOC的提高。

1.2.4.2　NEEB

评估作物生产中的NEEB可以解释农艺生产力与环境可持续性之间的关系，为改善投入成本方面提供科学依据，依此来鼓励农民采用有利于土壤碳增加的管理（Zhang et al.，2015）。生物炭在农业中使用的经济性取决于其施用量、运输成本、作物产量、温室气体排放量及碳固存的效益价值（Mohammadi et al.，2020）。在考虑投入成本和经济产出时，B1N在所有处理中获得了最高的NEEB（表1-6），这可归因于只投入低量的生物炭就可以获得较高的产量，带来较高的经济产出。此外，与B0处理相比，B1处理显著降低CF，对环境的影响也较小（图1-7）。

然而，与B1N处理相比B2N的NEEB降低42%，即654美元/ha。主要是由于高量生物炭的投入成本过高，尽管获得了最高的产量收益，但仍然无法平衡总收益。再者，在N0条件下，单独施用生物炭对NEEB造成负效益。主要是因为施用生物炭的成本过高，在不与氮肥配施的条件下对产量的增加很细微，即使在有些作物中可以显著提高产量，但对于农民或对中小型农场的生产和使用方面来说仍然是一个重大的挑战。

施用生物炭是用来提高土壤碳储量，提高作物生产力和减少温室气体排放的新手段。由于当前生物炭价格高昂，且国际上C价格较低，使经济回报较低，因此在一些农业生态系统中生物炭的施用受到制约。由于产量收益在NEEB中占主导地位（Li et al.，2015），当生物炭与氮肥配施时蔬菜产量提高28%，使NEEB增加7.1%（Bi et al.，2022）。然而大宗作物产量的增加没有蔬菜增加的高，施用生物炭仅使水稻产量增加11%（Liu et al.，2022），因此在大宗作物生态系统中无法获得可观的NEEB。Dickinson等（2015）使用林业废弃物制成的生物炭的成本为155~259美元/Mg，无论投资时间延长到未来多久，在欧洲的西北部都没有带来正的NEEB。但当生物炭的原料改为农作物秸秆时，可以降低生物炭成本，施用8年后水稻生态系统的净效益提高44%（Mohammadi et al.，2017）。此外，当秸秆还田时，CH_4排放量会增加12%（Li et al.，2023），因此将作物秸秆制成生物炭也为处理农业废弃物提供一个新思路。然而Clare等（2014）认为，在农业上生产和使用生物炭在经济角度看是不可行的，因为作物秸秆回收与新能源技术相比竞争力较弱，只有当土壤肥力和产量效益能够在一次施用后持续多年时，大规模使用生物炭在经济上才是可行的。有研究表明，当生物炭市场价格很低时（12美元/Mg，是当前的1/10），并且将生物炭的固碳作用纳入碳交易时，生物炭才可以成为一种赚钱的技术（Mohammadi et al.，2020）。Zhang等（2013）研究表明，在不考虑生物炭成本的情况下，水稻土施用生物炭可以带来1.5×10^3美元/hm^2的经济效益。因此，由于生物炭的部分成本可能会被固碳所带来的效益所覆盖（González–Pernas et al.，2022），应建立国家补贴方案和市场机制，激励农户施用生物炭（Xia et al.，2023）。

施用生物炭是一种通过提高土壤碳储量进而抵消温室气体排放的新兴做法。目前，生物炭价格高昂，对于其在提高产量和定价间的潜在经济效益没有达到平衡（Li et al.，2015）。尤其是对于小农户而言，单独施用生物炭时，由于无法获得生物炭生产系统和参与碳交易，且无法降低投入成本，在自己的农场施用生物炭不可行，这是生物炭使用的弊端。但幸运的是，在中国农业生态系统中，将小块农田聚合成大农场的做法非常普遍，这有助于推广生物炭的施用（Xia et al.，2023）。此外，经济效益低是制约技术应用的主要因素之一，改进生物炭制作工艺能够最大化降低其成本（Mohammadi et al.，2017）。可以通过扩大生物炭厌氧燃烧炉提高制作效率，这会减少液化石油气的消耗，节省制作时间，并且降低对木材的需求减少森林砍伐。

1.2.5　结论

长期试验结果表明，施用生物炭虽然使稻田 CH_4 排放量显著增加 38%，但使 N_2O 排放量显著降低 29%，并且显著增加土壤碳储量 87%～173%，使 CF 显著降低 1.5～1.8 Mg CO_2 eq/ha。与 N0 相比，施用氮肥使水稻产量显著增加 85%，并且获得最高的 NEEB。相反，施用生物炭对水稻产量影响细微，并且带来负的 NEEB。但生物炭与氮肥配施能够在显著提高水稻产量的同时降低 CF，并且带来正的 NEEB。

参 考 文 献

Agegnehu, G., Nelson, P. N., Bird, M. I., 2016. The effects of biochar, compost and their mixtu–re and nitrogen fertilizer on yield and nitrogen use efficiency of barley grown on a Niti–sol in the highlands of Ethiopia. Sci Total Environ, 569–570, 869–879.

Bai, T., Wang, P., Qiu, Y., et al., 2023. Nitrogen availability mediates soil carbon cycling response to climate warming: a meta–analysis. Global Change Biol. 16627.

Balaine, N., Carrijo, D. R., Adviento–Borbe, M. A., Linquist, B., 2019. Greenhouse Gases from Irrigated Rice Systems under Varying Severity of Alternate–Wetting and Drying Irrigation. Soil Sci Soc Am J, 83, 1533–1541.

Bamminger, C., Poll, C., Marhan, S., 2018. Offsetting global warming–induced elevated greenhouse gas emissions from an arable soil by biochar application. Global Change Biol 24, e318–e334.

Barba, J., Poyatos, R., Vargas, R., 2019. Automated measurements of greenhouse gases fluxes from tree stems and soils: magnitudes, patterns and drivers. Sci Rep 9, 4005.

Bi, R., Zhang, Q., Zhan, L., et al., 2022. Biochar and organic substitution improved net ecosystem economic benefit in intensive vegetable production. Biochar 4, 46.

Borchard, N., Schirrmann, M., Cayuela, M. L., et al., 2019. Biochar, soil and land – use interactions that reduce nitrate leaching and N_2O emissions: A meta – analysis. Sci Total Environ 651, 2354 – 2364.

Cai, S., Pittelkow, C. M., Zhao, X., Wang, S., 2018. Winter legume – rice rotations can reduce nitrogen pollution and carbon footprint while maintaining net ecosystem economic benefits. J Clean Prod, 195, 289 – 300.

Cayuela, M. L., Sánchez – Monedero, M. A., Roig, A., et al., 2013. Biochar and denitrification in soils: when, how much and why does biochar reduce N_2O emissions? Sci Rep – uk, 3, 1732.

Chen, X., Cui, Z., Fan, M., et al., 2014. Producing more grain with lower environmental costs. Nature, 514, 486 – 489.

Clare, A., Barnes, A., McDonagh, J., Shackley, S., 2014. From rhetoric to reality: farmer pers – pectives on the economic potential of biochar in China. Int J Agr Sustain, 12, 440 – 458.

Clare, A., Shackley, S., Joseph, S., et al., 2015. Competing uses for China's straw: the economic and carbon abatement potential of biochar. GCB Bioenergy 7, 1272 – 1282.

Dickinson, D., Balduccio, L., Buysse, J., et al., 2015. Cost – benefit analysis of using biochar to improve cereals agriculture. GCB Bioenergy, 7, 850 – 864.

Dimkpa, C. O., Fugice, J., Singh, U., Lewis, T. D., 2020. Development of fertilizers for enhanced nitrogen use efficiency – Trends and perspectives. Sci Total Environ 731, 139113.

Dong, Z., Li, H., Xiao, J., et al., 2022. Soil multifunctionality of paddy field is explained by soil pH rather than microbial diversity after 8 – years of repeated applications of biochar and nitrogen fertilizer. Sci Total Environ, 853, 158620.

Gangopadhyay, S., Banerjee, R., Batabyal, S., et al., 2022. Carbon sequestration and greenhouse gas emissions for different rice cultivation practices. SPAC 34, 90 – 104.

Gaunt, J. L., Lehmann, J., 2008. Energy Balance and Emissions Associated with Biochar Seque – stration and Pyrolysis Bioenergy Production. Environ. Sci. Technol. 42, 4152 – 4158.

González – Cencerrado, A., Ranz, J. P., López – Franco Jiménez, M. T., Gajardo, B. R., 2020. Assessing the environmental benefit of a new fertilizer based on activated biochar applied to cereal crops. Sci Total Environ, 711, 134668.

González – Pernas, F. M., Grajera – Antolín, C., García – Cámara, O., González – Lucas, M., Martín, M. T., González – Egido, S., Aguirre, J. L., 2022. Effects of Biochar on Biointensive Horticultural Crops and Its Economic Viability in the Mediterranean Climate. Energies, 15, 3407.

Gupta, K., Kumar, R., Baruah, K. K., et al., 2021. Greenhouse gas emission from rice fields: a review from Indian context. Environ Sci Pollut Res, 28, 30551 – 30572.

Han, M., Zhao, Q., Li, W., et al., 2022. Global soil organic carbon changes and economic revenues with biochar application. GCB Bioenergy 14, 364 – 377.

Harter, J., Krause, H. –M., Schuettler, S., et al., 2014. Linking N_2O emissions from biochar – amended soil to the structure and function of the N – cycling microbial community. ISME J, 8, 660 – 674.

He，L.，Zhang，A.，Wang，X.，et al.，2019. Effects of different tillage practices on the carbon footprint of wheat and maize production in the Loess Plateau of China. J Clean Prod 234，297 – 305.

Huang，Jiada，Yu，X.，Zhang，Z.，et al.，2022. Exploration of feasible rice – based crop rotation systems to coordinate productivity，resource use efficiency and carbon footprint in central China. EUR J AGRON 141，126633.

Huang，Y. – F.，Chiueh，P. – T.，Shih，C. – H.，et al.，2015. Microwave pyrolysis of rice straw to produce biochar as an adsorbent for CO_2 capture. Energy，84，75 – 82.

Hutchinson，G. L.，Mosier，A. R.，1981. Improved Soil Cover Method for Field Measurement of Nitrous Oxide Fluxes. Soil Sci Soc Am J，45，311 – 316.

IPCC，2007. Climate Change 2007：the Physical Science Basis：Contribution of Working Group I. to the Fourth Assessment Report of the Intergovernmental Panel on Climate. Cambridge University Press，Cambridge.

IPCC，2018. Global Warming of 1.5℃. An IPCC Special Report on the Impacts of Global Warming of 1.5℃ Above Pre – industrial Levels and Related Global Greenhouse Gas Emission Pathways，in the Context of Strenthening the Global Response to the Threat of Climate Change，Sustainable Development，and Efforts to Eradicate Poverty，V. Masson – Delmotte et al.，Eds. (Berne，Swtizerland)

Jeffery，S.，Verheijen，F. G. A.，Kammann，C.，Abalos，D.，2016. Biochar effects on methane emissions from soils：A meta – analysis. SBB 101，251 – 258.

Ji，B.，Chen，J.，Li，W.，et al.，2021. Greenhouse gas emissions from constructed wetlands are mitigated by biochar substrates and distinctly affected by tidal flow and intermittent aeration modes. Environ Pollut，271，116328.

Ji，C.，Cheng，K.，Nayak，D.，Pan，G.，2018. Environmental and economic assessment of crop residue competitive utilization for biochar，briquette fuel and combined heat and power generation. J Clean Prod，192，916 – 923.

Kim，S. Y.，Gutierrez，J.，Kim，P. J.，2016. Unexpected stimulation of CH_4 emissions under continuous no – tillage system in mono – rice paddy soils during cultivation. Geoderma，267，34 – 40.

Koga，N.，Shimoda，S.，Iwata，Y.，2017. Biochar Impacts on Crop Productivity and Greenhouse Gas Emissions from an Andosol. J. Environ. Qual. 46，27 – 35.

Li，B.，Fan，C. H.，Zhang，H.，et al.，2015. Combined effects of nitrogen fertilization and biochar on the net global warming potential，greenhouse gas intensity and net ecosystem economic budget in intensive vegetable agriculture in southeastern China. Atmos Environ 100，10 – 19.

Li，D.，He，H.，Zhou，G.，He，Q.，Yang，S.，2023. Rice Yield and Greenhouse Gas Emissions Due to Biochar and Straw Application under Optimal Reduced N Fertilizers in a Double Season Rice Cropping System. Agronomy，13，1023.

Liang，K.，Zhong，X.，Huang，N.，Lampayan，R. M.，Liu，Y.，Pan，J.，Peng，B.，Hu，X.，Fu，Y.，2017. Nitrogen losses and greenhouse gas emissions under different N and water manage – ment in a subtropical double – season rice cropping system. Sci Total Environ 609，46 – 57.

Liu, D., Zhang, W., Wang, X., Guo, Y., Chen, X., 2022. Greenhouse gas emissions and mitigation potential of hybrid maize seed production in northwestern China. Environ Sci Pollut Res 29, 17787 - 17798.

Liu, J., Jiang, B., Shen, J., Zhu, X., Yi, W., Li, Y., Wu, J., 2021. Contrasting effects of straw and straw - derived biochar applications on soil carbon accumulation and nitrogen use efficiency in double - rice cropping systems. AGR Ecosyst Environ, 311, 107286.

Liu, Q., Liu, B., Ambus, P., et al., 2016. Carbon footprint of rice production under biochar amendment - a case study in a Chinese rice cropping system. GCB Bioenergy, 8, 148 - 159.

Liu, X., Mao, P., Li, L., Ma, J., 2019. Impact of biochar application on yield - scaled greenhouse gas intensity: A meta - analysis. Sci Total Environ 656, 969 - 976.

Liu, Y., Li, H., Hu, T., et al., 2022. A quantitative review of the effects of biochar application on rice yield and nitrogen use efficiency in p - addy fields: A meta - analysis. Sci Total Environ 830, 154792.

Lyu, H., Zhang, H., Chu, M., et al., 2022. Biochar affects greenhouse gas emissions in various environments: A critical review. Land Degrad Dev 33, 3327 - 3342.

Ma, R., Yu, K., Xiao, S., et al., 2022. Data - driven estimates of fertilizer - induced soil NH_3, NO and N_2O emissions from croplands in China and their climate change impacts. Global Change Biol 28, 1008 - 1022.

Ma, Y.C., Kong, X.W., Yang, B., et al., 2013. Net global warming potential and greenhouse gas intensity of annual rice - wheat rotations with integrated soil - crop system management. AGR Ecosyst Environ 164, 209 - 219.

Masson - Delmotte, V., Pörtner, H. - O., Skea, J., et al. An IPCC Special Report on the impacts of global warming of 1.5℃ above preindustrial levels and related global greenhouse gas emission pathways, in the context of strengthening the global response to the threat of climate change, sustainable development, and efforts to eradicate poverty.

Mohammadi, A., Cowie, A.L., Cacho, O., et al., 2017. Biochar addition in rice farming systems: Economic and energy benefits. Energy 140, 415 - 425.

Mohammadi, A., Khoshnevisan, B., Venkatesh, G., Eskandari, S., 2020. A Critical Review on Advancement and Challenges of Biochar Application in Paddy Fields: Environmental and Life Cycle Cost Analysis. Processes 8, 1275.

Mosa, A., Mansour, M.M., Soliman, E., et al., 2023. Biochar as a Soil Amendment for Restraining Greenhouse Gases Emission and Improving Soil Carbon Sink: Current Situation and Ways Forward. Sustainability 15, 1206.

Nath, C.P., Das, T.K., Rana, K.S., et al., 2017. Greenhouse gases emission, soil organic carbon and wheat yield as affected by tillage systems and nitrogen management practices. ARCH AGRON SOIL SCI 63, 1644 - 1660.

Panchasara H., Samrat, N.H., Islam, N., 2021. Greenhouse Gas Emissions Trends and Mitigation Measures in Australian Agriculture Sector - A Review. Agriculture 11, 85.

Qi, J. - Y., Yao, X. - B., Lu, J., et al., 2023. A 40% paddy surface soil organic carbon increase after 5 - year no - tillage is linked with shifts in soil bacterial composition and functions. Sci Total Environ，859，160206.

Qi，L.，Pokharel，P.，Chang，S. X.，et al.，2020. Biochar application increased methane e-mission，soil carbon storage and net ecosystem carbon budget in a 2 - year vegetable - rice rotation. AGR Ecosyst Environ，292，106831.

Ronga，D.，Gallingani，T.，Zaccardelli，M.，et al.，2019. Carbon footprint and energetic analysis of tomato production in the organic vs the conventional cropping systems in Southern Italy. J Clean Prod，220，836 - 845.

Song，X.，Pan，G.，Zhang，C.，et al.，2016. Effects of biochar application on fl - uxes of three biogenic greenhouse gases：a meta - analysis. Ecosyst Health Sust 2，e01202.

Sun，B.，Bai，Z.，Li，Y.，et al.，2022. Emission mitigation of CH_4 and N_2O during semi - permeable membrane covered hyperthermophilic aerobic composting of livestock manure. J Clean Prod，379，134850.

Wang，C.，Shen，J.，Liu，J.，et al.，2019. Microbial mechanisms in the reduction of CH_4 e-mission from double rice cro - pping system amended by biochar：A four - year study. SBB，135，251 - 263.

Wang，J.，Zhang，X.，Xiong，Z.，et al.，2012. Methane emissions from a rice agroecosystem in South China：Effects of water regime，straw incorporation and nitrogen fertilizer. Nutr Cycl Agroecosys，93，103 - 112.

Wang，W.，Guo，L.，Li，Y.，et al.，2015. Greenhouse gas intensity of three main crops and implications for low - carbon agriculture in China. Climatic Change 128，57 - 70.

Wu，D.，Senbayram，M.，Zang，H.，et al.，2018. Effect of biochar origin and soil pH on greenhouse gas emissions from sandy and clay soils. Appl Soil Ecol，129，121 - 127.

Wu，L.，Zhang，X.，Chen，H.，et al.，2022. Nitrogen Fertilization and Straw Management Economically Improve Wheat Yield and Energy Use Efficiency，Reduce Carbon Footprint. Agronomy 12，848.

Xia，L.，Cao，L.，Yang，Y.，et al.，2023. Integrated biochar solutions can achieve carbon - neutral staple crop production. Nat Food.

Xia，L.，Xia，Y.，Li，B.，et al.，2016. Integrating agronomic practices to reduce greenhouse gas emissions while increasing the economic return in a rice - based cropping system. AGR Ecosyst Environ 231，24 - 33.

Xiong，Z.，Liu，Y.，Wu，Z.，et al.，2015. Differences in net global warming potential and greenhouse gas intensity between major rice - based cropping systems in China. Sci Rep 5，17774.

Xu，X.，Cheng，K.，Wu，H.，et al.，2019. Greenhouse gas mitigation potential in crop production with biochar soil amendment - a carbon footprint assessment for cross - site field experiments from China. GCB Bioenergy 11，592 - 605.

Ye，L.，Camps - Arbestain，M.，Shen，Q.，Lehmann，J.，Singh，B.，Sabir，M.，2020. Biochar effects on crop yields with and without fertilizer：A meta - analysis of field studies using separate controls. Soil Use Manage，36，2 - 18.

Zeng，Y.，Li，F.，2021. Ridge irrigation reduced greenhouse gas emission in double - cropping rice field. Arch Agron Soil Sci，67，1003 – 1016.

Zhang，A.，Cui，L.，Pan，G.，et al.，2010. Effect of biochar amendment on yield and methane and nitrous oxide emissions from a rice paddy from Tai Lake plain，China. AGR Ecosyst Environ，139，469 – 475.

Zhang，F.，Chen，X.，Vitousek，P.，2013. An experiment for the world. Nature，497，33 – 35.

Zhang，G.，Zhang，W.，Yu，H.，et al.，2015. Increase in CH$_4$ emission due to weeds incorporation prior to rice transplanting in a rice – wheat rotation system. Atmos Environ，116，83 – 91.

Zhang，M.，Ok，Y. S.，2014. Biochar soil amendment for sustainable agriculture with carbon and contaminant sequestration. Carbon Manag，5，255 – 257.

Zhang，X.，Davidson，E. A.，Mauzerall，D. L.，et al.，2015. Managing nitrogen for sustainable development. Nature 528，51 – 59.

Zhao，M.，Tian，Y.，Ma，Y.，et al.，2015. Mitigating gaseous nitrogen emissions intensity from a Chinese rice cropping system through an improved management practice aimed to close the yield gap. AGR Ecosyst Environ，203，36 – 45.

Zhong，Y.，Wang，X.，Yang，J.，et al.，2016. Exploring a suitable nitrogen fertilizer rate to reduce greenhouse gas emissions and ensure rice yields in paddy fields. Sci Total Environ 565，420 – 426.

第 2 章

生 物 炭 与 氮 循 环

2.1 小麦-玉米体系中生物炭施用量和频度对 N_2O 排放机制研究

2.1.1 研究背景

生物炭是由农业生产废弃物和生活垃圾等生物质经高温缺氧慢热炭化制成的,其具有含碳量高、比表面积大和性质稳定的特点。许多研究表明添加生物炭能通过影响土壤硝化和反硝化速率有效抑制农田土壤 N_2O 排放,而农田 N_2O 产生最主要的途径是硝化以及反硝化作用,虽然就生物炭影响 N_2O 的排放机制已经开展了不少工作,但受试验年限、土壤类型以及生物炭用量等方面的影响,尚未形成统一的结论;另外,现有研究大多是连年施用生物炭,缺少一次性施炭的后效研究;同时,由于生物炭自身含有一定的氮素,多年连续施入是否会影响土壤氮素平衡,也鲜有关注。

氧化亚氮 (N_2O) 是重要的温室气体之一,其不仅可以像二氧化碳 (CO_2)、甲烷 (CH_4) 一样产生温室效应,而且其在平流层中的产物 NO 还可以破坏臭氧层。农田是 N_2O 的重要排放源,占全球 N_2O 排放的 84%,这主要是由氮肥的大量施用直接导致的,而我国是世界上施用氮肥最多的国家之一,降低农田 N_2O 排放量是我国实现温室气体减排的必须采取的重要举措。

华北平原是我国重要的粮食主产区,也是氮肥用量最高的区域之一。山东省小麦-玉米轮作系统的年施氮量高达 625 kg N/hm^2,远远高于欧洲同类型农田的施氮量。大量的氮肥投入导致土壤质量下降,氮肥利用率低下,同时环境流失风险加大。因此,若能将农业废弃物制成的生物炭与防治土壤氮素损失相结合,既可改善土壤质量、减轻农业废弃物对环境造成的压力,又可降低 N_2O 排放、氮肥淋失等造成的环境问题,是适合我国国情的一项措施,也符合我国可持续发展农业的要求。

基于上述背景,通过田间试验和室内培养试验相结合,用于研究:①连续添加不同剂量生物炭和一次性大量施用生物炭对土壤 N_2O 排放的影响;②连续添加不同剂量生物炭和一次性大量施用生物炭对土壤基本理化性状及结构的影响;③连续添加不同剂量生物炭和一次性大量施用生物炭对土壤硝化和反硝化过程标志功能基因丰度的影响，用以分析生物炭对土壤 N_2O 排放的微生物学机制；④生物炭对土壤氮素平衡的影响，以探究生物炭在作物不减产和维持土壤氮素平衡的条件下对 N_2O 排放影响；⑤不同粒级团聚体下，生物炭对土壤 N_2O 排放和土壤 $NO_3^- - N$、$NH_4^+ - N$、MBC 和 MBN 的影响。

2.1.2　材料方法

2.1.2.1　研究区概况

本研究试验地位于山东省德州市德城区黄河涯镇现代农业科技园。该地区属暖温带半湿润季风气候，冬季通常寒冷干燥；夏季时常闷热多雨。该地区年平均气温 12.9℃，年均日照时数为 2592h 左右，5—6 月光照充足，年均降水量 547.5mm，多集中在 6—8 月。试验地属于盐碱土，土壤质地为轻壤。试验地 0～20cm 土壤的基本理化性质：pH 为 8.54，有机质为 13.71g/kg，碱解氮为 26.56mg/kg，有效磷为 34.27mg/kg，速效钾为 106mg/kg。试验地主要种植模式为小麦—玉米轮作，除此以外，还有棉花、蔬菜和食用菌等经济作物种植。

2.1.2.2　试验设计

田间试验共设 6 个处理，除特殊说明外，在 2015 年小麦季播种前每年均施用生物炭，分别为对照组（C0）、添加 2.25t/hm² 生物炭（C1）、添加 4.5t/hm² 生物炭（C2）、添加 9t/hm² 生物炭（C3）、添加 13.5t/hm² 生物炭（C4）、仅在 2015 年（以后均不再施用）添加 13.5t/hm² 生物炭（CS）。每个处理重复 3 次，每个小区面积为 6m×30m=180m²。样品采集时间为 2016 年 10 月—2018 年 10 月。试验所选用的小麦品种为济麦 22，分别于 2016 年 10 月 20 日和 2017 年 10 月 29 日播种，2017 年 6 月 8 日收获和 2018 年 6 月 8 日收获；玉米品种为鲁宁 184，分别于 2017 年 6 月 14 日和 2018 年 6 月 18 日播种，2017 年 10 月 7 日和 2018 年 10 月 8 日收获。在小麦季，各处理氮磷肥投入量分别为 315kg N/hm² 和 270kg P₂O₅/hm²。在玉米季，各处理的氮磷钾肥投入量分别为 255kg N/hm²、45kg P₂O₅/hm² 和 60kg K₂O/hm²。小麦季氮肥按照基肥和追肥 1:1 的比例均匀施用。磷肥作为基肥，一次性均匀施用。在玉米季，所有肥料均于 2017 年 6 月 13 日和 2018 年 6 月 17 日作为基肥一次性均匀施用。在每次施肥后进行灌溉。除 C0 处理外，其他处理在每季收获后将秸秆尽可能移除，其他农作管理措施与当地传统施肥模式一致。

室内试验，旨在进一步研究不同粒级团聚体对土壤 N_2O 排放的影响。首先，在 2018 年 6 月小麦季收获后，采集 C0、C1、C2、C3 和 C4 处理的土壤样品，并利用干筛法分级出各粒级团聚体，以初步得出生物炭对土壤团聚体组分的影响。同时，将采集于上述试验地的土壤，风干后，过 2mm 筛，分离出 4 个粒级的团聚体，分别为

＜0.053mm（微团聚体，W）；＞0.053mm（小团聚体，X）；＞0.106mm（中团聚体，Z）；＞1mm（大团聚体，D）。分别称取50g各粒级的团聚体于培养瓶中，恢复含水量至田间持水量的20%；同田间试验生物炭添加浓度，各粒级团聚体分别按照0t/hm^2、2.25t/hm^2、4.5t/hm^2、9t/hm^2、13.5t/hm^2添加生物炭。因此，包括对照（原土，Y），本试验共计25个处理，每个处理3次重复，具体见表2-1。将各培养瓶预培养1周，恢复微生物活性后正式采集气体，采集时间分别在0h、12h、24h、36h、48h、60h、72h、96h、120h、144h、168h、192h、216h、240h、264h、288h、312h、336h、360h和384h，在最后一次采集气体时（384h），收集培养瓶中的土样，测定土壤水分、无机态氮和微生物量等指标。

表 2-1	试 验 处 理 编 号				单位：t/hm^2
处理	0	2.25	4.5	9	13.5
Y	Y0	Y1	Y2	Y3	Y4
W	W0	W1	W2	W3	W4
X	X0	X1	X2	X3	X4
Z	Z0	Z1	Z2	Z3	Z4
D	D0	D1	D2	D3	D4

本试验所用生物炭由山东省济南宸铭环卫设备有限公司提供，以棉花秸秆为原料在800℃下经不完全燃烧制成，其基本性状：全N含量为4.88g/kg，全P含量为0.83g/kg，全K含量为15.98g/kg，pH为8.67，密度为0.297g/cm^3，含C量为73%。生物炭按照不同处理添加量仅在每年小麦播种前施入，施入后与肥料一起旋耕，旋耕深度为20cm。

2.1.2.3　样品采集与测定

1. 土壤采集与指标测定

在田间试验中，采集0～20cm土层土壤样品，小麦季每15天一次，玉米季每7天一次，如遇降水、灌溉和施肥等适当调整。采集的土壤样品要剔除肉眼可见的杂质（如植物残体等），主要指标测定方法如下：

土壤温度（TS）利用手持式数字温度计直接原位测定。

土壤水分（TM）利用TDR仪测定以及烘干法。具体方法如下：用精确度为0.01kg的分析天平准确称取铝盒质量，然后称取10～20g过2mm筛的新鲜土样置于铝盒内称重。将样品放入烘箱，在105℃下烘干12h，取出土样冷却至室温，立即称重。

土壤硝态氮（$NO_3^- - N$）、铵态氮（$NH_4^+ - N$）利用$CaCl_2$浸提法，测定前要剔除肉眼可见的植物残体及土壤动物（如甲虫等），称取 10g 过 2mm 筛的新鲜土壤，置于 100mL 塑料瓶中，加入 50mL 0.01mol/L 的 $CaCl_2$ 溶液，振荡 30min 后过滤，滤液冷冻保存。测定前先解冻，然后用流动分析仪（AutoAnalyzer 3，SEAL，Germany）测定。

土壤 pH 值使用土壤酸度计法，称取过 2mm 筛的自然风干土样 10g 置于 50mL 烧杯中，加入 25mL 蒸馏水。用搅拌器搅拌 5min，静置 1h，然后用 pH 计测定。

微生物量碳（MBC）氮（MBN）采用氯仿熏蒸提取法。采集新鲜土壤立即处理或存贮在 4℃ 冰箱。测定前要剔除肉眼可见的杂质，如植物根系等，并维持土壤湿度至田间持水量的 40%。称取经过上述处理的土壤样品 10g 并过 2mm 筛，置于 50mL 烧杯中，放入真空皿中进行熏蒸。同时还要将加有少量沸石的 50mL 无乙醇氯仿放入真空干燥器中以熏蒸。在加入土壤样品和氯仿前，先将 50mL 1mol/L 的 NaOH 溶液放入真空干燥器底部以吸收熏蒸期间土壤释放出来的 CO_2。为确保密闭，用凡士林涂抹真空干燥器缝隙。在通风橱中用真空泵以 −0.07MPa 压力抽真空 3min，重复抽真空 3 次后于 25℃ 黑暗条件下熏蒸 24h。并用对应的不熏蒸的土壤样品作为对照处理。将熏蒸后和未熏蒸的土壤样品用 1mol/L K_2SO_4 溶液浸提（土水比 1∶4），振荡 30 min 后过滤，滤液冷冻保存。测定前先解冻，浸提液中有机碳及全氮含量由 Multi N/C 3000 分析仪测定。

土壤有机质（OM）利用重铬酸钾容量法，称取通过 100 目筛孔的风干土样 0.5g ±0.1g（精确到 0.0001g），放入一干燥的硬质试管中，向试管中加入 0.8mol/L（1/6 $K_2Cr_2O_7$，精确到 0.0001g）标准溶液 5mL，用注射器加入 5mL 浓 H_2SO_4 充分摇匀。将试管放入温度为 190℃（误差在 3℃）的石蜡油锅中（试管温度在 170℃左右），待试管内液体沸腾开始计时 5 min 后取出，冷却，用标准的 0.2 mol/L 硫酸亚铁滴定，直至溶液的颜色变为暗绿停止滴定，进而计算土壤有机质。

土壤容重通过环刀法进行测定，将环刀托放在已知重量的环刀上，将环刀刃口向下垂直压入土中，直至环刀筒中充满样品为止。根据测定的土壤含水量，进而推算土壤容重。

2. 气体采集与指标测定

在田间试验中，采用静态箱—气相色谱法收集测定土壤温室气体通量（刘宏元等，2019）。静态箱由不锈钢材料制成的采样箱和底座组成。箱体内置空气搅拌风扇、气压平衡管和采样管。箱体外用白色棉套以达到隔热的效果。玉米季气体采集时间间隔为每 7 天采集 1 次，小麦季每 15 天采集 1 次，遇到施肥、灌水和雨雪天气等略做调整。气体采集前移除底座里作物，气体采集时间为上午 8：00—11：00，在 30min 时段内，用 100mL 注射器在 0min、10min、20min、30min 时分别抽取 1 次气样，每个小区共采集 4 个气样，采集的气体由三通阀注入到铝箔采集袋。每次取样时记录抽气时间，箱内温度、土壤温度。测定气体的同时，用手持 TDR（SpectrumTDR-100）测定土壤体积含水量；用便捷式手持地温计（TM-624）测定 10cm 土壤温度。采集的气样尽快带回实验室并用气相色谱（Agilent7890，USA）测定。电子捕获检测器（ECD）测定 N₂O 含量，检测器温度为 350℃，柱温 55℃。N₂O 通量计算方法参考陈哲等（2016），具体为

$$C_s = \frac{A_s C_0}{A_0} \tag{2-1}$$

式中：C_s 为样品气体浓度，单位为 ppb；A_s 为样品气体所测得峰面积；C_0 为参比气体浓度（N₂O 318×10^{-9}）；A_0 为参比气体所测得峰面积。

N₂O 通量 F ［单位为 $\mu g/(m^2 \cdot h)$］计算公式为

$$F = \frac{dc}{dt} \times \frac{M}{V_0} \times \frac{P}{P_0} \times \frac{T_0}{T} \times H \tag{2-2}$$

式中：dc/dt 为静态箱内气体浓度随时间变化的回归曲线斜率；M 为气体摩尔质量，取 44g/mol；V_0 为标准状态下的气体摩尔体积，取 22.4L/mol；P 为当地大气压强（101.1kPa；P_0 为标准大气压（101.325kPa）；T_0 为标准大气温度（273 K，0℃）；T 为静态箱内绝对温度，K；H 为静态箱高度，m。

$F > 0$ 时表示采样时间内气体净排放，当 $F < 0$ 时表示采样时间内气体净吸收。由测出的排放通量乘以时间可得出当天排放量，通过加权平均法累计得出季节排放总量和全年排放总量。

同时基于试验设计，在实验室内设计研究不同粒级团聚体下生物炭对 N₂O 排放浓度的影响，并在最后一次采集气体样品时采集土壤样品并测定土壤 $NO_3^- - N$、$NH_4^+ - N$ 含量以及微生物量。

3. 相关功能基因丰度的测定

利用 FastDNA ® Spin Kit for Soil 试剂盒（MP Biomedicals，Solon，OH），按照其操作从 0.5g 土壤中提取土壤微生物总 DNA。将 DNA 溶解到 $100\mu L$ 无菌水，储存在 -80℃冰箱中待测。土壤氨氧化细菌（AOA）、土壤氨氧化古菌（AOB）、亚硝酸盐还原菌（nirK、nirS）和氧化亚氮还原菌（nosZ）定量 PCR 扩增引物及反应条件见表 2-2，操作方法参考 LI 等（2016）。定量 PCR 标线采用含有 AOA、AOB、nirK、nirS 和 nosZ 基因的克隆进行制备。实时荧光 q-PCR 在 CFX9 Real-Time PCR System（Bio-Rad，USA）上进行。q-PCR 扩增反应体系为 $20\mu L$，分别为 $10\mu L$ SYBRGreen（TaKaRa，日本），$0.2\mu L$ Rox DYEII，$1\mu L$ DNA 模板，上下游引物各 $0.4\mu L$（10 $\mu mol/L$）和 $8.0\mu L$ 灭菌水。对照处理的 DNA 模板用灭菌后的双蒸馏水代替。

表 2-2　　　　　　　　　　　荧光实时定量 PCR 扩增引物和反应条件

基因	引物	引物序列（5′-3′）	q-PCR 反应程序	参考文献
AOB	amoA-1F	GGG GTT TCT ACT GGT GGT	程序 1	FRANCIS et al., 2005
	amoA-2R	CCC CTC KGS AAA GCC TTC TTC		
AOA	Arch-amoAF	STA ATG GTC TGG CTT AGA CG	程序 1	ROTTHAUWE et al., 1997
	Arch-amoAR	GCG GCC ATC CAT CTG TAT GT		
nirK	nirKF1aCu	ATC ATG GTS CTG CCG CG	程序 2	HALLIN et al., 1999
	nirKR3Cu	GCC TCG ATC AGR TTG TGG TT		
nirS	nirSCd3Af	GTS AAC GTS AAG GAS ACS GC	程序 2	GUO et al., 2011
	nirSR3cd	GAS TTC GGR TGS GTC TTG A		
nosZ	nosZ-F	AGA ACG ACC AGC TGA TCG ACA	程序 2	KLOOS et al., 2001
	nosZ-R	TCC ATG GTG ACG CCG TGG TTC		

注　R=A 或 G；S=C 或 G；程序 1：94℃预变性 5min；94℃变性 30s，55℃退火 30s，72℃延伸 60s，30 个循环；72℃延伸 5min。程序 2：94℃预变性 5min；94℃变性 30s，55℃退火 5s，72℃延伸 30s，35 个循环；72℃延伸 1 min。

4. 作物产量的测定和生物炭处理下土壤氮素平衡的计算

在小麦和玉米收获时进行测产，测产面积分别为 $2m \times 2m = 4m^2$ 和 $4m \times 5m = 20m^2$，同时测定作物籽粒产量和秸秆产量，每个处理重复 3 次。

本研究以华北平原小麦-玉米轮作体系典型农田土壤为研究界面，研究生物炭对土壤氮素盈余的影响。氮素盈余量=氮输入总量-氮输出总量，也就是说将土壤看作成一个"暗箱"，所有投入到土壤中的氮素即为氮输入总量，而所有离开土壤的氮素即为氮输出总量，而留存于土壤中的氮素即为氮素盈余量。氮素盈余量用 I 表示，氮输入总量用 I_{Total} 表示，氮输出总量用 O_{Total} 表示，三者的单位均为 kg N/(hm² · a)，计算公式为

$$I = I_{Total} - O_{Total} \tag{2-3}$$

而 I_{Total} 为各输入项之和，计算公式为

$$I_{Total} = I_f + I_b + I_{st} + I_{se} + I_i + I_a + I_c \tag{2-4}$$

式中：I_f 为氮肥输入氮量；I_b 为生物炭中所含氮量；I_{st} 为秸秆还田输入氮量；I_{se} 为种子输入氮量；I_i 为灌溉水输入氮量；I_a 为大气沉降输入氮量；I_c 为非共生固氮输入氮量；O_{Total} 为各输出项之和，计算公式为

$$O_{Total} = O_g + O_{st} + O_r \tag{2-5}$$

式中：O_g 为作物籽粒吸氮量；O_{st} 为作物秸秆吸氮量；O_r 为氮损失量。上述参数的单位均为 kg N/(hm² · a)。

氮输入项各数据的来源和计算方法：I_f 为田间实际施氮量，小麦季为 315kg N/

hm^2，玉米季为 255kg N/hm^2；I_b = 生物炭施用量×生物炭含氮量；I_{st} = 秸秆产量×秸秆还田率×秸秆氮含量，秸秆产量为田间实测产量；I_{se} = 播种量×种子氮含量比率，播种量为田间机播平均量；I_i = 整个轮作周期灌溉量×灌溉水氮含量；I_a 和 I_c 占整个氮素投入量比例较低且数值变化较小，因此可以采取参考他人结果的方法获取（Zhang et al.，2019），本研究参考赵荣芳等（2009）研究结果。此外，生物炭处理在设计试验之初需在收获时将秸秆全部移除，但田间实际操作很难实现，约有 20% 秸秆不能移除。因此，在计算氮素输入项时生物炭处理要计算由于秸秆带入的氮量，按照其总氮量的 20% 计算。氮输出项数据的来源和计算方法：O_g = 作物籽粒产量×籽粒含氮量比率，O_{st} = 秸秆产量×秸秆氮含量比率，作物籽粒产量和秸秆产量测定方法如上段所述；采集样品利用 H_2SO_4－H_2O_2 消煮、蒸馏定氮方法测定籽粒和秸秆含氮量。O_r 包括地表径流、淋洗、氨挥发和 N₂O 排放，其数据均为田间实测数据。采用径流池收集每次径流和淋洗的水样并测定水量和水样含氮量进而计算淋洗和径流氮素损失量；氨挥发采用通气法进行捕获（王朝辉 等，2002），在两片圆形海绵（直径为 16cm）上分别均匀喷洒 15mL 磷酸甘油溶液并将其放入 PVC 管（内部直径 16cm，高 15cm）内，上层海绵置于 PVC 管顶端以隔绝外界气体干扰，下层海绵距底面 4cm 以收集 NH_3，将该装置置于每个小区约 1h，取出下层海绵浸泡于 1mol/L 的 KCl 溶液中振荡 1h，测量浸润液体积 V（mL），并使用纳氏试剂法测定浸润液中氨氮浓度（mol/L），玉米季气体采集时间间隔为每 7 天采集 1 次，小麦季每 15 天采集 1 次，遇到施肥、灌水和雨雪天气等略做调整；N₂O 排放测定见 2.3.2。为了使结果更加科学，本研究数据采用 2016—2018 年两年田间试验数据的平均值。

为了评价生物炭对华北农田土壤氮素平衡的影响，采用基于欧氏距离的评价方法（刘宏元 等，2019b）。首先，建立目标系统，即氮素盈余平衡的理想状态。同时，引入最差状态系统，是目标系统的完全对立面，所有指标均为最差，将这些取值称为零系统。通过对目标系统和零系统值的设定，使被评价系统的所有指标均处于零系统与目标系统之间。由此引入欧氏距离（Euclidean Distance）的概念，用 d_{IG} 来代表被评价系统与目标系统的加权欧氏距离，如式（2-6）所示。

$$d_{IG} = \sqrt{\sum_{i,k=1}^{m,n} \left(\frac{X_{ik} - X_{Gk}}{S_k} \right)^2} \tag{2-6}$$

式中：X_{ik} 代表被评价系统的第 k 个评价指标；X_{Gk} 代表目标系统的第 k 个评价指标值；S_k 代表第 k 个指标值的标准差。由于上述所说的 X_{ik} 和 X_{Gk} 数据数值量纲不同，因此需要将其标准化，如式（2-7）所示。

$$X_{ik} = \frac{x - m}{s} \tag{2-7}$$

式中：x 代表原始值；m 代表均值；s 代表标准差。

当某一指标不在区间范围时，如施肥量过高超过区间上限，将按式（2-8）处理。

$$Y = 2A - X \qquad (2-8)$$

式中：Y 代表变换后的值；A 代表目标系统的指标参考值；X 代表被评价系统指标值。如果转换后结果为负值，那么 Y 直接取值 0（认为评价指标值过高，导致对被评价系统影响效果为负）。由此，可以建立氮素管理指标评价计算公式，如式（2-9）所示。

$$A = 1 - \frac{d_{IG}}{d_{ZG}} \qquad (2-9)$$

式中：A 代表氮素管理水平；d_{IG} 代表被评价系统与目标系统的距离；d_{ZG} 代表零系统与目标系统的距离，即最大距离。A 值越大代表氮素平衡效果越佳。为了方便表述，将 A 值分为 3 个部分，$0 < A < 0.600$ 表示低级氮素管理水平，$0.600 \leqslant A < 0.800$ 表示中级氮素管理水平，$0.800 \leqslant A \leqslant 1$ 表示高级氮素管理水平。

参考巨晓棠等（2017）文章建立目标系统的指标参考值，具体见表 2-3。

表 2-3　　　　　　　　　评价系统指标框架和目标系统参考值

编号	指　标	目标系统的指标参考值/[kg N/(hm² · a)]
1	氮肥施用量	350
2	其他氮素总输	80
3	籽粒吸收	360
4	氨挥发	0
5	N_2O 排放	0
6	淋洗	0

2.1.2.4　数据分析方法

利用 Microsoft Office Excel 2016 进行数据整理。图形绘制采用 Origin 8.5 软件进行。利用 SPSS 20.0 软件的单因素方差分析比较不同添加量生物质炭对土壤理化性质和气体通量的差异显著性，使用 Amos17.0 软件的结构方程模型（Structural equation model，SEM）分析的方法，分析土壤环境因子和土壤养分因子以及土壤 N_2O 排放相关功能基因对土壤 N_2O 排放的综合效应。利用 SPSS 20.0 软件对不同粒级团聚体下土壤 N_2O 排放浓度和土壤无机态氮和微生物量进行相关性分析。所有结果数据均以平均值±标准误的形式表达。

2.1.3　结果

2.1.3.1　生物炭对土壤温度的影响

各处理土壤温度具有明显的季节特征（图 2-1）。从每年 10 月开始，温度逐渐降低，至次年 2 月开始温度不断回升，7—9 月，温度一直处于较高的状态。在两个轮作周期内，C0、C1、C2、C3、C4 和 CS 的土壤温度最高值为 29.33、29.78、29.25、30.18、30.67 和 30.25℃，除 C2 的土壤温度最高值出现在 2018 年 8 月 8 日外，其余处理的土壤温度最高值均出现在 2017 年 8 月 8 日；而 C0、C1、C2、C3、C4 和 CS 的土壤温度最低值为 −2.42、−3.02、−4.33、−3.42、−3.68 和 −2.48℃，且土壤温度最低值出现在 2018 年 2 月 20 日。在 2017 年小麦季和 2018 年玉米季，C3、C4 和 CS 处理均可以显著增加土壤平均温度（$P<0.05$）；在 2017 年玉米季，生物炭处理均显著提高了土壤平均温度（$P<0.05$）；在 2018 年小麦季，生物炭并未显著增加土壤平均温度（$P>0.05$）（表 2-4）。

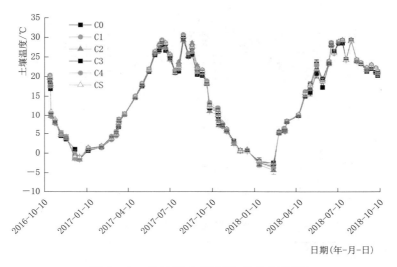

图 2-1　各处理土壤温度动态变化图

表 2-4　　　　　　　　　各处理土壤温度各季平均值　　　　　　　　单位：℃

处　理	C0	C1	C2	C3	C4	CS
2017 年小麦季	9.24±0.14b	9.31±0.18b	9.42±0.10ab	9.66±0.08a	9.76±0.18a	9.69±0.17a
2017 年玉米季	23.48±0.11c	23.76±0.18b	23.97±0.27ab	24.09±0.21a	24.47±0.23a	24.31±0.10a
2018 年小麦季	5.02±0.22a	5.51±0.25a	5.27±0.16a	5.38±0.29a	5.37±0.24a	5.22±0.03a
2019 年玉米季	24.71±0.07b	24.77±0.12b	24.91±0.10ab	25.03±0.10a	25.18±0.08a	25.10±0.10a

注　所有数据均以平均值±标准误表示，下同。

2.1.3.2　生物炭对土壤湿度的影响

各处理土壤湿度与土壤温度一样，同样具有明显的季节特征（图 2-2）。在每年的玉米季时期，土壤湿度变化较为剧烈，而在小麦季土壤湿度呈现 V 形变化。在两个轮作周期内，C0、C1、C2、C3、C4 和 CS 的土壤湿度最高值为 51.43%、51.81%、

52.66％、52.15％、52.71％和55.10％，且各处理的土壤湿度最高值均出现在2018年7月28日；而C0、C1、C2、C3、C4和CS的土壤湿度最低值为4.91％、4.76％、4.68％、5.73％、5.07％和5.31％，且土壤湿度最低值均出现在2018年5月11日。仅CS处理在2017年小麦季显著降低了土壤平均湿度（$P<0.05$），其他均未表现出显著性差异（$P>0.05$）（表2-5）。

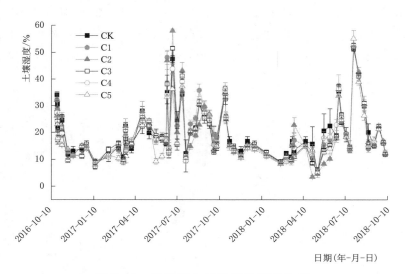

图 2-2　各处理土壤湿度动态变化图

表 2-5　　　　　　　　　　　各处理土壤湿度各季平均值　　　　　　　　　　　　％

处　　理	C0	C1	C2	C3	C4	CS
2017 年小麦季	18.29±1.24a	17.89±1.30a	17.83±1.62a	16.32±1.31ab	16.83±1.20ab	15.22±0.75b
2017 年玉米季	24.34±1.73a	26.24±2.06a	25.11±1.57a	23.83±1.44a	23.53±1.44a	22.89±0.87a
2018 年小麦季	17.09±1.76a	15.91±1.10a	14.88±0.84a	15.41±0.84a	16.00±1.21a	15.28±0.94a
2019 年玉米季	24.61±0.71a	24.33±0.95a	24.51±1.06a	24.51±0.89a	25.06±0.90a	24.02±1.32a

2.1.3.3　生物炭对土壤 pH 的影响

在四个采样季节的收获期，测定了田间0～20cm土层土壤pH。由表2-6可知，在2017年小麦季和2017年玉米季的收获期各处理土壤pH无显著性差异（$P>0.05$）。在2018年小麦季收获期，除C1和CS处理外，生物炭处理可以显著增加土壤pH（$P<0.05$），C2、C3和C4处理分别增加了2.10％、1.24％和2.22％；而在2018年玉米季收获期，仅C3和C4处理显著增加土壤pH（$P<0.05$），分别增加了1.19％和1.43％。整体来看，添加生物炭有增加土壤pH的趋势，且2018年土壤pH增加得更明显，而且玉米季的土壤pH也高于小麦季。

表 2-6　　　　　　　　　　各季收获期各处理土壤 pH

处理	C0	C1	C2	C3	C4	CS
2017 年小麦季	8.00±0.13a	7.98±0.12a	8.01±0.15a	7.99±0.08a	7.98±0.07a	8.08±0.07a
2017 年玉米季	8.62±0.12a	8.59±0.04a	8.68±0.08a	8.69±0.10a	8.57±0.08a	8.71±0.03a
2018 年小麦季	8.09±0.13b	8.08±0.07b	8.26±0.06a	8.19±0.06ab	8.27±0.06a	8.08±0.05b
2018 年玉米季	8.41±0.03b	8.36±0.04b	8.41±0.02b	8.51±0.06a	8.53±0.05a	8.43±0.02b

2.1.3.4　生物炭对土壤容重的影响

在四个采样季节的收获期，测定了田间 0~20cm 土层土壤容重，结果见表 2-7。除 2018 年玉米季收获期外，其余各季各处理的土壤容重均无显著性差异（$P>0.05$），而在 2018 年玉米季收获期，仅 C4 处理显著降低了土壤容重（$P<0.05$），达 17.88%。此外，玉米季的土壤容重均高于小麦季。

表 2-7　　　　　　　　　　各季收获期各处理土壤容重　　　　　　　　单位：g/cm^3

处理	C0	C1	C2	C3	C4	CS
2017 年小麦季	1.23±0.17a	1.17±0.08a	1.04±0.09a	1.01±0.05a	0.98±0.11a	0.99±0.12a
2017 年玉米季	1.42±0.12a	1.37±0.25a	1.24±0.13a	1.27±0.21a	1.17±0.18a	1.29±0.20a
2018 年小麦季	1.27±0.14a	1.18±0.21a	1.21±0.07a	1.07±0.14a	1.12±0.14a	1.20±0.08a
2018 年玉米季	1.51±0.04a	1.37±0.14ab	1.42±0.08ab	1.27±0.25ab	1.24±0.11b	1.49±0.07a

2.1.3.5　生物炭对土壤氮矿化特征的影响

在 2016 年 10 月—2018 年 10 月期间，测定了田间 0~20cm 土层土壤 $NO_3^- - N$ 含量。各处理土壤 $NO_3^- - N$ 含量变化趋势基本一致，在每季施肥后先迅速增加到最高值，而后不断下降并在一定范围内波动（图 2-3）。在本试验条件下，2017 年土壤 $NO_3^- - N$ 含量波动范围较 2018 年剧烈，且最高值均出现在施基肥后的一周左右（2016 年 10 月 23 日、2017 年 6 月 22 日、2017 年 10 月 23 日和 2018 年 6 月 26 日）。2017 年小麦季和玉米季时，添加生物炭的处理均显著增加了土壤 $NO_3^- - N$ 含量（$P<0.05$），两季分别增加了 12.74%~33.58% 和 25.52%~56.29%；而在 2018 年小麦季和玉米季时，仅 C3、C4 和 CS 处理显著增加了土壤 $NO_3^- - N$ 含量（$P<0.05$），两季分别增加了 22.90%~27.43% 和 14.97%~22.20%，C1 和 C2 处理有增加土壤 $NO_3^- - N$ 含量趋势，但无显著性差异（$P>0.05$）（表 2-8）。除 2018 年玉米季外，不同剂量生物炭各季土壤 $NO_3^- - N$ 含量平均值随着生物炭施用量的增加而增加，而 CS 处理随着时间的推移增加土壤 $NO_3^- - N$ 含量能力越弱。

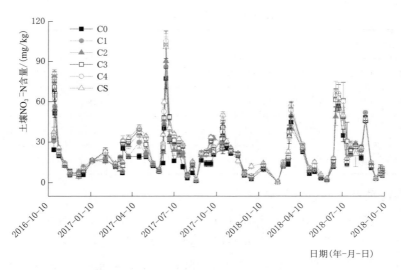

图 2-3　各处理土壤 $NO_3^- - N$ 含量动态变化图

表 2-8　　　　**各处理 0~20cm 土层土壤 $NO_3^- - N$ 含量各季平均值**　　　　单位：mg/kg

处　理	C0	C1	C2	C3	C4	CS
2017 年小麦季	19.37±1.52d	21.84±1.70cb	22.90±1.68bc	24.08±1.52abc	24.97±1.59ab	25.87±1.59a
2017 年玉米季	20.73±1.92c	26.02±2.04b	27.30±2.58b	30.47±2.28a	31.83±1.08a	32.40±2.16a
2018 年小麦季	16.60±1.62b	19.09±1.37ab	19.13±0.93ab	20.41±1.74a	21.16±1.78a	20.78±1.20a
2018 年玉米季	24.62±2.11b	27.93±1.92ab	25.88±2.22ab	30.09±4.30a	29.88±3.25a	28.31±2.67ab

在 2016 年 10 月—2018 年 10 月期间，测定了田间 0~20cm 土层土壤 $NH_4^+ - N$ 含量。各处理土壤 $NH_4^+ - N$ 含量变化趋势基本一致，在每季施肥后立即达到峰值，而后迅速下降到较低范围内（图 2-4）。两年观测各处理土壤 $NH_4^+ - N$ 变化趋势一致，峰值均出现在施肥之后。除 2017 年玉米季外，其余各季各处理之间无显著性差异（$P >$ 0.05），但生物炭处理有降低土壤 $NH_4^+ - N$ 含量的趋势，而 2017 年玉米季除 C1 处理外，其余生物炭处理均显著降低了土壤 $NH_4^+ - N$ 含量（$P < 0.05$），达 10.26%~20.12%（表 2-9）。

表 2-9　　　　**各处理 0~20cm 土层土壤 $NH_4^+ - N$ 含量各季平均值**　　　　单位：mg/kg

处　理	C0	C1	C2	C3	C4	CS
2017 年小麦季	22.46±2.08a	22.32±1.25a	20.58±1.57a	20.06±2.40a	20.56±1.96a	19.34±1.64a
2017 年玉米季	19.66±1.10a	20.07±1.35a	17.28±0.99b	17.65±0.77b	17.48±0.63b	15.71±0.98b
2018 年小麦季	44.84±2.59a	47.60±5.61a	47.97±5.27a	44.02±3.49a	43.46±4.96a	42.45±3.65a
2019 年玉米季	24.11±5.39a	22.06±2.75a	19.41±2.61a	26.87±2.29a	23.63±3.29a	24.71±1.57a

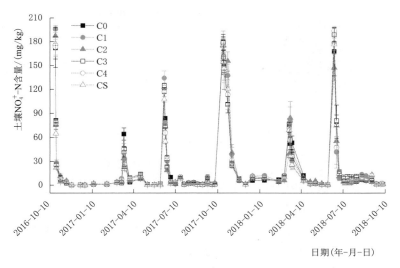

图 2-4　各处理土壤 NH_4^+-N 含量动态变化图

2.1.3.6　生物炭对土壤微生物量的影响

在四个采样季节的收获期，测定了田间 $0\sim20cm$ 土层土壤微生物量碳。在 2017 年小麦季和 2018 年玉米季的收获期各处理土壤微生物量碳无显著性差异（$P>0.05$）；在 2017 年玉米季收获期，除 C1 处理外均显著增加了土壤微生物量碳（$P<0.05$），达 23.03%～25.54%；在 2018 年小麦季收获期，仅 C3 和 C4 处理显著增加了土壤微生物量碳（$P<0.05$），分别达 24.13% 和 28.37%（表 2-10）。

表 2-10　　　　　　　　　各季收获期各处理土壤微生物量碳　　　　　　　单位：mg/kg

处　理	C0	C1	C2	C3	C4	CS
2017 年小麦季	143.25±38.25a	169.32±28.57a	158.96±32.15a	171.24±26.88a	182.55±32.22a	162.32±37.45a
2017 年玉米季	321.25±68.66b	389.22±44.21ab	398.55±25.85a	403.29±14.87a	399.25±24.55a	395.23±57.12a
2018 年小麦季	154.85±24.58b	165.98±35.78ab	175.24±24.78ab	192.22±29.96a	198.78±12.69a	159.21±28.12b
2018 年玉米季	443.22±85.75a	458.54±57.48a	498.22±21.21a	487.21±53.45a	491.08±42.63a	459.24±68.21a

在四个采样季节的收获期，测定了田间 $0\sim20cm$ 土层土壤微生物量氮。在 2017 年小麦季收获期，仅 C4 处理显著增加土壤微生物量氮（$P<0.05$），达 15.19%；在 2017 年玉米季收获期，生物炭处理均显著增加了土壤微生物量氮（$P<0.05$），达 9.54%～19.25%；在 2018 年小麦季收获期，仅 C2、C3 和 C4 处理显著增加了土壤微生物量氮（$P<0.05$），分别达 14.74%、9.97% 和 18.68%；在 2018 年玉米季收获期，仅 C2 和 C4 处理显著增加了土壤微生物量氮（$P<0.05$），分别达 8.52% 和 9.79%（表 2-11）。

表 2-11		各季收获期各处理土壤微生物量氮			单位：mg/kg	
处　理	C0	C1	C2	C3	C4	CS
2017 年小麦季	45.42±1.89b	47.87±3.63b	47.78±2.29b	46.57±4.85b	52.32±1.42a	46.24±2.01b
2017 年玉米季	65.44±1.52c	72.58±1.53b	71.68±2.24b	75.82±2.65ab	78.04±2.24a	73.58±2.27b
2018 年小麦季	43.21±2.23c	43.54±0.85c	49.58±2.21ab	47.52±2.24b	51.28±1.24a	45.25±1.68bc
2018 年玉米季	78.52±2.21b	79.25±1.25b	85.21±2.65a	79.69±3.58b	86.21±2.35a	80.21±2.12b

根据上述结果，计算四个采样季节的收获期微生物量碳氮比，除 2018 年小麦季外，其余各季生物炭处理均增加了土壤微生物量碳氮比，2017 年小麦季、2017 年玉米季和 2018 年玉米季分别增加了 5.71%～12.38%、4.28%～13.24% 和 1.06%～8.33%。而在 2018 年小麦季，仅 C1、C3 和 C4 处理显著增加了土壤微生物量碳氮比，分别增加了 6.42%、13.13% 和 8.38%（表 2-12）。

表 2-12		各季收获期各处理土壤微生物量碳氮比				
处　理	C0	C1	C2	C3	C4	CS
2017 年小麦季	3.15	3.54	3.33	3.68	3.49	3.51
2017 年玉米季	4.91	5.36	5.56	5.32	5.12	5.37
2018 年小麦季	3.58	3.81	3.53	4.05	3.88	3.52
2018 年玉米季	5.64	5.79	5.85	6.11	5.70	5.73

2.1.3.7　生物炭对土壤有机质的影响

在四个采样季节的收获期，测定了田间 0～20cm 土层土壤 OM。在 2017 年小麦季收获期，仅 C3 和 C4 处理显著增加土壤 OM（$P<0.05$），分别达 18.96% 和 16.05%；同样地，2017 年玉米季收获期，仅 C3 和 C4 处理显著增加土壤 OM（$P<0.05$），分别达 12.97% 和 13.37%；在 2018 年小麦季收获期，仅 C2、C3 和 C4 处理显著增加了土壤 OM（$P<0.05$），分别达 4.94%、8.08% 和 10.80%；在 2018 年玉米季收获期，仅 C4 处理显著增加了土壤 OM（$P<0.05$），达 6.99%（表 2-13）。

表 2-13		各季收获期各处理土壤 OM				
处　理	C0	C1	C2	C3	C4	CS
2017 年小麦季	14.08±0.33b	15.86±0.38ab	15.73±0.14ab	16.75±0.19a	16.34±0.60a	16.01±0.25ab
2017 年玉米季	19.74±0.37b	20.44±0.85b	19.84±0.44b	22.30±0.63a	22.38±0.24a	20.01±0.17b
2018 年小麦季	16.21±0.24c	16.85±0.35bc	17.01±0.42b	17.52±0.24a	17.96±0.28a	16.91±0.25bc
2018 年玉米季	21.04±0.34b	21.08±0.65b	21.85±0.38b	21.78±0.64b	22.51±0.24a	21.12±0.34b

2.1.4　讨论

2.1.4.1　生物炭对土壤温度的影响

生物炭施用量越高，土壤温度增加越明显，这与普遍认为添加生物炭后会提高土壤温度的观点基本一致（赵建坤 等，2016；武玉 等，2014）。生物炭由于其表面为黑色，可以增强对光辐射吸收导致土壤温度升高（刘红杰 等，2014）。而在本试验中，生物炭施用后会随着肥料一起被旋耕，使得大多数生物炭在土壤表层以下，对光辐射的吸收大大减弱。因此，添加少量和中量生物炭的处理（C1 和 C2 处理）并不能显著提高土壤平均温度；而高量生物炭处理（C3 和 C4 处理）由于其含量高，即比 C1 和 C2 处理有更多的生物炭附着在土壤表面，对光辐射吸收能力更强，在除 2018 年小麦季外，均显著增加土壤平均温度（$P<0.05$）。同时，根据实际情况中作物在后期长势较高，也会阻碍部分光辐射到达土层，这可能也是影响土壤平均温度的重要因素之一。

2.1.4.2　生物炭对土壤湿度的影响

土壤湿度是土壤环境中重要因子之一，其直接影响了土壤环境、土壤结构和微生物活动等（Saarnio et al.，2013；Drury et al.，2014）。在本试验中，仅 CS 处理在 2017 年小麦季显著降低了土壤平均湿度（$P<0.05$），其余未发现显著性差异（$P>0.05$）（表 2-2）。这可能是因为降水和灌溉是影响土壤湿度最为关键的因素，生物炭对土壤湿度的影响比较受限，通常在土壤水分蒸发量较大时才有明显的影响。一方面，生物炭中的活性碳源会激发土壤有机物质的分解，造成土壤结构的破坏，从而降低土壤含水量（Bruun et al.，2009）；另一方面，生物炭可以增加土壤孔隙度以及促进土壤团聚体的形成，从而提高土壤含水量（Deenik et al.，2011）。因此，可以推测造成 CS 处理在 2017 年小麦季显著降低土壤湿度的原因可能是 CS 处理通过增加孔隙度以及土壤团聚体形成而提高的土壤含水量补偿土壤结构破坏而降低的土壤含水量的能力较弱，因此其土壤含水量降低最为显著。

2.1.4.3　生物炭对土壤 pH 值的影响

在本研究中，在 2018 年小麦季和玉米季收获期 C3 和 C4 处理均显著增加了土壤 pH 值（$P<0.05$），且 C2 处理在 2018 年小麦季收获期时也显著增加了土壤 pH 值（$P<0.05$）（表 2-3）。这主要与生物炭含有 K、Ca、Na、Mg 氧化物和氢氧化物等碱性物质有关（Gaskin et al.，2010；Cole et al.，2019）。在 2017 年未见生物炭处理显著增加土壤 pH 值（$P>0.05$），而在 2018 年高量生物炭（C3 和 C4 处理）以及 2018 年小麦季的 C2 处理均显著增加土壤 pH 值（$P<0.05$），这表明随着土壤中生物炭的增加，相应的灰分也越多，对土壤 pH 值的影响也越显著。同时，由于本试验地土壤偏碱性，前期施用生物炭对土壤 pH 值影响不显著（$P>0.05$），这可能是 2017 年生物炭对土壤 pH 值影响不显著的原因。

2.1.4.4　生物炭对土壤容重的影响

土壤容重是土壤结构和土壤肥力的重要参数之一（郭国双，1983）。在本研究中，仅 C4 处理在 2018 年玉米季收获期显著降低了土壤容重外（$P<0.05$），其余均未见显著性影响（$P>0.05$），但整体来看生物炭有降低土壤容重的趋势（表 2-4）。这可能与生物炭的多孔结构，密度较低有关，即在土壤中施入生物炭可以降低土壤密度，对土壤具有一定的稀释作用（陈红霞 等，2011；燕金锐 等，2019）。此外，生物炭可以增加土壤微生物量和微生物活性，进而增加了团聚性，改善土壤结构（陈超 等，2017）。这与本书 3.6 中生物炭增加土壤微生物量相符。

2.1.4.5　生物炭对土壤氮矿化特征的影响

土壤 $NO_3^- - N$ 是土壤反硝化作用的底物，也是土壤 N_2O 排放相关的重要因子（Wang et al.，2017b；赵殿峰 等，2014）。研究结果表明，生物炭处理均在不同程度上增加了土壤 $NO_3^- - N$ 平均含量，尤其以 C3 和 C4 处理最为显著（$P<0.05$）（表 2-5）。一方面，生物炭可以通过提高土壤温度间接提高硝化细菌活性以及改善了土壤通气状况，为好氧型硝化细菌快速繁殖提供了良好的条件，从而促进硝化作用产生更多的 $NO_3^- - N$（Zheng et al.，2013；Haider et al.，2017；Ball et al.，2010）；另一方面，生物炭比表面积大，具有良好的吸附性，可以减少土壤 $NO_3^- - N$ 的浸出，有利于土壤 $NO_3^- - N$ 的储存（Cornelissen et al.，2013；JIANG et al.，2019）。还有研究认为生物炭含有一定量的可溶性有机碳，这为硝化细菌提供相应的基质（徐子博 等，2017），致使土壤中 $NO_3^- - N$ 含量明显增加。此外，土壤离子交换与吸附作用对矿质氮的活性产生显著影响（罗煜 等，2014）。这会使生物炭具有离子吸附交换能力，同时提高其吸附容量，从而促进土壤矿质氮有效性，即提高土壤 $NO_3^- - N$ 含量（靖彦 等，2013；何飞飞 等，2013）。但是，在 Hollister 等（2013）的研究表明，生物炭几乎不吸附 $NO_3^- - N$，这可能与生物炭制作材料和流程有关，导致其表面带电特性不一，从而造成对 $NO_3^- - N$ 的吸附能力不同（Cheng et al.，2008）。

土壤 $NH_4^+ - N$ 也是土壤氮循环中重要因子之一，是硝化作用的底物。结果表明，仅在 2017 年玉米季除 C1 处理外，其余生物炭处理均显著降低了土壤 $NH_4^+ - N$ 平均含量（$P<0.05$），达 10.26%～20.12%，其余各季各处理之间均无显著性差异（$P>0.05$）。土壤 $NH_4^+ - N$ 含量通常是矿化作用和硝化作用等累加的结果，在 2017 年玉米季前期（各处理土壤 $NH_4^+ - N$ 含量峰值时期），除 C1 处理外，生物炭处理的硝化作用更强可能是其降低土壤 $NH_4^+ - N$ 含量主要原因，这在本书 3.5 节中可以推测出来。此外，也可能与生物炭吸附能力强、阳离子交换量高有关（Clough et al.，2010；Nieder et al.，2011）。整体来看，生物炭对土壤 $NH_4^+ - N$ 含量影响并不显著（$P>0.05$），这与李培培等（2014）结果类似。在旱作土壤中，土壤 $NH_4^+ - N$ 含量占比较低，矿质氮主要以 $NO_3^- - N$ 形式存在，因此生物炭对土壤 $NH_4^+ - N$ 含量的影响主要限制于施肥后一段时期，而通常这些时期土壤水分含量较高，土壤 NH$_4^+$-N 含量更多受限于土壤水分，而不是生物炭。土壤 NO$_3^-$-N 和 NH$_4^+$-N 是相互影响，相互作用的关系。生物炭可以促进硝化作用进行，使得 NH$_4^+$-N 更多地向 NO$_3^-$-N 方向转化（Liu et al.，2015）。需要注意的是，二者不仅仅受硝化-反硝化作用和矿质化作用的影响，也有可能受尿素水解速度的影响（李元 等，2014）。

在本研究中，玉米季的土壤 NH$_4^+$-N 平均含量低于小麦季，这与苏涛等（2011）研究结果一致。这主要与土壤淋洗有关，7—9 月是当地雨季，土壤 NH$_4^+$-N 会随着雨水离开土壤-作物系统，进而导致其含量较低。同时，高温多雨季节，也有利于玉米吸收矿质营养（王宜伦 等，2010），而且这些影响可能大于处理间的差异。此外，玉米季中，土壤硝化作用更迅速，即土壤 NH$_4^+$-N 可以更快地向 NO$_3^-$-N 转化，这可能也是玉米季的土壤 NO$_3^-$-N 平均含量均高于小麦季的原因。

2.1.4.6　生物炭对土壤微生物量的影响

在本研究中，生物炭可以不同程度地增加土壤 MBC，尤其是 2017 年玉米季除 C1 处理外和 2018 年小麦季的 C3 和 C4 处理均表现出了显著性（$P<0.05$）（表 2-7）。同样地，生物炭可以不同程度增加土壤 MBN，尤其是 2017 年小麦季的 C4 处理、2017 年玉米季所有生物炭处理、2018 年小麦季的 C2、C3 和 C4 处理以及 2018 年玉米季的 C2 和 C4 处理均显著增加土壤 MBN（$P<0.05$）（表 2-8），这与 Ameloot 等（2013）结果类似。这表明在本试验条件下微生物能够高效地利用土壤可利用态碳氮含量，并将其转化为自身微生物量碳氮。整体来看，生物炭有利于土壤微生物量的增加，这可能是因为生物炭添加后尤其是前期对土壤 pH 值影响不明显，微生物活性未因生物炭添加而明显被抑制（盖霞普 等，2017）；同时，也与生物炭添加导致土壤碳氮比升高，微生物能够利用土壤和生物炭中的可利用态碳等养分有关（Cross et al.，2011；Berglund et al.，2004），土壤矿化作用和硝化作用较强，从而促进了微生物量的增加。

2.1.4.7　生物炭对土壤有机质的影响

在本研究中，生物炭可以不同程度地增加土壤 OM 含量，尤其是 2017 年小麦季和玉米季的 C3 和 C4 处理、2018 年小麦季的 C2、C3 和 C4 处理以及 2018 年玉米季的 C4 处理均显著增加了土壤 OM（$P<0.05$）（表 2-10）。不难发现随着生物炭施用量的增加，土壤有机质含量呈现持续增高的趋势，这与赵殿峰等（2014）研究结果类似。尽管生物炭与土壤有机质的化学结构不同，但生物炭有类似有机质或腐殖质的作用，其能够提高土壤有机碳含量，改良培肥土壤（高海英 等，2012）。此外，生物炭由于其具有芳香化稳定结构，且含碳量较高，这会导致生物炭施入到土壤中后不易被分解，使得其可以长期被封存于土壤，进而提高土壤有机碳含量（陈温福 等，2011）。

2.1.5　结论

添加生物质炭不能显著影响土壤 CH_4 的累积排放量。在夏玉米季,仅 C2 和 C3 处理可以显著降低土壤 N_2O 累积排放量,分别为 37.19% 和 48.58%;在冬小麦季,添加生物质炭处理均可以显著降低土壤 N_2O 的排放,达 24.26% ~ 48.02%。路径分析结果表明,N 含量是土壤 N_2O 排放通量的主要影响因子。在夏玉米季,C2 和 C3 处理可以显著增加玉米产量,分别达 9.46% 和 10.99%;在冬小麦季,仅 C3 处理可以显著增加小麦产量,达 7.13%。添加 4.5t/hm² 和 9t/hm² 的生物质炭处理可以显著降低全球增温潜势和温室气体强度,而添加 2.25t/hm² 的生物质炭处理仅在冬小麦季可以显著降低全球增温潜势和温室气体强度。综上所述,将棉花秸秆转化为生物质炭用于华北平原农田,既能增加作物产量,又能降低温室气体排放。

2.2　生物炭对硝化与反硝化作用标志功能基因的影响

2.2.1　生物炭对硝化作用标志功能基因的影响

在 2016 年 10 月—2018 年 10 月期间,在小麦季苗期、返青期和成熟期以及在玉米季苗期、拔节期和成熟期测定了土壤 AOB 基因拷贝数。各处理土壤 AOB 变化趋势基本一致,除 2018 年玉米季的拔节期有明显峰值外,其余时期变化基本平稳(图 2-5)。除 CS 处理外,生物炭处理均显著增加了土壤 AOB 基因拷贝数($P<0.05$),4 个采样季节平均增加了 82.05% ~ 193.01%、44.41% ~ 93.18%、211.82% ~ 293.07% 和 81.37% ~ 163.01%;而 CS 处理仅在 2017 年小麦季和 2018 年玉米季显著增加了土壤

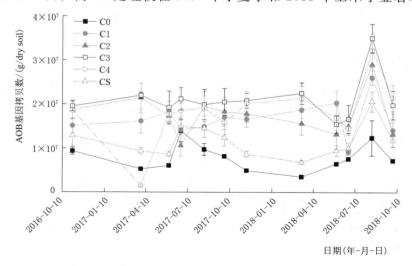

图 2-5　各处理土壤 AOB 基因拷贝数动态变化图

AOB 基因拷贝数（$P<0.05$），分别为 48.87％和 55.93％（表 2 - 14）。生物炭对土壤 AOB 基因拷贝数促进作用与其施用剂量之间无明显规律性，仅发现 C3 处理对土壤 AOB 基因拷贝数的促进作用最为显著。

在 2016 年 10 月—2018 年 10 月期间，在小麦季苗期、返青期和成熟期以及在玉米季苗期、拔节期和成熟期测定了土壤 AOA 基因拷贝数。各处理土壤 AOA 变化趋势基本一致，仅 C3 处理在 2018 年小麦季有显著峰值外，其余各处理均无明显的季节性变化（图 4-2）。和生物炭对土壤 AOB 基因拷贝数一致，除 CS 处理外，生物炭处理均显著增加了土壤 AOA 基因拷贝数（$P<0.05$），4 个采样季节平均增加了 22.12％～105.18％、26.73％～119.21％、47.11％～129.99％ 和 36.23％～72.77％；而 CS 处理仅在 2017 年小麦季显著增加了土壤 AOA 基因拷贝数（$P<0.05$），达 21.28％。与 AOB 基因类似，生物炭对土壤 AOA 基因拷贝数促进作用与其施用剂量之间无明显规律性，仅发现除 2018 小麦季外，C3 处理对土壤 AOA 基因拷贝数的促进作用最为显著，而 2018 年小麦季对土壤 AOA 基因拷贝数促进作用最显著的是 C2 处理。

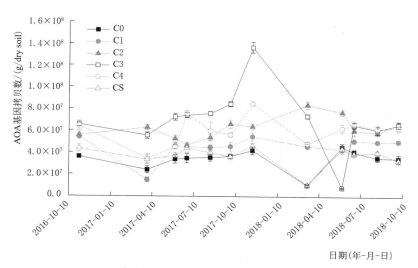

图 2－6　各处理土壤 AOA 基因拷贝数动态变化图

表 2－14　　　　各处理土壤 AOB 和 AOA 基因拷贝数各季平均值

处 理		C0	C1	C2	C3	C4	CS
AOB 基因拷贝数 /(g/dry soil) ($\times10^7$)	2017 年小麦季	0.69±0.04d	1.65±0.23b	1.92±0.22ab	2.02±0.19a	1.26±0.13c	1.03±0.12c
	2017 年玉米季	1.06±0.14c	1.54±0.23b	1.61±0.30b	2.05±0.30a	1.78±0.24a	1.40±0.18bc
	2018 年小麦季	0.50±0.02c	1.86±0.22ab	1.56±0.26b	1.96±0.20a	1.95±0.28a	0.84±0.07c
	2018 年玉米季	0.91±0.16e	1.65±0.20cd	1.91±0.24bc	2.39±0.32a	2.28±0.28ab	1.41±0.17d

续表

处　理		C0	C1	C2	C3	C4	CS
AOA 基因 拷贝数 /(g/dry soil) (×10⁷)	2017 年小麦季	3.14±0.29e	3.83±0.25d	5.69±0.27b	6.44±0.27a	4.79±0.33c	3.80±0.31d
	2017 年玉米季	3.56±0.31e	4.51±0.30d	5.54±0.30c	7.80±0.22a	6.37±0.43b	4.00±0.27de
	2018 年小麦季	3.25±0.25d	4.79±0.30c	7.49±0.29a	7.28±0.23a	6.52±0.26b	3.33±0.25d
	2018 年玉米季	3.70±0.30c	5.04±0.17b	6.15±0.31a	6.39±0.30a	6.35±0.31a	3.74±0.22c

2.2.2　生物炭对反硝化作用标志功能基因的影响

在 2016 年 10 月—2018 年 10 月期间，在小麦季苗期、返青期和成熟期以及在玉米季苗期、拔节期和成熟期测定了土壤 nirS 基因拷贝数。与 nirK 基因类似，各处理土壤 nirS 基因拷贝数变化趋势基本一致且有明显的季节性变化，峰值均出现在玉米季（图 2-7、图 2-8）。除 2018 年玉米季外，生物炭处理对土壤 nirS 基因拷贝数无显著性影响（$P>0.05$），而在 2018 年玉米季时，C2、C3 和 C4 处理显著降低了土壤 nirS 基因拷贝数（$P<0.05$），分别达 10.17%、11.27% 和 11.18%（表 2-15）。

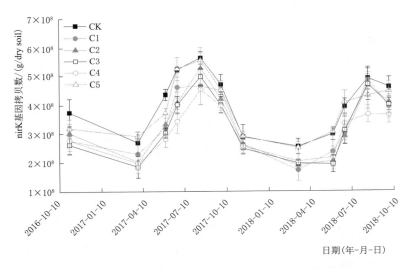

图 2-7　各处理土壤 nirK 基因拷贝数动态变化图

在 2016 年 10 月—2018 年 10 月期间，在小麦季苗期、返青期和成熟期以及在玉米季苗期、拔节期和成熟期测定了土壤 nosZ 基因拷贝数。各处理土壤 nosZ 基因拷贝数变化趋势基本一致且有明显的季节性变化，峰值均出现在玉米季（图 2-9）。在连续两年的观测期间，仅 C3 和 C4 处理显著增加了土壤 nosZ 基因拷贝数（$P<0.05$），4 个采样季节分别平均降低了 9.19%～10.09%、8.11%～10.63%、5.96%～7.90% 和 8.47%～12.71%；而 C2 处理除 2018 年小麦季外均显著增加了土壤 nosZ 基因拷贝数（$P<0.05$），3 个采样季节分别平均降低了 7.53%、5.17% 和 6.68%；而 C1 和 CS

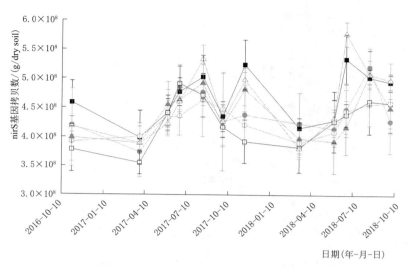

图 2-8　各处理土壤 nirS 基因拷贝数动态变化图

处理均未表现出显著降低土壤 nosZ 基因拷贝数（$P>0.05$）（表 2-15）。生物炭对土壤 nosZ 基因拷贝数的促进作用有随着施用量的增加而增强的趋势，而从 CS 处理可以看出，仅施用一次生物炭对土壤 nosZ 基因拷贝数的促进能力也随着时间的推移而下降。

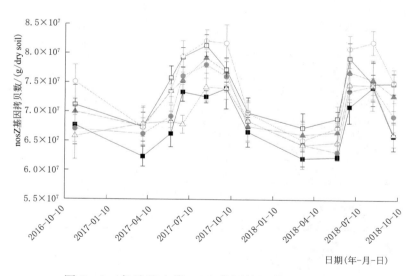

图 2-9　各处理土壤 nosZ 基因拷贝数动态变化图

做（nirK＋nirS）/nosZ 动态变化图（图 2-10）以便更加清晰地展示反硝化作用的三个标志功能基因的整体动态变化，结果表明各处理（nirK＋nirS）/nosZ 变化趋势基本一致且有明显的季节性变化，峰值均出现在玉米季（图 2-10）。在连续两年的观测期间，生物炭处理降低了（nirK＋nirS）/nosZ，尤其以 C3 和 C4 处理最为明显。

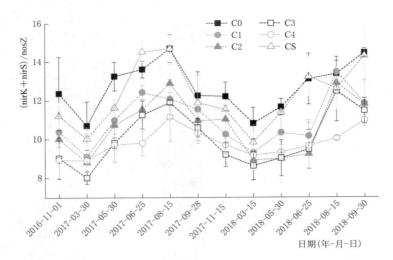

图 2−10　各处理土壤（nirK＋nirS）/nosZ 动态变化图

表 2−15　　　　各处理土壤 nirK、nirS 和 nosZ 基因拷贝数各季平均值

处　理		C0	C1	C2	C3	C4	CS
nirK 基因 拷贝数 /(g/dry soil) ($\times 10^8$)	2017 小麦季	3.59±0.35a	2.74±0.34bc	2.79±0.32bc	2.49±0.29c	2.51±0.37c	3.26±0.22ab
	2017 玉米季	5.18±0.22a	4.57±0.42abc	4.51±0.44bc	4.32±0.29c	3.97±0.39c	5.10±0.40ab
	2018 小麦季	2.79±0.30a	2.22±0.39b	2.18±0.24b	2.12±0.19b	2.25±0.28b	2.80±0.15a
	2018 玉米季	4.46±0.34a	3.91±0.31ab	3.87±0.35ab	3.92±0.41ab	3.54±0.38b	4.27±0.39a
nirS 基因 拷贝数 /(g/dry soil) ($\times 10^8$)	2017 小麦季	4.33±0.36a	4.12±0.48a	4.15±0.26a	3.92±0.29a	4.09±0.31a	4.10±0.11a
	2017 玉米季	4.72±0.29a	4.63±0.49a	4.59±0.33a	4.60±0.28a	4.49±0.52a	4.74±0.23a
	2018 小麦季	4.57±0.32a	4.26±0.44a	4.24±0.39a	4.01±0.44a	4.07±0.26a	4.38±0.21a
	2018 玉米季	5.11±0.35ab	4.66±0.46ab	4.59±0.34b	4.54±0.41b	4.54±0.41b	5.29±0.23a
nosZ 基因 拷贝数 /(g/dry soil) ($\times 10^7$)	2017 小麦季	6.54±0.24c	6.75±0.21bc	7.03±0.25ab	7.14±0.26ab	7.20±0.18a	6.74±0.29bc
	2017 玉米季	7.34±0.21cd	7.67±0.21bc	7.72±0.20b	7.93±0.19ab	8.12±0.26a	7.20±0.19d
	2018 小麦季	6.37±0.14b	6.53±0.25ab	6.67±0.22ab	6.87±0.22a	6.74±0.28ab	6.59±0.29ab
	2018 玉米季	7.04±0.25c	7.25±0.18bc	7.51±0.28ab	7.64±0.27a	7.94±0.22a	7.19±0.31bc

2.2.3　各土壤因子之间相关性分析

为了更加清晰地揭示各土壤因子之间的关系，将土壤环境、土壤养分和标志功能基因之间做相关性分析，结果见表 2−16。土壤 AOB 基因拷贝数仅与 AOA 和 nosZ 基因拷贝数具有极显著相关性（$P<0.01$）；土壤 AOA 基因拷贝数与 nosZ 基因拷贝数具有极显著相关性（$P<0.01$）；nirK、nirS 和 nosZ 基因拷贝数之间均两两极显著相关（$P<0.01$），而且三者均与 ST、SM 具有极显著相关性（$P<0.01$）；此外，nirK

基因拷贝数与土壤 NH_4^+-N 具有显著相关性（$P<0.05$）；nirS 基因拷贝数与 OM 具有显著相关性（$P<0.05$）；nosZ 基因拷贝数与土壤 NO_3^--N 和土壤容重具有极显著相关性（$P<0.01$）。而对于土壤环境因子和土壤养分之间的关系，ST 与 SM 和土壤 NO_3^--N 具有极显著相关性（$P<0.01$），而与土壤容重具有显著相关性（$P<0.05$）；土壤 NO_3^--N 和土壤 NH_4^+-N 具有极显著相关性（$P<0.01$）；土壤 NH_4^+-N 与 OM 具有显著相关性（$P<0.05$）；OM 与 MBC、MBN、土壤容重和 pH 值之间均两两极显著相关（$P<0.01$）。

表 2-16　　　　　　　　　各土壤因子之间相关性分析

	AOB	AOA	nirK	nirS	nosZ	ST	SM	NO_3^--N	NH_4^+-N	OM	MBC	MBN	容重	pH 值
AOB	1	0.53**	0.04	−0.05	0.43**	0.11	0.15	−0.00	−0.10	−0.05	−0.19	−0.11	−0.35	0.05
AOA		1	−0.12	−0.15	0.36**	−0.02	0.01	0.10	0.01	0.04	−0.05	−0.05	−0.03	0.37
nirK			1	0.69**	0.55**	0.64**	0.31**	0.19	−0.29*	0.08	0.00	0.04	−0.39	−0.10
nirS				1	0.37**	0.54**	0.42**	0.20	0.04	0.41*	0.37	0.38	0.07	0.24
nosZ					1	0.60**	0.46**	0.36**	−0.11	−0.16	−0.36	−0.34	−0.59**	−0.18
ST						1	0.46**	0.37**	−0.14	0.18	0.07	0.09	−0.46*	0.10
SM							1	0.18	0.13	0.17	0.08	0.12	−0.21	0.09
NO_3^--N								1	0.43**	−0.05	−0.16	−0.21	−0.33	−0.16
NH_4^+-N									1	0.42*	0.40	0.35	0.27	0.34
OM										1	0.95**	0.95**	0.62**	0.86**
MBC											1	0.99**	0.70**	0.82**
MBN												1	0.68**	0.83**
容重													1	0.60**
pH 值														1

2.2.4　讨论

硝化作用主要分氨氧化作用和亚硝酸盐氧化作用两个过程，其中在氨氧化过程中，N_2O 会作为副产物产生，而这一过程的标志功能基因为 AOB 和 AOA（孙志梅等，2008）。在本研究中，除 CS 处理外，生物炭处理均显著增加了土壤 AOB 基因拷贝数（$P<0.05$），而 CS 处理仅在 2017 年小麦季和 2018 年玉米季显著增加了土壤 AOB 基因拷贝数（$P<0.05$）；除 CS 处理外，生物炭处理均显著增加了土壤 AOA 基因拷贝数（$P<0.05$）（表 2-14），这与王晓辉等（2013）研究结果一致。生物炭的多

孔结构为氨氧化菌提供了良好的栖息环境，进而为氨氧化菌提供保护和加速其繁殖；同时，生物炭的比表面积大，吸附性能强，对水肥的吸附也改善了氨氧化菌的生存条件。同时，C3 和 C4 处理对土壤 AOB 和 AOA 基因拷贝数的影响更显著，这表明高量生物炭可能携带了更多的营养物质，更有利于氨氧化菌的生长。此外，各处理 AOA 基因拷贝数高于 AOB 基因拷贝数，这与贺纪正（2009）结果一致，这表明 AOA 在碱性土壤中可能发挥着更加重要的作用（Zhang et al.，2012c；Di et al.，2009；夏文建，2011）。实际上，硝化作用同时也会受到各种环境因子的影响，有研究表明，影响 AOB 和 AOA 群落丰度最主要、最直接的因素是土壤 pH 值。然而在试验结果并未发现 AOB 和 AOA 基因拷贝数与土壤 pH 值之间有显著相关性（$P>0.05$），这可能与本试验土壤属碱性土有关，添加生物炭增加土壤 pH 值效果远远低于酸性土壤。如在 Ball 等（2010）的研究中发现添加生物炭可增加酸性森林土壤中的 AOB 和 AOA 的丰度，原因是生物炭灰分物质导致土壤 pH 值增加，证实了土壤 pH 值与氨氧化菌之间的关系。同时，在研究中发现，AOB 和 AOA 基因拷贝数与 ST、SM、土壤无机态氮、微生物量、有机质和容重等均无显著性相关关系（$P>0.05$），说明了土壤环境、矿质氮和微生物量的变化对其没有显著影响。

N_2O 排放除受硝化作用外，还受反硝化作用的影响。其中亚硝酸盐还原是反硝化作用中产生 N_2O 排放的关键步骤，亚硝酸还原酶也是反硝化作用中的限速酶，其标志功能基因为 nirK 和 nirS 基因（辛明秀 等，2007；王杨，2014）。而氧化亚氮还原酶是将 N_2O 还原成 N_2，也是反硝化作用最后一步，同时也是影响 N_2O 排放最为关键的一步，其标志功能基因为 nosZ 基因（郭丽芸，2011）。试验结果表明，生物炭可以显著降低 nirK 基因拷贝数（$P<0.05$），显著增加 nosZ 基因拷贝数（$P<0.05$），对 nirS 基因拷贝数无显著性影响（$P>0.05$）（表 2-15）。这与王晓辉等（2013）研究结果并不一致，他们发现添加生物炭可以显著增加 nirK 基因拷贝数，而对 nirS 和 nosZ 基因拷贝数无显著性影响。而在张星（2016）的研究中，发现添加生物炭可以显著增加 nirK、nirS 和 nosZ 基因拷贝数。造成这些结果的差异可能与生物炭来源种类不同有关。同时，添加生物炭对 nirK 基因拷贝数有较强的抑制作用（图 2-7），还可能是因为生物炭改善了土壤通气，抑制了硝酸盐和亚硝酸盐还原过程（Li et al.，2016）。还发现生物炭可以显著降低 2018 年小麦季和玉米季苗期的 nirS 基因拷贝数（$P<0.05$）（图 2-8），这可能与土壤中 $NO_3^- - N$ 的增加有关（Gu et al.，2019）。此外，当土壤 pH>7 时，氧化亚氮还原酶就十分活跃，添加生物炭后 pH 值均不同程度增加可能是导致 nosZ 基因拷贝数增加的原因之一（Ligi et al.，2014）。为了更加清晰地表现反硝化作用三个基因的整体关系，做（nirK＋nirS）/nosZ 分析。添加生物炭可以降低（nirK＋nirS）/nosZ，尤其以 C3 和 C4 处理最为显著。同样地，反硝化作用同时也会受到各种环境因子的影响，在我们的研究中发现 nirK、nirS 和 nosZ 基因拷贝数之间均两两极显著相关（$P<0.01$），而且三者均与 ST、SM 具有极显著相关性（$P<0.01$），这可能是因为生物炭添加后，改善了土壤环境条件，土壤亚硝酸盐还原菌和一氧化氮还原菌会对环境变化作出响应（王连峰 等，2004）。此外，nirK 基因拷贝数与土壤 $NH_4^+ - N$ 具有显著负相关性（$P<0.05$），nosZ 基因拷贝数与土壤 $NO_3^- - N$ 和土壤容重具有极显著相关性（$P<0.01$），这与 Liu 等（2013）和 He 等（2009）研究一致，他们均发现无机态氮含量对反硝化群落有着重要的影响，而在 Smith 等（2007）研究中发现无机态氮含量对反硝化作用无显著性影响，这表明土壤无机态氮对反硝化作用的响应机制并不同，这有待于进一步研究。此外，nirK、nirS 和 nosZ 基因拷贝数在玉米季时高于小麦季，这可能与土壤湿度有关。反硝化菌通常喜厌氧环境，在玉米季的高温多雨环境里，为反硝化菌提供了厌氧环境，进而促进了 nirK、nirS 和 nosZ 基因拷贝数的增加。

2.2.5　本章小结

整体来看，生物炭处理增加了土壤 AOB 和 AOA 基因拷贝数，这主要与生物炭为氨氧化菌提供了更加适宜的生存环境有关。而生物炭处理有降低土壤 nirK 和 nirS 基因拷贝数的趋势，这主要与生物炭改善了土壤通气，抑制了硝酸盐和亚硝酸盐还原过程有关。关于 nosZ 基因，仅 C3 和 C4 处理一直显著增加了土壤 nosZ 基因拷贝数；且生物炭对土壤 nosZ 基因拷贝数的促进作用有随着生物炭施用量的增加而增强的趋势，而仅施用一次生物炭对土壤 nosZ 基因拷贝数的促进能力也随着时间的推移而下降，土壤温度的增加和高的 $NO_3^- - N$ 含量均有利于促进 nosZ 基因拷贝数的增加。生物炭处理显著降低了（nirK＋nirS）/nosZ，尤其以 C3 和 C4 处理最为显著，这表明高量生物炭更加有利于抑制亚硝酸盐还原和促进一氧化氮还原。未来应该从反硝化中 N_2O/N_2 入手，可以结合同位素标记法来定量分析反硝化效率，从而更好地理解反硝化作用中 N_2O 的排放贡献。

2.3　生物炭对 N_2O 排放的影响

2.3.1　施用生物炭对 N_2O 排放年际动态的影响

2016 年 10 月—2018 年 10 月，测定了田间土壤 0～20cm 土层 N_2O 排放通量。由图 2-11 可知，各处理土壤 N_2O 排放趋势基本一致。在小麦季施基肥和追肥后，各处理土壤 N_2O 排放通量均出现明显峰值，而在小麦季其余时间，土壤 N_2O 排放通量较弱。在玉米季，土壤 N_2O 排放通量在施肥后达到峰值。此后，土壤 N_2O 排放通量呈现逐渐减少的趋势，但每年 7 月底至 8 月中旬有短暂增加。玉米季的土壤 N_2O 排放通量强度明显高于小麦季，且波动幅度较大。除在 2017 年小麦季土壤 N_2O 排放通量峰值外，施用生物炭可以降低土壤 N_2O 排放通量峰值。另外，随着生物炭施用量的增加，土壤 N_2O 排放通量峰值随之降低。在土壤 N_2O 排放通量低的时期，生物炭对土壤 N_2O 排放通量的影响不明显。总之，生物炭处理对土壤 N_2O 排放的抑制主要集中在 N_2O 排放通量较高时期。

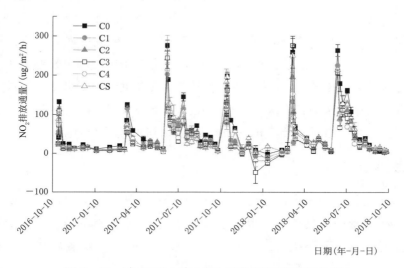

图 2-11　各处理土壤 N_2O 排放通量动态变化图

2.3.2　施用生物炭对 N_2O 累积排放量的影响

添加不同剂量的生物炭均显著降低了土壤 N_2O 累积排放量（$P<0.05$），尤其是 C3 和 C4 处理效果最佳（图 2-12）。在小麦季，C3 处理抑制土壤 N_2O 累积排放量能力最强，在两年内分别减少了土壤 N_2O 累积排放量达 46.25% 和 62.22%；而在玉米季，C4 处理抑制土壤 N_2O 累积排放量能力最强，两年内分别减少了土壤 N_2O 累积排放量达 33.25% 和 37.62%。为了更直观展示不同剂量生物炭与土壤 N_2O 累积排放量之间的关系，对二者进行线性回归分析，发现不同剂量生物炭与相应土壤 N_2O 累积排放量之间的关系为一元二次方程（图 2-12）。此外，与 C0 处理相比，CS 处理在 2017 年小麦季和 2017 年玉米季可以显著降低土壤 N_2O 累积排放量（$P<0.05$），分别达到 33.56% 和 22.24%，而在 2018 年小麦季和 2018 年玉米季对土壤 N_2O 累积排放量的影响未表现出显著影响（$P>0.05$）。同时，与 C4 处理相比，在 2017 年小麦季和 2017 年玉米季 CS 处理对土壤 N_2O 累积排放量抑制作用并不显著（$P>0.05$），而在 2018 年小麦季和 2018 年玉米季 CS 处理的土壤 N_2O 累积排放量显著高于 C4 处理（$P<0.05$）。

2.3.3　不同粒级团聚体下生物炭对土壤 N_2O 排放及相关因子的影响

2.3.3.1　生物炭对土壤团聚体分级的影响

为了从土壤团聚体角度揭示生物炭对土壤 N_2O 排放的影响，设计了室内试验。首

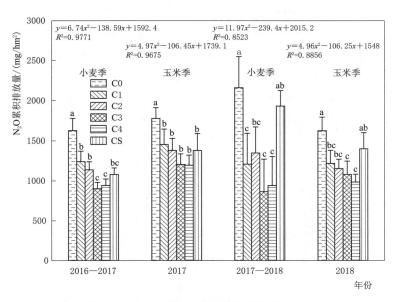

图 2-12 各处理土壤 N_2O 累积排放量

先，在 2018 年 6 月小麦季收获后，采集各处理土壤以测得各处理土壤团聚体各粒级百分比。由图 2-13 可知，与在 C0 处理相比，施加 $4.5t/hm^2$、$9t/hm^2$ 和 $13.5t/hm^2$ 生物炭显著增加微团聚体百分比（$P<0.05$），达 191.90%～214.93%；而施加 $2.25t/hm^2$、$9t/hm^2$ 和 $13.5t/hm^2$ 生物炭可以显著增加小团聚体百分比（$P<0.05$），达 131.70%～165.72%；所有生物炭处理均不能显著影响中团聚体百分比（$P>0.05$）；仅施加 $2.25t/hm^2$ 生物炭可以显著降低大团聚体百分比（$P<0.05$），达 58.40%。

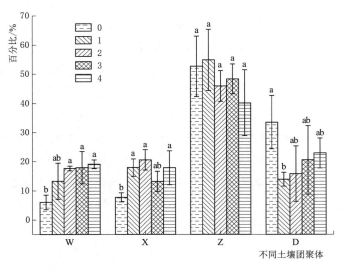

图 2-13 生物炭对土壤团聚体分级的影响

由图 2-14 可知，从施用同一剂量生物炭角度来看，在施加 0t/hm² 生物炭下，中团聚体百分比最大，而微和小团聚体百分比最低；在施加 2.25t/hm²、4.5t/hm²、9t/hm² 和 13.5t/hm² 生物炭下，中团聚体百分比均最大，而其他三种团聚体百分比均无显著性差异（$P>0.05$），但是团聚体百分比有随着生物炭施用量增加而下降的趋势，大团聚体百分比随着生物炭施用量的增加而增加，而且微和小团聚体百分比在不同浓度生物炭施用下也有不同程度地增加。

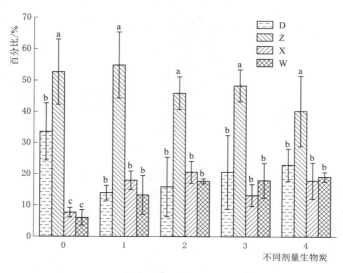

图 2-14 在同一剂量生物炭下不同粒级团聚体百分比

2.3.3.2 不同粒级团聚体下生物炭对土壤 N_2O 排放的影响

在室内试验中，在不同粒级土壤团聚体施加和田间相一致的生物炭剂量，来探究各粒级土壤团聚体的 N_2O 排放浓度对生物炭添加的响应。由图 2-15 可知，在原状土壤下，各处理 N_2O 排放浓度变化趋势基本一致，在前期（0～72 h）土壤 N_2O 排放浓度变化较为剧烈并整体呈现上升趋势，而后缓慢下降到一定浓度后土壤 N_2O 排放浓度有较小的波动。添加不同剂量生物炭可以降低原状土壤 N_2O 排放浓度。在大团聚体土壤下，各处理 N_2O 排放浓度变化趋势基本一致，在前期（0～72h）和后期（216～360h）时土壤 N_2O 排放浓度变化较为剧烈，而在其余时间土壤 N_2O 排放浓度处于较低状态。与原状土壤不同，添加生物炭未显著影响大团聚体土壤 N_2O 排放浓度（$P>0.05$）。在中团聚体土壤下，各处理 N_2O 排放浓度变化趋势与大团聚体土壤类似，仅在 96h 和 216h 时 Z3 和 Z4 处理显著降低了土壤 N_2O 排放浓度（$P<0.05$）。在小团聚体土壤下，各处理土壤 N_2O 排放浓度变化趋势一致，各处理在前期（0～72h）和在 312h 均有明显峰值，且在 120～312h 时，X2 和 X4 处理显著增加了土壤 N_2O 排放浓度（$P<0.05$）。在微团聚体土壤下，各处理土壤 N_2O 排放浓度变化趋势一致，在 48～96h 有明显峰值，并且生物炭处理显著增加了土壤 N_2O 排放浓度（$P<0.05$）。

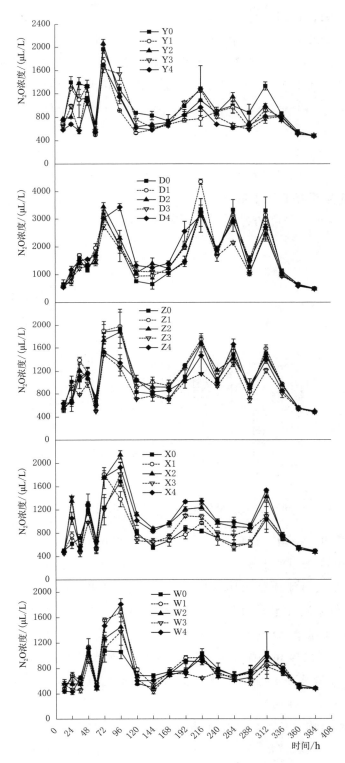

图 2-15　不同粒级下不同剂量生物炭对土壤 N$_2$O 排放浓度的影响

由图 2－16 可知，在同一粒级土壤团聚体下，在原状土壤下，除 Y2 处理外，生物炭处理均可以显著降低土壤 N_2O 排放浓度（$P<0.05$），Y1、Y3 和 Y4 处理分别降低了 14.95％、14.18％和 23.05％；在微团聚体土壤下，仅 W3 处理显著降低了土壤 N_2O 排放浓度（$P<0.05$），达 9.36％，其余处理之间无显著性差异（$P>0.05$）；在小团聚体土壤下，X2 和 X4 处理显著增加了土壤 N_2O 排放浓度（$P<0.05$），分别达 31.41％和 30.38％；在中团聚体土壤下，仅 Z3 处理显著降低了土壤 N_2O 排放浓度（$P<0.05$），达 16.37％，而 Z1 和 Z2 处理增加了土壤 N_2O 排放浓度（$P<0.05$），而 Z4 处理降低了土壤 N_2O 排放浓度，但均无显著性差异（$P>0.05$）；在大团聚体土壤下，仅 D3 处理显著降低了土壤 N_2O 排放浓度（$P<0.05$），达 11.88％，而其余处理有增加土壤 N_2O 排放浓度的趋势，但无显著性差异（$P>0.05$）。

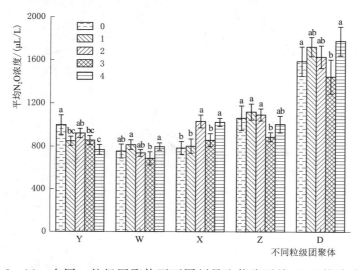

图 2－16　在同一粒级团聚体下不同剂量生物炭平均 N_2O 排放浓度

由图 2－17 可知，在同一剂量生物炭下，在施加 0t/hm^2 生物炭下，大团聚体土壤 N_2O 排放浓度显著高于原状土壤（$P<0.05$），达 58.79％，而微团聚体和小团聚体土壤 N_2O 排放浓度显著低于原状土壤（$P<0.05$），分别达 24.49％和 21.40％，中团聚体对土壤 N_2O 排放浓度无显著性影响（$P>0.05$）；在施加 2.25t/hm^2 生物炭下，中团聚体和大团聚体土壤 N_2O 排放浓度显著高于原状土壤（$P<0.05$），分别达 31.73％和 102.62％，而微团聚体和小团聚体对土壤 N_2O 排放浓度无显著性影响（$P>0.05$）；在施加 4.5t/hm^2 生物炭下，小团聚体、中团聚体和大团聚体均显著增加了土壤 N_2O 排放浓度（$P<0.05$），分别达 11.97％、18.60％和 76.67％，而微团聚体对土壤 N_2O 排放浓度无显著性影响（$P>0.05$）；在施加 9t/hm^2 生物炭下，大团聚体土壤 N_2O 排放浓度显著高于原状土壤（$P<0.05$），达 68.53％，而微团聚体土壤 N_2O 排放浓度显著低于原状土壤（$P<0.05$），达 20.25％，小团聚体和中团聚体对土壤 N_2O 排放浓度

无显著性影响（$P > 0.05$）；在施加 13.5t/hm² 生物炭下，小团聚体、中团聚体和大团聚体显著增加了土壤 N_2O 排放浓度（$P < 0.05$），分别达 33.16%、30.75% 和 130.87%，而微团聚体对土壤 N_2O 无显著性影响（$P > 0.05$）。

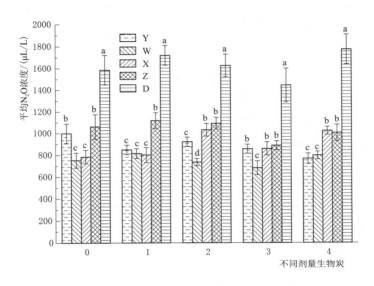

图 2-17　在同一剂量生物炭下不同粒级团聚体平均 N_2O 排放浓度

2.3.3.3　不同粒级团聚体下生物炭对土壤理化性质的影响

在最后一次采集气体后，同时测定培养瓶内土壤 SM、$NO_3^- - N$、$NH_4^+ - N$、MBC 和 MBN 含量，结果见表 2-17。所有处理的 SM 均无显著性差异（$P > 0.05$）。在原状土壤中，施加生物炭对土壤 $NO_3^- - N$、$NH_4^+ - N$、MBC 和 MBN 含量均无显著性影响（$P > 0.05$）；在微团聚体土壤中，生物炭处理对土壤 $NH_4^+ - N$ 和 MBN 无显著性影响（$P > 0.05$），而 W2、W3 和 W4 处理可以显著增加土壤 $NO_3^- - N$ 含量（$P < 0.05$），分别增加了 53.54%、49.48% 和 70.50%，同时，W3 处理显著降低了土壤 MBC 含量（$P < 0.05$），达 51.08%；在小团聚体土壤中，生物炭处理显著增加了土壤 MBC 含量（$P < 0.05$），达 36.58~47.47 倍，仅 X3 处理显著降低了土壤 $NO_3^- - N$ 含量（$P < 0.05$），达 54.84%，X1 和 X4 处理显著降低了土壤 MBN 含量（$P < 0.05$），分别达 76.79% 和 67.95%，而对土壤 $NH_4^+ - N$ 含量均无显著性影响（$P > 0.05$）；在中团聚体土壤中，生物炭处理对土壤 $NO_3^- - N$、$NH_4^+ - N$、MBC 和 MBN 含量均无显著性影响（$P > 0.05$），但 Z1 处理的土壤 $NO_3^- - N$ 含量显著高于 Z4 处理（$P < 0.05$）；在大团聚体土壤中，施加生物炭对土壤 $NO_3^- - N$、MBC 和 MBN 含量均无显著性影响（$P > 0.05$），而其均显著降低了土壤 $NH_4^+ - N$ 含量（$P < 0.05$），达 37.65%~76.33%。

表 2－17　　不同粒级团聚体下生物炭对土壤 SM、$NO_3^- - N$、$NH_4^+ - N$、
MBC、MBN 含量的影响

处理	SM/%	$NO_3^- - N$/(mg/kg)	$NH_4^+ - N$/(mg/kg)	MBC/(mg/L)	MBN/(mg/L)
Y0	0.16±0.01a	0.14±0.01a	0.01±0.01a	23.23±3.25a	48.91±21.37a
Y1	0.16±0.01a	0.13±0.06a	0.01±0.01a	27.66±4.02a	24.28±12.19a
Y2	0.16±0.01a	0.39±0.27a	0.02±0.01a	20.93±3.55a	52.36±10.92a
Y3	0.16±0.01a	0.24±0.21a	0.02±0.01a	24.16±6.69a	37.02±38.78a
Y4	0.16±0.01a	0.28±0.11a	0.01±0.01a	21.77±5.01a	27.32±13.10a
W0	0.19±0.01a	0.30±0.10b	0.03±0.02a	16.50±5.69ab	73.55±26.71a
W1	0.14±0.05a	0.21±0.07b	0.01±0.01a	28.45±13.49a	80.48±29.67a
W2	0.17±0.01a	0.46±0.09a	0.02±0.01a	22.46±6.83ab	48.62±15.07a
W3	0.17±0.01a	0.45±0.02a	0.02±0.01a	8.07±9.27b	87.14±44.35a
W4	0.17±0.01a	0.51±0.02a	0.02±0.01a	16.43±10.86ab	90.00±77.25a
X0	0.16±0.01a	0.31±0.34ab	0.01±0.01a	0.97±1.99c	122.35±5.83a
X1	0.17±0.01a	0.59±0.02a	0.04±0.03a	37.58±6.03b	28.40±17.60b
X2	0.16±0.01a	0.31±0.27ab	0.03±0.02a	42.61±4.30ab	48.15±59.58ab
X3	0.15±0.01a	0.14±0.04b	0.02±0.01a	47.01±4.82a	63.98±60.54ab
X4	0.16±0.01a	0.32±0.18ab	0.05±0.04a	36.45±2.21b	39.21±40.52b
Z0	0.15±0.01a	0.34±0.25ab	0.04±0.01a	23.59±4.88a	17.96±5.96a
Z1	0.15±0.01a	0.46±0.06a	0.05±0.02a	18.13±4.18a	7.39±2.18a
Z2	0.15±0.01a	0.16±0.07a	0.02±0.01a	18.92±1.72a	42.59±53.67a
Z3	0.15±0.01a	0.40±0.11b	0.03±0.01a	18.35±8.43a	17.90±13.95a
Z4	0.15±0.01a	0.42±0.44ab	0.03±0.03a	20.22±7.16a	37.51±28.58a
D0	0.15±0.01a	0.43±0.09a	0.08±0.01a	23.96±10.59a	29.13±37.11a
D1	0.15±0.01a	0.51±0.22a	0.05±0.01b	21.32±3.38a	64.97±43.52a
D2	0.15±0.01a	0.23±0.16a	0.02±0.01c	38.06±18.02a	37.46±30.55a
D3	0.16±0.01a	0.21±0.07a	0.04±0.02bc	23.41±1.66a	20.61±12.94a
D4	0.16±0.01a	0.26±0.12a	0.02±0.01c	21.04±8.02a	26.53±13.69a

注　数据为最后一次采集气体时测定。

　　为了更加清晰地揭示土壤团聚体对土壤 N_2O 排放的影响，将最后一次土壤的
SM、$NO_3^- - N$、$NH_4^+ - N$、MBC、MBN 和 N_2O 进行相关性分析，结果见表 2－18。

土壤 SM 和 MBN 对土壤 N_2O 排放有显著正相关（$P<0.05$），相关系数分别为 0.244 和 0.434；土壤 $NO_3^- - N$ 和 $NH_4^+ - N$ 之间具有显著正相关（$P<0.05$），相关系数为 0.517；土壤 $NH_4^+ - N$ 和 MBN 之间具有显著负相关（$P<0.05$），相关系数为 0.237。其余各因子之间未见相关性（$P>0.05$）。

表 2 - 18　　　　　　　　不同土壤团聚体下各因子之间相关性分析

	SM	$NO_3^- - N$	$NH_4^+ - N$	MBC	MBN	N_2O
SM	1	0.058	−0.002	−0.019	0.059	0.244*
$NO_3^- - N$		1	0.517*	−0.162	−0.016	0.155
$NH_4^+ - N$			1	0.106	−0.237*	−0.204
MBC				1	−0.193	−0.177
MBN					1	0.434*
N_2O						1

2.3.4　讨论

生物炭通常通过影响硝化或反硝化作用来改变土壤 N_2O 的排放。虽然反硝化作用并不局限于厌氧环境，但人们认为在曝气良好的土壤中，土壤的硝化作用会得到促进，因为许多微生物会产生对氧分子不敏感的周质硝酸盐还原酶（Nap）（Pina - ochoa et al.，2010；Naeem et al.，2017）。在我们的研究中，生物炭处理显著增加了土壤中 AOB 和 AOA 基因的数量以及土壤 $NO_3^- - N$ 含量（图 2-5～图 2-7）。这表明生物炭促进了硝化作用，进而间接促进了土壤 N_2O 的排放。然而，我们的研究结果表明，生物炭可以显著减少 N_2O 排放（$P<0.05$）（图 2-11）。这是因为生物炭可以通过抑制反硝化作用中 N_2O 的产生进而抑制土壤 N_2O 排放。生物炭可以抑制 N_2O 排放的主要原因是促进 nosZ 基因拷贝数，也就是说，生物炭促进了 N_2O 向 N_2 转化的过程（Cayuela et al.，2013）。Shi 等（2019）也发现生物炭可以通过促进氧化亚氮还原过程来减少 N_2O 的排放。因此，我们认为在本实验条件下，生物炭可以通过抑制反硝化作用中 N_2O 产生进而抑制土壤 N_2O 排放。此外，也有研究表明土壤 $NO_3^- - N$ 可以促进氧化亚氮还原菌的活性，从而间接抑制了 N_2O 的排放（Baggs et al.，2011）。同时，我们发现生物炭这种抑制机制在高量生物炭处理（C3 和 C4）中更为明显。由于高量生物炭处理可为氧化亚氮还原菌提供了更适宜的生长环境，可以更显著地增加土壤 nosZ 基因拷贝数，从而对土壤 N_2O 的抑制更显著（Harter et al.，2017）。此外，还可能是因为高量生物炭处理可以更有效地吸附 $NH_4^+ - N$，减少硝化作用底物以及抑制 N_2O 排放（Teutscherova et al.，2018）。

大量的田间和实验室实验表明，生物炭可以降低土壤 N_2O 累积排放量 （Castaldi et al. ， 2011；Tan et al. ， 2018；Wang et al. ， 2016）。我们的研究表明，在小麦季 C3 处理的抑制作用最强，而在玉米季 C4 处理抑制作用最强 （图 2 - 12）。正如上面所讨论的，生物炭可以通过改变土壤理化性质和微生物活动有关来抑制 N_2O 排放，但是我们发现每个处理的抑制强度不一致，且在不同季节对土壤 N_2O 排放也不一，这可能与生物炭对土壤 N_2O 排放抑制作用具有时间限制效应有关。此外，我们特别设置了 CS 处理，即仅在 2015 年施用 $13.5t/hm^2$ 生物炭，而后不再施用。结果表明，CS 处理在 2017 年可以显著降低土壤 N_2O 累积排放量 （$P < 0.05$），而在 2018 年对土壤 N_2O 累积排放量无显著性影响 （$P > 0.05$）。在土壤中施入生物炭，随着施用时间的延长，生物炭比表面积大、吸附力强的优势将不断减弱，势必影响其对土壤结构和微生物活性的影响，进而影响其抑制土壤 N_2O 排放的能力 （Quilliam et al. ， 2012；Min et al. ， 2018），即生物炭对土壤 N_2O 排放的抑制作用具有时间限制效应。而且，由于在小麦季播种前施用生物炭，生物炭对土壤 N_2O 排放的抑制作用在玉米季远低于小麦季，这也是生物炭时间限制作用的体现。此外，间接的生物过程也会改变土壤中的生物炭，例如腐生植物，它们的菌丝生长和胞外酶可以允许它们在生物炭孔隙中形成菌落，这会导致生物炭碎裂进而影响生物炭作用的持久性 （Duan et al. ， 2019）。综上，这也是 C4 处理在玉米季对土壤 N_2O 排放抑制能力强于 C3 处理的原因所在。

土壤团聚体是土壤结构的基本单位，它会影响土壤吸水性和动植物残体和分泌物等进而导致微生物、酶和底物之间有了物理阻碍 （Six et al. ， 2002），这有利于对有机物质进行保护。不同级别的土壤团聚体，由于其环境和营养状况不同，对微生物群落结构和活性的影响也不一致 （文倩，2004）。以往研究认为，微团聚体比大团聚体更能保护有机碳不被分解 （Six et al. ， 2014），这是因为大团聚体具有更高的碳转换效率 （Bernard et al. ， 2008）。在我们的试验中，添加生物炭更有利于增加土壤微团聚体和小团聚体组分比，这主要是由于生物炭的多孔结构、比表面积大和吸附性强的特点，为土壤微、小团聚体提供了良好的环境 （Bossuyt et al. ， 2005）。

综上可知，土壤团聚体组分比会影响土壤 N_2O 排放，为了量化这种影响，我们在室内设计了培养试验，以观测在不同粒级团聚体下施用不同剂量生物炭对土壤 N_2O 排放浓度，从而了解团聚体角度分析生物炭对土壤 N_2O 排放的影响，即研究在不同粒级团聚体下，添加不同剂量生物炭对土壤 N_2O 排放的影响有利于从团聚体角度分析土壤 N_2O 排放对生物炭添加的响应机制。这也是对我们田间试验的一个补充，可以更全面地解释生物炭对华北农田土壤 N_2O 排放的影响机制。在我们的试验中，添加生物炭可以降低原状土壤 N_2O 排放量；而在同一剂量生物炭下，在施加 $0t/hm^2$ 生物炭下，微团聚体和小团聚体土壤 N_2O 排放浓度显著低于原状土壤 （$P < 0.05$），而在施加 9t/

hm^2 生物炭下，微团聚体土壤 N_2O 排放浓度显著低于原状土壤（$P < 0.05$）。这表明微团聚体在抑制土壤 N_2O 排放方面上有一定作用，这与杨妮平（2017）的结果基本一致。引文作者认为微土壤团聚体中细菌活性较高，细菌在对碳源利用的同时还在保持自身较低的碳氮比，因此会提高对氮素的利用效率（Wallenstein et al.，2006），这可能会导致反硝化作用的底物减少，从而抑制土壤 N_2O 排放。此外，无论施用生物炭多少，大团聚体土壤 N_2O 排放浓度显著高于原状土壤（$P < 0.05$），这可能与大团聚体含有更高的全氮有关，促进了硝化和反硝化作用的发生（杨妮平，2017）。同时，我们发现在大团聚体下，仅添加 $9t/hm^2$ 生物炭处理的土壤 N_2O 排放浓度最低，而其余处理均无显著性差异（$P > 0.05$）。这表明在大团聚体下，生物炭对土壤 N_2O 的抑制作用并不明显。而在施加 $2.25t/hm^2$、$4.5t/hm^2$ 和 $13.5t/hm^2$ 生物炭下，中团聚体土壤 N_2O 排放浓度也显著高于原状土壤（$P < 0.05$）；而在施加 4.5 和 $13.5t/hm^2$ 生物炭下，小团聚体土壤可以显著增加土壤 N_2O 排放浓度（$P < 0.05$）。这表明生物炭添加越多，就越会促进更小粒级土壤团聚体的 N_2O 排放。这可能与生物炭自身携带氮素有关，为团聚体中微生物活动提供底物（米会珍 等，2015）。此外，生物炭的吸附黏合作用，可能会将小粒级团聚体黏结成更大粒级团聚体，从而促进了 N_2O 排放（王萌萌等，2013）。综上所述，在本试验条件下，生物炭可以通过增加微团聚体组分来抑制 N_2O 排放浓度。而且，在微团聚体土壤中，添加 $9t/hm^2$ 生物炭处理效果最佳。由表 3-17 相关性分析可知，SM 和 MBN 是影响土壤 N_2O 排放浓度的关键因子。但更深层次原因还有待进一步探究，而且不同团聚体粒级下土壤微生物群落结构也不尽相同，未来可以通过微生物角度来解释其中的原因。

2.3.5　小结

在本试验条件下，添加不同剂量的生物炭均显著降低了华北农田土壤 N_2O 累积排放量，尤其是 C3 和 C4 处理效果最佳。在小麦季，C3 处理抑制土壤 N_2O 累积排放量能力最强；而在玉米季，C4 处理抑制土壤 N_2O 累积排放量能力最强。与 C0 处理相比，CS 处理仅在 2017 年小麦季和 2017 年玉米季可以显著降低了土壤 N_2O 累积排放量，而与 C4 处理相比，在 2018 年小麦季和 2018 年玉米季 CS 处理的土壤 N_2O 累积排放量显著高于 C4 处理，这表明一次性大量施用生物炭对土壤 N_2O 排放的抑制作用并不持久。nosZ 基因拷贝数和土壤 $NO_3^- - N$ 含量是影响土壤 N_2O 排放的重要因子。同时，生物炭也可以通过影响土壤团聚体进而影响土壤 N_2O 排放。生物炭可以增加土壤微团聚体结构来抑制土壤 N_2O 排放，这主要与微土壤团聚体中细菌活性较高，细菌在对碳源利用的同时还在保持自身较低的碳氮比，进而提高对氮素的利用效率以及减少反硝化作用的底物有关。

2.4　生物炭对农田产量和氮素平衡的影响

2.4.1　生物炭对华北农田作物产量的影响

由上述结果可知，生物炭可以通过改变土壤理化性质和相关微生物活性进而影响土壤 N_2O 排放。但生物炭对土壤 N_2O 排放的抑制作用应在不减产的基础上实现，因此我们也测定了 2017 年和 2018 年小麦季和玉米季的作物产量。添加不同剂量的生物炭均不同程度地增加了作物产量（图 2-18）。在 2017 年小麦季，仅 C3 处理显著增加了作物产量（$P < 0.05$），达 7.13%；在 2017 年玉米季，仅 C4 处理显著增加了作物产量（$P < 0.05$），达 4.61%；在 2018 年小麦季，仅 C3 和 C4 处理显著增加了作物产量（$P < 0.05$），分别达 5.77% 和 5.07%；同样地，在 2018 年玉米季，仅 C3 和 C4 处理显著增加了作物产量（$P < 0.05$），分别达 12.46% 和 12.49%。

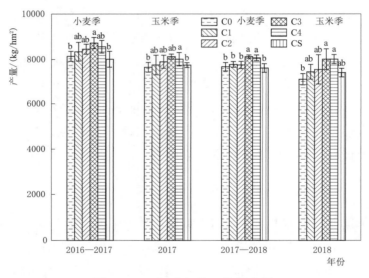

图 2-18　各季各处理作物产量

2.4.2　生物炭对氮素平衡的影响

由上述结果可知，在本试验条件下，生物炭对土壤 N_2O 排放具有一定抑制作用，但这种抑制作用也应基于不增加其他氮素损失以及维持土壤氮素平衡，这样才可以使得生物炭应用有更加实际的意义。因此，我们基于 2017 年和 2018 年两年数据的平均值，来对土壤氮素盈余量进行计算。各处理全年、小麦季和玉米季的氮素盈余表分别见表 2-19 和 2-20。在整个轮作周期中华北农田氮素输入主要来源于化肥投入。此外，C0 处理的秸秆携带的氮量较高，而生物炭所携带的氮量较低，这也是对照组和处理组的总输入氮量差异较大的原因。其他氮素输入项数值较低且各处理一致，且不是影响氮素平衡的主要因素。而在氮素输出项中，最理想状态是作物氮素吸收量高、氮素损失量低。生物炭处理均不同程度地提高了籽粒的氮吸收量。各处理氮素损失的途径主要包括氨挥发、N_2O 排放和氮素淋洗。除 C2 外，生物炭处理均不同程度地降低了氮素损失量。氨挥发是氮素损失占比最大的途径，C2 因氨挥发较高而导致氮素损失量较高。可以看出，氮肥投入量已经基本满足当季作物所需氮量。但除氮肥的投入外，还有很多其他途径氮素投入，这就导致了土壤氮素盈余，加强了氮素损失途径作用强度和对环境造成的潜在威胁。在此基础上，生物炭可以降低总输入氮量以及在一定程度上降低氮素损失量。需要注意的是玉米季由于生物炭处理也将小麦秸秆移除，氮素盈余量为负数（表现为消耗土壤氮素），但由于小麦季有大量氮素盈余，因此对作物的生长影响不大。

表 2 - 19　在小麦季和玉米季不同施加量的生物炭对土壤氮素盈余的影响

单位：$kg N/hm^2$

氮素输入、输出项		小　麦　季					玉　米　季				
		C0	C1	C2	C3	C4	C0	C1	C2	C3	C4
氮素输入项	化肥	315.0	315.0	315.0	315.0	315.0	255.0	255.0	255.0	255.0	255.0
	生物炭	0.0	11.0	22.0	43.9	65.9	0.0	0.0	0.0	0.0	0.0
	干湿沉降	9.0	9.0	9.0	9.0	9.0	19.0	19.0	19.0	19.0	19.0
	非共生固氮	5.0	5.0	5.0	5.0	5.0	4.0	4.0	4.0	4.0	4.0
	种子	1.5	1.5	1.5	1.5	1.5	2.1	2.1	2.1	2.1	2.1
	秸秆	145.9	32.3	27.1	34.4	28.5	179.6	38.5	38.9	37.8	34.9
	灌溉	7.5	7.5	7.5	7.5	7.5	7.5	7.5	7.5	7.5	7.5
	总输入	483.9	381.4	387.0	416.3	432.4	467.2	326.1	326.5	325.4	322.4
氮素输出项	作物吸收	282.0	302.2	324.7	328.0	304.9	291.2	324.1	299.2	342.8	302.3
	氨挥发	45.3	41.8	47.6	43.7	42.4	41.5	41.3	43.2	40.2	40.3
	N_2O 排放	1.2	1.1	0.9	0.9	1.1	1.5	1.4	1.2	1.2	1.4
	氮素淋洗	0.2	0.1	0.1	0.1	0.1	4.3	3.4	2.9	2.7	2.7
	总输出	328.7	345.2	373.1	372.7	348.6	338.3	370.3	346.6	387.0	346.7
氮素盈余量		155.3	36.2	13.9	43.6	83.8	128.9	−44.2	−20.1	−61.6	−24.3
氮素损失量		46.7	43.0	48.4	44.7	43.6	47.2	46.2	47.4	44.2	44.4

注　数据为 2017 年和 2018 年两年的平均值，为方便欧氏距离计算，不宜采取平均值±标准误的形式，下同。

表 2 – 20   全年不同施加量的生物炭对土壤氮素盈余的影响

单位：kg N/hm²

氮素输入、输出项		全 年				
		CK	C1	C2	C3	C4
氮素输入项	化肥	570.0	570.0	570.0	570.0	570.0
	生物炭	0.0	11.0	22.0	43.9	65.9
	干湿沉降	28.0	28.0	28.0	28.0	28.0
	非共生固氮	9.0	9.0	9.0	9.0	9.0
	种子	3.6	3.6	3.6	3.6	3.6
	秸秆	325.5	70.9	66.0	72.2	63.3
	灌溉	15.0	15.0	15.0	15.0	15.0
	总输入	951.1	707.4	713.6	741.7	754.8
氮素输出项	作物吸收	573.1	626.3	624.0	670.8	607.3
	氨挥发	86.7	83.1	90.6	83.9	82.8
	N_2O 排放	2.7	2.5	2.1	2.1	2.5
	氮素淋洗	4.5	3.5	3.0	2.9	2.8
	总输出	667.0	715.4	719.7	759.7	695.3
氮素盈余量		284.1	−8.0	−6.1	−18.0	59.5
氮素损失量		93.9	89.2	95.7	88.9	88.0

基于上述结果，分别探讨全年、小麦季和玉米季的施生物炭量、氮素盈余量与氮素损失量（包括氨挥发、N_2O 排放、淋洗和径流）的关系，以便分析当前氮素平衡情况。由于 C0 与生物炭处理之间秸秆还田比率不一致，因此分析氮素盈余量时不宜与生物炭处理结合。整个轮作周期施生物炭量与氮素盈余量和氮素损失量之间的关系如图 2 – 19 所示。氮素盈余量与施生物炭量呈二次线性关系（$R^2 = 0.9274$），施加生物炭与土壤氮素盈余量的关系为先降低后升高；氮素损失量与施生物炭量呈负相关（$R^2 = 0.381$），施加生物炭可以降低氮素损失。由关系式推导可得，当施生物炭量为 13.5t/hm² 时，此时氮素损失量最低，为 88.14 kg N/(hm² · a)，此时氮素盈余量为 57.03 kg N/(hm² · a)。

小麦季施生物炭量与氮素盈余量和氮素损失量之间的关系如图 2 – 20 所示。氮素盈余量与施生物炭量呈二次线性关系（$R^2 = 0.9306$），而氮素损失量与施生物炭量呈负相关（$R^2 = 0.1505$）。由关系式可推，当施生物炭量为 13.5t/hm² 时，此时小麦季氮素损失量最低，为 95.14kg N/hm²，此时氮素盈余量为 85.81kg N/hm²。与小麦季相同，玉米季施生物炭量与氮素盈余量和氮素损失量之间的关系如图 2 – 21 所示，且施生物炭量与氮素盈余量呈二次线性关系（$R^2 = 0.1926$），与氮素损失量呈负相关（$R^2 = 0.7014$）。由关系式可知，当施生物炭量为 13.5t/hm² 时，此时玉米季氮素损失量最低，为 44.08kg N/(hm²·a)，此时氮素盈余量为 −28.78kg N/(hm²·a)。

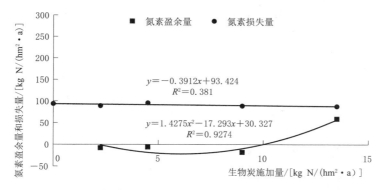

图 2-19　小麦—玉米轮作体系下施生物炭量、氮素盈余量和氮素损失量的关系

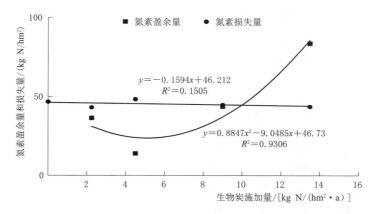

图 2-20　小麦季施生物炭量、氮素盈余量和氮素损失量的关系

　　根据上述结果，利用欧氏距离法对土壤氮素平衡管理现状进行评价。参考巨晓棠等（2017）建立目标系统的指标参考值，具体见表 2-3。为了清晰简便易懂，本评价体系将氮素输入项中的干湿沉降、非共生固氮、种子、秸秆和灌溉等投入的氮统一为一个整体，即其他氮素总输入。通过 1.2.3 节中的评价方法得出本试验条件下土壤氮素平衡评价结果，结果见图 2-22。各处理虽均属于中级氮素管理水平，但生物炭处理可以在一定程度上提高 A 值，达 0.067~0.116。为了分析当前各处理氮素平衡管理现状，采用雷达图的方法直观地分析各处理与零系统和目标系统各指标之间的距离，进而发现其存在的问题。图 2-23 结果表明，氨挥发量、N_2O 排放量和氮素淋洗量极高以及较高的其他氮素输入量对 CK 处理的 A 值呈负贡献，也是导致 CK 处理 A 值较低的主要原因，即氮素损失量大和较高的额外氮素补充是导致其 A 值较低的主要原因。而其他指标均处于中间水平，可以有计划地改善这些指标以提高 A 值。同样的方法可以分析生物炭处理，发现生物炭处理之所以可以提高 A 值的原因在于降低了氮素

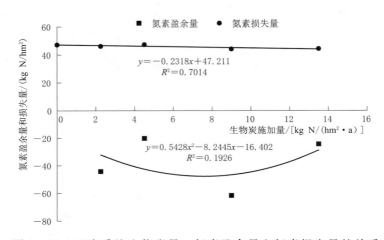

图 2-21　玉米季施生物炭量、氮素盈余量和氮素损失量的关系

损失。但是由于氮素盈余量较低（80%秸秆被移除导致），生物炭处理 A 值依然处于中级管理水平。

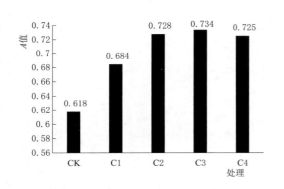

图 2-22　各处理氮素平衡管理评价结果

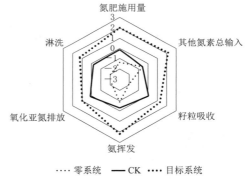

图 2-23　CK 处理分析雷达图

2.4.3　讨论

在不减产和维持土壤氮素平衡的情况下添加生物炭来改善土壤环境和降低 N_2O 排放才具有实际意义。本试验结果显示，在 2017 年小麦季，仅 C3 处理显著增加了作物产量（$P<0.05$）；在 2017 年玉米季，仅 C4 处理显著增加了作物产量（$P<0.05$）；而在 2018 年小麦季和玉米季，C3 和 C4 处理均显著增加了作物产量（$P<0.05$）（图 2-18）。添加生物炭能改善土壤肥力（Wang et al.，2010），提高作物产量。一方面，添加生物炭提高了作物自身吸氮的能力（陈温福 等，2013）；另一方面，生物炭可以通过提高土壤有机质的含量，改善土壤的理化性质，从而提高土壤肥力，使得作物产量

得以增加（Daum et al.，1998）。另外，生物炭还能增加对土壤养分离子的吸附，从而为作物的生长提供更多的 N 素养分，促进产量提高（Rondon et al.，2007）。此外，生物炭与氮肥的配施，二者互补或协同作用使得生物炭延长了肥料养分释放期，降低了养分损失，从而提高作物产量（Khan et al.，2008；Laird et al.，2010）。

　　研究生物炭对土壤氮素平衡有着十分重要的意义，它是判断生物炭价值的重要组成部分，但过去的研究中鲜有此类报道。在过去的大多数研究中，对氮素利用率和氮素平衡的影响只考虑了生育期有机氮的矿化量，而未考虑到无机氮的固持量，这样得出的结果是不准确的（Cui et al.，2008）。本研究进行了整体和综合的分析，进而得出更为准确的结果。当生物炭施用量为 13.5t/hm^2 时，所对应的氮素损失量最低，仅为 88.0kg N/(hm^2·a)，此时氮素盈余量为 59.5kg N/(hm^2·a)，此时的氮素盈余量明显低于巨晓棠等（2014）推算的华北地区全年氮素盈余量推荐值 [80kg N/(hm^2·a)]；根据本书公式推算（图 2-21）生物炭施用量为 14.5t/hm^2 时就可以符合华北地区全年氮素盈余量推荐值 [80kg N/(hm^2·a)]。与全年情况类似，在玉米季时，生物炭施用量为 13.5t/hm^2 时，所对应的氮素损失量最低，氮素盈余量也明显低于华北农田玉米季氮素盈余量推荐值 [45kg N/(hm^2·a)]（巨晓棠，2015；吴良泉 等，2015）。但是在小麦季时，由于生物炭携带了一定量氮素，因此小麦季在氮素损失量最低时（生物炭施用量为 13.5t/hm^2），其对应的氮素盈余量略高于推荐值 [35kg N/(hm^2·a)]（吴良泉 等，2015）。综上所述，在本试验条件下，C4 处理即施用 13.5t/hm^2 生物炭是最优处理。值得一提的是，与土壤氮素盈余量理论推荐值相比，施用 13.5t/hm^2 生物炭时依然会表现出消耗土壤氮素，这是由于先前华北农田氮素盈余量推荐值是基于大量文献而推算形成的，本研究是基于一个大田试验数据而成，且试验所在地此前长期的高氮量施用导致土壤氮素含量本身较高（孙克君 等，2015），因此短时间内生物炭处理的土壤氮素消耗并不会立即表现出危害（如作物减产等）。但从长远角度来看，本研究条件下生物炭处理在玉米季时需要额外补充氮素，如提高施肥量或减少移除秸秆量等；亦或在应用生物炭前五年内加大生物炭施用量可以避免土壤氮素盈余量较低的问题，这也从侧面反映生物炭施用量要避免低量的合理性（李露 等，2015）。而在 CK 中，由于氮素输入量极高，尤其是除氮肥以外的其他形式氮素补充导致氮素盈余量明显高于理论推荐值。在此基础上，配施生物炭可以降低土壤氮素盈余量，有利于调节土壤氮素平衡。而调节土壤氮素平衡另一关键问题是要减少土壤氮素损失和增加作物吸氮量，如氨挥发、N$_2$O 排放和径流淋溶损失等。生物炭处理除 C2 处理外，均增加了作物吸收氮量和降低了土壤氮素损失，有效地固持了土壤氮素并供作物吸收利用，这与生物炭自身比表面积大、强吸附性有关（Cornelissen et al.，2013；张广斌 等，2010）。总之，生物炭处理可以从减少氮素投入量和增加作物吸收氮量以及减少氮素损失等方面来调节土壤氮素平衡。

运用欧氏距离的评价方法可以直观地找到当前生物炭施用存在的问题，为制定相关政策提供参考；且本评价方法避免主观因素的影响（Yang，2017），使得结果更加客观、有效。利用欧氏距离法对华北农田氮素平衡情况进行评价，发现常规处理（CK）的 A 值未达到高级氮素管理水平，而生物炭处理则不同程度地增加了 A 值。这主要是由于 CK 极高的氮素输入量和氮素损失尤其是氨挥发导致的。CK 全年氨挥发达到 86.71kg N/(hm² · a)，这与许多研究一致（董文旭 等，2011；李宗新 等，2008；Wang et al.，2017b），氮源的大量输入是造成 CK 氨挥发较高的主要原因（田玉华 等，2007）。而 C2 处理的氨挥发同样较高，这可能与其含水量相对较低有关（Xu et al.，1993）。CK 的氮肥投入已经达到了作物所需氮素含量，同时补充的其他氮素输入，极大地增加了氮素损失的风险，因此 CK 的 A 值较低。施加生物炭处理的 A 值依然处于中级氮素管理水平，这说明当前施加生物炭的方法存在不足，还不能从根本上解决当前氮素管理模式存在的问题，主要与生物炭处理中氮素输入量大幅降低有关。前文已经说明生物炭可以有效降低氮素损失和增加作物吸氮量，但生物炭处理秸秆带来的氮投入大幅降低，使得在计算 A 值时，生物炭处理的其他氮素总输入指标远离目标值，因此 A 值未能达到高级管理水平。通过欧氏距离法得出的结果进行分析，在本试验条件下即华北农田秸秆还田条件下，土壤氮素盈余量较高，对环境有较大的潜在威胁；而生物炭可以降低对环境的威胁，但土壤氮素盈余量较低，短期内不会表现出明显的副作用，长远来看可能会影响作物产量。综合来说，生物炭配合补充适量额外氮素或适当施用高量生物炭可以保证在作物不减产的情况下降低对环境影响的风险，有利于土壤氮素平衡。生物炭处理内 C3 和 C4 处理 A 值最高，这主要与它们相对较高的氮素输入量、较低的氮素损失以及较高的作物吸氮量有关。虽然生物炭在改善土壤肥力和气候环境方面已经表现出显著的作用，但是由于施用方法等原因使得生物炭推广应用存在着许多问题，如施用量无标准、施用频率无参考和施用种类无对照等（Agegnehu et al.，2015；Bonanomi et al.，2015）。

2.4.4 小结

生物炭可以在保证不减产甚至增加作物产量的条件下，改善华北农田土壤氮素平衡。在华北平原常规施肥条件下，生物炭可以降低土壤氮素盈余量达 79.05% ～ 106.33%，以及除 C2 外，施加生物炭也降低了全年氮素损失量。在本试验条件下，施加生物炭量为 13.5t/hm² 时氮素损失量最低，为 88.0kg N/(hm² · a)，此时氮素盈余量为 59.5kg N/(hm² · a)，最贴近华北平原小麦-玉米轮作体系土壤氮素盈余量理论推荐值 [80kg N/(hm² · a)]。关于生物炭对土壤氮素平衡的研究鲜有报道，这是生物炭未来推广应用的基础条件之一，未来研究应该关注这一点，从而更好地体现生物炭的价值。

2.5　生物炭影响 N_2O 排放的机理分析

2.5.1　机理分析

由前文可以知道，添加生物炭可以在不减产和维持土壤氮素平衡的条件下，可以降低土壤 N_2O 排放。本章将根据上述试验结果进行整体分析以梳理出生物炭对土壤 N_2O 排放的影响机制。由图 2-5 和图 2-6 可知，在本试验条件下，添加生物炭会促进硝化作用中 N_2O 的排放，但实际最终表现出抑制 N_2O 排放，这是由于生物炭通过抑制反硝化作用中 N_2O 的产生导致的（图 2-7~图 2-9），也就是说，生物炭可以通过影响土壤理化性质和反硝化过程相关微生物活性来抑制土壤 N_2O 排放。路径分析（SEM）的结果就是基于此，将土壤环境、土壤养分和相关标志功能基因结合来探讨生物炭对华北农田土壤 N_2O 排放的抑制机制。在做 SEM 分析之前，需要对所有土壤环境、土壤养分、相关标志功能基因和 N_2O 之间进行相关性分析，对有显著相关性的因子之间再做进一步的 SEM 分析。根据 SEM 分析的结果可知，nosZ 基因与土壤 N_2O 排放之间有显著负相关关系（$P<0.05$），路径系数为 0.30（图 2-24）。土壤 NO_3^--N 含量也是影响土壤 N_2O 排放的又一重要因素，不仅能直接影响土壤 N_2O 排放，也可以通过影响 nosZ

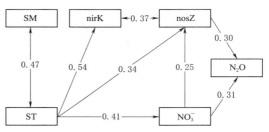

图 2-24　各因子对土壤 N_2O 排放影响的路径分析图

基因间接影响土壤 N_2O 排放，路径系数为 $0.31+0.25×(-0.30)=0.24$。土壤温度对 nosZ 基因均有显著影响，路径系数为 0.34（$P<0.05$）。土壤温度对土壤 NO_3^--N 含量有显著影响，路径系数为 0.41（$P<0.05$）。因此，在本试验条件下，土壤环境因子（土壤温度和土壤湿度）只能间接影响土壤 N_2O 排放。虽然 nirK 基因不能直接影响土壤 N_2O 排放，但是 SEM 分析结果表明 nirK 和 nosZ 基因之间存在一定的关系（$P<0.05$），这可能会影响 nosZ 基因拷贝数。同时，结合图 2-11，生物炭抑制 N_2O 排放主要发生在 N_2O 排放高峰期，而这时通常是水分较高时期。综上所述，在干旱条件下土壤反硝化作用不明显，这时生物炭也不会显著影响土壤 N_2O 排放，但经过降水和灌溉后，土壤反硝化作用增强，此时生物炭可以通过抑制反硝化作用中 N_2O 产生来抑制土壤 N_2O 排放。同时，生物炭并未直接影响土壤 N_2O 排放，其通过间接作用促进土壤一氧化二氮还原作用发生来抑制土壤 N_2O 排放。

此外，本研究还发现生物炭对土壤 N_2O 排放的抑制能力具有时间限制效应，也就

是说生物炭对土壤 N_2O 排放的能力随着施入土壤时间的延长而逐渐减弱,结合表 4 - 2,发现 CS 处理随着试验时间的延长,其增加土壤 nosZ 基因拷贝数的能力减弱,也同时间接证实了上文所作的机理推测。总之,生物炭对土壤 N_2O 排放的抑制主要通过影响土壤反硝化作用来实现,同时也受到施入土壤时间的限制(图 2-25)。

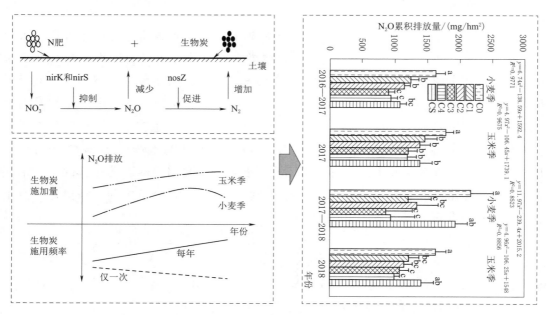

图 2-25　生物炭对土壤 N_2O 累积排放量的影响机制图

生物炭除通过影响土壤理化性质和微生物活动来影响土壤 N_2O 排放外,也可以通过影响土壤结构来抑制土壤 N_2O 排放。根据室内培养试验结果表明,在不加生物炭条件下,微团聚体和小团聚体可以降低土壤 N_2O 排放,中团聚体对土壤 N_2O 排放无明显影响,而大团聚体会促进土壤 N_2O 排放(图 2-17)。而在我们的试验中,添加生物炭后,可以促进微团聚体的形成(图 2-13),从而抑制土壤 N_2O 排放,且随着生物炭施用量越多,微团聚体组分比也越高,其抑制土壤 N_2O 排放的能力越强($P<0.05$)。但是,随着施用生物炭量的增加,中团聚体和小团聚体也会随之表现出促进土壤 N_2O 排放(图 2-17),即施用生物炭量越大,更小粒级的团聚体也会促进土壤 N_2O 排放。

2.5.2　结论与展望

2.5.2.1　结论

生物炭作为秸秆资源再利用的有效手段,对于改善土壤环境和缓解气候变化有着良好的效果。本试验在华北农田小麦-玉米轮作体系下,研究添加不同剂量生物炭和一次性大量施用生物炭对土壤理化性质、土壤 N_2O 排放和相关功能基因的影响;同时在实验室内,研究了在不同粒级团聚体下施加不同剂量生物炭对土壤 N_2O 排放浓度的影响,旨在从土壤理化性质、土壤微生物和土壤团聚体等角度阐述生物炭对华北农田土壤 N_2O 排放的影响及其机制,主要结论见下:

(1)在本试验条件下,生物炭对华北农田土壤环境有一定的影响作用。生物炭可以增加土壤温度,这主要与生物炭呈黑色,增强对光辐射的吸收有关。仅一次性施用高量生物炭在 2017 年小麦季显著降低了土壤平均湿度,这表明生物炭对华北农田土壤湿度的影响不明显,这可能与灌溉降水有关。整体来看,添加生物炭有增加土壤 pH 值的趋势,这与生物炭本身含有大量灰分物质有关,但由于本试验地土壤呈碱性,并未大幅度增加土壤 pH 值。仅在 2018 年玉米季收获期,仅 C4 处理显著降低了土壤容重,这表明仅连续高量施用生物炭对于改善土壤结构,增加土壤孔隙度才有显著性效果。

(2)在本试验条件下,生物炭对华北农田土壤养分有一定的影响作用。添加生物炭可以不同程度地增加土壤 $NO_3^- - N$ 含量,这主要与生物炭可以提高硝化细菌活性、改善土壤通气状况以及吸附 $NO_3^- - N$ 有关。仅在 2017 年玉米季,除 C1 处理外,其余生物炭处理均显著降低了土壤 $NH_4^+ - N$ 含量,这与硝化作用增强有关。生物炭可以增加土壤微生物量,这表明生物炭有利于微生物自身固持营养,这也是微生物对生物炭添加后的一种生理适应策略。同时,生物炭也可以增加土壤有机质,这与生物炭自身携带养分有关。

(3)在本试验条件下,生物炭可以影响华北农田土壤硝化和反硝化作用。生物炭处理均不同程度增加了土壤 AOB 和 AOA 基因拷贝数,这主要与生物炭为其提供了更加适宜的生存环境有关。整体来看,生物炭可以降低 nirK 和 nirS 基因拷贝数,这主要与生物炭改善了土壤通气,抑制了硝酸盐和亚硝酸盐还原过程有关;而生物炭对土壤 nosZ 基因拷贝数的促进作用呈现随着施用量的增加而增强的趋势,而仅施用一次生物炭对土壤 nosZ 基因拷贝数的促进能力也随着时间的推移而下降,土壤温度的增加和高的 $NO_3^- - N$ 含量均有利于促进 nosZ 基因拷贝数的增加。生物炭处理显著降低了(nirK+nirS)/nosZ,这表明高量生物炭更加有利于抑制亚硝酸盐还原和促进一氧化氮还原。

(4)在本试验条件下,添加不同剂量的生物炭均显著降低了华北农田土壤 N_2O 累积排放量,尤其是 C3 和 C4 处理效果最佳。在小麦季,C3 处理抑制土壤 N_2O 累积排放量能力最强;而在玉米季,C4 处理抑制土壤 N_2O 累积排放量能力最强。与 C0 处理相比,CS 处理仅在 2017 年小麦季和 2017 年玉米季可以显著降低了土壤 N_2O 累积排放量,而与 C4 处理相比,在 2018 年小麦季和 2018 年玉米季 CS 处理的土壤 N_2O 累积排放量显著高于 C4 处理,这表明一次性大量施用生物炭对土壤 N_2O 排放的抑制作用并不持久。因此,在农业系统中,为了实现生物炭对 N_2O 排放的抑制作用的最大化,不仅要考虑施用量,同时要考虑施用频率。SEM 分析结果表明,nosZ 基因拷贝数和

土壤 $NO_3^- - N$ 含量是影响土壤 N_2O 排放的重要因子。

（5）施加不同剂量生物炭可以改变土壤各粒级团聚体组分比。这主要与生物炭的多孔结构、比表面积大和吸附性强的特点有关，为土壤团聚体提供了良好的环境有关。此外，微团聚体对土壤 N_2O 排放具有一定的抑制作用，而大团聚体对土壤 N_2O 排放具有一定促进作用，这可能与微土壤团聚体中细菌活性较高，细菌在被碳源利用的同时还在保持自身较低的碳氮比，进而加速对氮素的利用效率提高以及减少反硝化作用的底物有关；而大团聚体携带较多氮素，促进了硝化和反硝化作用发生。

（6）在本试验条件下，生物炭可以影响华北农田作物产量。生物炭均不同地增加了作物产量，这与提升自身吸氮能力和增加土壤有机物质有关。在华北平原常规施肥条件下，生物炭可以降低土壤氮素盈余量。施加生物炭量为 $13.5t/hm^2$ 时氮素损失量最低，为 $88.0kg\ N/(hm^2 \cdot a)$，此时氮素盈余量为 $59.5kg\ N/(hm^2 \cdot a)$，最贴近华北平原小麦-玉米轮作体系土壤氮素盈余量理论推荐值 $[80kg\ N/(hm^2 \cdot a)]$。这也表明施用生物炭有利于维持土壤氮素平衡，但仍需要注意生物炭施用剂量和频率。

2.5.2.2　创新点

本研究主要创新点：生物炭对土壤 N_2O 排放的抑制作用具有时间限制性，一次性施用大量生物炭对土壤 N_2O 排放抑制效果逐年减弱；在施用不同剂量生物炭下，更高量生物炭对土壤 N_2O 排放的抑制效果更持久。而连年施用生物炭降低了土壤氮素盈余量，这也弥补了生物炭对土壤氮素平衡影响研究的空白。

2.5.2.3　未来研究展望

（1）土壤硝化作用产生的 $NO_3^- - N$ 是生成 N_2O 的底物，因此土壤硝化作用直接影响 N_2O 的产生量，本研究只针对传统两步硝化作用的 AOB 和 AOA 进行了分析，而 2015 年 Daims 等（2015）和 Van Kessel 等（2015）新发现的全程氨氧化菌可以独立一步完成氨氮氧化成硝酸盐的硝化过程，大大拓展了人们对硝化作用的认识，关于生物炭对全程氨氧化菌的影响鲜有研究。因此，围绕土壤硝化过程中氨氧化微生物 AOB、AOA 和全程氨氧化菌在长期施用生物炭影响下的群落响应特征、对 N_2O 排放的相对贡献等，为氮素的有效利用和管理提出新的思路，必将引发学术界一系列深入的思考和进一步研究。

（2）土壤团聚体是研究土壤碳氮循环机理的关键切入点，作为生态位其独特的理化特性有利于微生物在不同粒级之间的异质分布，影响其履行的生物化学功能，进而影响土壤 N_2O 排放，而关于此的研究比较少见。利用物理分组技术分离不同的功能组分，在此基础上结合实时荧光 PCR 和 DGGE 等分子生物技术，分析不同功能组分中氨氧化菌和反硝化细菌丰度及群落多样性与 N_2O 排放的互作机理，这对于揭示生物炭的生物化学功能，理解生物炭影响土壤氮素循环和温室气体排放机理具有重要意义。

参 考 文 献

陈超，李娟，李劲彬．2017．生物炭和秸秆施用对复配土壤物理性状及团粒结构的影响 [J]．西部大开发（土地开发工程研究），2（2）：40 - 44．

陈晨，许欣，毕智超，等．2017．生物炭和有机肥对菜地土壤 N_2O 排放及硝化、反硝化微生物功能基因丰度的影响．环境科学学报，37（5）：1912 - 1920．

陈红霞，杜章留，郭伟，等．2011．施用生物炭对华北平原农田土壤容重、阳离子交换量和颗粒有机质含量的影响 [J]．应用生态学报 22（11）：2930 - 2934．

陈山，龙世平，崔新卫，等．2016．施用稻壳生物炭对土壤养分及烤烟生长的影响 [J]．作物研究，30（2）：141 - 147．

陈温福，张伟明，孟军，等．2011．生物炭应用技术研究 [J]．中国工程科学，13（2）：83 - 89．

陈哲，韩瑞芸，杨世琦，等．2016．东北季节性冻融农田土壤 CO_2、CH_4、N_2O 通量特征研究 [J]．农业环境科学学报，35（2）：387 - 395．

程效义，刘晓琳，孟军，等．2016．生物炭对棕壤 NH_3 挥发、N_2O 排放及氮肥利用效率的影响 [J]．农业环境科学学报，35（4）：801 - 807．

丁艳丽，刘杰，王莹莹．2013．生物炭对农田土壤微生物生态的影响研究进展 [J]．应用生态学报，24（11）：3311 - 3317．

董文旭，吴电明，胡春胜，等．2011．华北山前平原农田氨挥发速率与调控研究 [J]．中国生态农业学报，19（5）：1115 - 1121．

盖霞普，翟丽梅，王洪媛，等．2017．生物炭对土壤微生物量及其群落结构的影响 [J]．沈阳农业大学学报，48（04）：399 - 410．

高海英，何绪生，陈心想，等．2012．生物炭及炭基硝酸铵肥料对土壤化学性质及作物产量的影响 [J]．农业环境科学学报，31（10）：86 - 93．

郭国双．1983．谈谈土壤容重的测定 [J]．灌溉排水学报，（2）：39 - 40．

郭丽芸．2011．反硝化菌功能基因及其分子生态学研究进展 [J]．微生物学通报，38（4）：583 - 590．

郭艳亮，王丹丹，郑纪勇，等．2015．生物炭添加对半干旱地区土壤温室气体排放的影响 [J]．环境科学，36（9）：3393 - 3400．

何飞飞，荣湘民，梁运姗，等．2013．生物炭对红壤菜田土理化性质和 N_2O、CO_2 排放的影响 [J]．农业环境科学学报，32（9）：1893 - 1900．

何绪生，耿增超，佘雕，等．2011．生物炭生产与农用的意义及国内外动态 [J]．农业工程学报，27（2）：1 - 7．

贺纪正，张丽梅．2008．氨氧化微生物生态学与氮循环研究进展 [J]．生态学报，29（1）：406 - 415．

花莉，金素素，洛晶晶．2012．生物质炭输入对土壤微域特征及土壤腐殖质的作用效应研究 [J]．生态环境学报，21（11）：1795 - 1799．

惠锦卓，张爱平，刘汝亮，等．2014．添加生物炭对灌淤土土壤养分含量和氮素淋失的影响 [J]．中国农业气象，35（2）：156 - 161．

贾俊香，熊正琴．2016．秸秆生物炭对菜地 N_2O、CO_2 与 CH_4 排放及土壤化学性质的影响 [J]．生态与农村环境学报，32（2）：283 - 288．

靖彦，陈效民，李秋霞，等. 2013. 生物质炭对红壤中硝态氮和铵态氮的影响 [J]. 水土保持学报，27 (6)：265 - 269.

巨晓棠. 2015. 理论施氮量的改进及验证——兼论确定作物氮肥推荐量的方法 [J]. 土壤学报，52 (2)：249 - 261.

巨晓棠，谷保静. 2014. 我国农田氮肥施用现状、问题及趋势 [J]. 植物营养与肥料学，20 (4)：783 - 795.

巨晓棠，谷保静. 2017. 氮素管理的指标 [J]. 土壤学报，54 (2)：281 - 296.

李江舟，张庆忠，娄翼来，等. 2014. 施用生物炭对云南烟区典型土壤养分淋失的影响 [J]. 农业资源与环境学报，32 (1)：48 - 53.

李露，周自强，潘晓健，等. 2015. 氮肥与生物炭施用对稻麦轮作系统甲烷和氧化亚氮排放的影响. 植物营养与肥料学报，21 (5)：1095 - 1103.

李培培，韩燕来，金修宽，等. 2014. 生物炭对砂质潮土养分及玉米产量的影响 [J]. 土壤通报，45 (5)：1164 - 1169.

李一凡，王卷乐，高孟绪. 2015. 自然疫源性疾病地理环境因子探测及风险预测研究综述 [J]. 地理科学进展，34 (7)：926 - 935.

李元，洪坚平，李桃，等. 2014. 多酶金缓释尿素对土壤氮素形态和含量及油菜产量的影响 [J]. 山西农业科学，42 (1)：39 - 42.

李宗新，王庆成，刘开昌，等. 2008. 不同施肥模式下玉米田间土壤氨挥发规律 [J]. 生态学报，29 (1)：307 - 314.

刘红杰，胡新，任德超，等. 2014. 生物炭对黄淮麦区土壤温度的影响 [J]. 农学学报，4 (9)：47 - 49.

刘宏元，张爱平，王永生，等. 2019a. 施用棉花秸秆生物质炭对华北平原农田温室气体排放的影响 [J]. 中国农业科技导报，21 (11)：121 - 129.

刘宏元，张爱平，杨世琦，等. 2019b. 山东省冬小麦-夏玉米轮作体系土壤氮素盈余指标体系的构建与评价——以德州市为例 [J]. 农业环境科学学报，38 (6)：1321 - 1329.

刘杰云，沈健林，邱虎森，等. 2015. 生物质炭添加对农田温室气体净排放的影响综述 [J]. 农业环境科学学报，34 (2)：205 - 212.

刘杏认，赵光昕，张晴雯，等. 2018. 生物炭对华北农田土壤 N_2O 通量及相关功能基因丰度的影响 [J]. 环境科学，39 (8)：3816 - 3825.

刘玉学，2011. 生物质炭输入对土壤氮素流失及温室气体排放特性的影响 [D]. 杭州：浙江大学.

刘玉学，刘微，吴伟祥，等. 2009. 土壤生物质炭环境行为与环境效应 [J]. 应用生态学报，20 (4)：977 - 982.

罗煜，赵小蓉，李贵桐，等. 2014. 生物质炭对不同 pH 值土壤矿质氮含量的影响 [J]. 农业工程学报，30 (19)：166 - 173.

孟梦，吕成文，李玉娥，等. 2013. 添加生物炭对华南早稻田 CH_4 和 N_2O 排放的影响 [J]. 中国农业气象，34 (4)：396 - 402.

米会珍，朱利霞，沈玉芳，等. 2015. 生物炭对旱作农田土壤有机碳及氮素在团聚体中分布的影响 [J]. 农业环境科学学报，34 (8)：127 - 133.

MUHAMMAD N，2015. 生物炭对植稻酸性土壤微生物群落和土壤肥力的影响 [D]. 杭州：

浙江大学.

彭华, 纪雄辉, 吴家梅, 等. 2011. 生物黑炭还田对晚稻 CH_4 和 N_2O 综合减排影响研究 [J]. 生态环境学报, 20 (11): 1620 - 1625.

屈忠义, 高利华, 李昌见, 等, 2016. 秸秆生物炭对玉米农田温室气体排放的影响 [J]. 农业机械学报, 47 (12): 111 - 118.

宋延静, 龚骏, 2010. 施用生物质炭对土壤生态系统功能的影响 [J]. 鲁东大学学报 (自然科学版), 26 (4): 361 - 365.

苏涛, 王朝辉, 李生秀. 2011. 水温因素与夏玉米生长季节土壤矿质氮动态的关系 [J]. 土壤通报 42 (04): 896 - 901.

孙克君, 毛小云, 卢其明, 等. 2004. 几种控释氮肥减少氨挥发的效果及影响因素研究 [J]. 应用生态学报, 15 (12): 2347 - 2350.

孙潇, 黄映晖, 2020. 农业废弃物综合利用研究评述与展望 [J]. 农业展望, 16 (1): 106 - 110.

孙志梅, 武志杰, 陈利军, 等. 2008. 土壤硝化作用的抑制剂调控及其机理 [J]. 应用生态学报, (6): 1389 - 1395.

田玉华, 贺发云, 尹斌, 等. 2007. 太湖地区氮磷肥施用对稻田氨挥发的影响 [J]. 土壤学报, (5): 893 - 900.

王朝辉, 刘学军, 巨晓棠, 等. 2002. 田间土壤氨挥发的原位测定——通气法 [J]. 植物营养与肥料学报, (2): 205 - 209.

王改玲, 陈德立, 李勇. 2010. 土壤温度、水分和 $NH_4^+ - N$ 浓度对土壤硝化反应速度及 N_2O 排放的影响 [J]. 中国生态农业学报, 18 (1): 1 - 6.

王敬, 程谊, 蔡祖聪, 等. 2016. 长期施肥对农田土壤氮素关键转化过程的影响 [J]. 土壤学报, 53 (2): 292 - 304.

王静, 付伟章, 葛晓红, 等. 2018. 玉米生物炭和改性炭对土壤无机氮磷淋失影响的研究 [J]. 农业环境科学学报, 37 (12): 2810 - 2820.

王连峰, 蔡祖聪. 2004. 水分和温度对旱地红壤硝化活力和反硝化活力的影响 [J]. 土壤, 36 (5): 543 - 546.

王萌萌, 周启星, 2013. 生物炭的土壤环境效应及其机制研究 [J]. 环境化学, 32 (5): 768 - 780.

王晓辉, 郭光霞, 郑瑞伦, 等. 2013. 生物炭对设施退化土壤氮相关功能微生物群落丰度的影响 [J]. 土壤学报, 50 (3): 624 - 631.

王欣欣, 邹平, 符建荣, 等. 2014. 不同竹炭施用量对稻田甲烷和氧化亚氮排放的影响 [J]. 农业环境科学学报, 33 (1): 198 - 204.

王杨, 2014. 不同酸度土壤硝化和反硝化活性的差异 [D]. 大连: 大连交通大学.

王宜伦, 李潮海, 何萍, 等. 2010. 超高产夏玉米养分限制因子及养分吸收积累规律研究 [J]. 植物营养与肥料学报, 16 (3): 559 - 566.

王雨阳, 罗春岩, 韦增辉, 等. 2019. 生物炭对土壤有机质结合铜库容量大小及组成的调控 [J]. 农业环境科学学报, 38 (4): 855 - 862.

文倩, 2004. 半干旱荒漠化地区不同土地利用方式下土壤团聚体微生物量与群落功能特性分析 [D]. 北京: 中国农业大学.

吴良泉, 武良, 崔振岭, 等. 2015. 中国玉米区域氮磷钾肥推荐用量及肥料配方研究 [J]. 土壤学报, 52 (4): 92 - 107.

吴永明,李小明,曾光明,等. 2005. 亚硝化-厌氧氨氧化作用机理的研究 [J]. 工业用水与废水,(1):5-8.

武玉,徐刚,吕迎春,等. 2014. 生物炭对土壤理化性质影响的研究进展 [J]. 地球科学进展,29 (1):68-79.

夏文建,2011. 优化施氮下稻麦轮作农田氮素循环特征 [D]. 北京:中国农业科学院.

辛明秀,赵颖,周军,等. 2007. 反硝化细菌在污水脱氮中的作用 [J]. 微生物学通报,34 (4):773-776.

徐子博,俞璐,杨帆,等. 2017. 土壤矿物质-可溶态生物炭的交互作用及其对碳稳定性的影响 [J]. 环境科学学报,37 (11):4329-4335.

颜永豪,王丹丹,郑纪勇,2013. 生物炭对土壤 N_2O 和 CH_4 排放影响的研究进展 [J]. 中国农学通报,29 (8):140-146.

燕金锐,律其鑫,高增平,等. 2019. 有机肥与生物炭对沙化土壤理化性质的影响 [J]. 江苏农业科学,47 (9):303-307.

杨妮平,2017. 不同粒级土壤团聚体添加秸秆对温室气体排放的影响 [D]. 武汉:华中农业大学.

杨世琦,2017. 基于欧氏距离的农业可持续发展评价理论构建与实例验证 [J]. 生态学报 37 (11):3840-3848.

杨亚东,张明才,胡君蔚,等. 2017. 施氮肥对华北平原土壤氨氧化细菌和古菌数量及群落结构的影响 [J]. 生态学报,37 (11):3636-3646.

袁金华,徐仁扣,2011. 生物质炭的性质及其对土壤环境功能影响的研究进展 [J]. 生态环境学报,20 (4):779-785.

张斌,2012. 施用生物质炭对稻田土壤性质、水稻产量和温室气体排放的持续影响 [D]. 南京:南京农业大学.

张广斌,马静,马二登,等. 2010. 尿素施用对稻田土壤甲烷产生、氧化及排放的影响 [J]. 土壤,42 (2):178-183.

张星,2016. 生物炭和秸秆还田对华北农田 N_2O 排放的影响及机理研究 [D]. 沈阳:沈阳农业大学.

赵殿峰,徐静,罗璇,等. 2014. 生物炭对土壤养分、烤烟生长以及烟叶化学成分的影响 [J]. 西北农业学报,23 (3):85-92.

赵建坤,李江舟,杜章留,等. 2016. 施用生物炭对土壤物理性质影响的研究进展 [J]. 气象与环境学报,32 (3):95-101.

赵荣芳,陈新平,张福锁,2009. 华北地区小麦-玉米轮作体系的氮素循环与平衡 [J]. 土壤学报,46 (4):684-697.

赵易艺,张玉平,刘强,等. 2016. 有机肥和生物炭对旱地土壤养分累积利用及小白菜生产的影响 [J]. 中国农学通报,32 (14):119-125.

郑平,冯孝善,1999. 硝化作用的生化原理 [J]. 微生物学通报,(3):215-217.

周丽霞,2007. 土壤微生物学特性对土壤健康的指示作用 [J]. 生物多样性,2 (2):162-171.

朱永官,王晓辉,杨小茹,等. 2014. 农田土壤 N_2O 产生的关键微生物过程及减排措施 [J]. 环境科学,35 (2):792-800.

AGEGNHU G, BIRD M I, NELSON P N, et al., 2015. The ameliorating effects of biochar and compost on soil quality and plant growth on a ferralsol [J]. Soil Research, 53 (1): 1.

AMELOOT N, DE-NEVE S, JEGAJEEVAGAN K, et al., 2013. Short-term CO_2 and N_2O emissions and microbial properties of biochar amended sandy loam soils [J]. Soil Biology and Biochemistry, 57, 401-410.

AREZOO T T, CLOUGH T J, CONDRON L M, et al., 2011. Biochar incorporation into pasture soil suppresses in situ nitrous oxide emissions from ruminant urine patches [J]. Journal of Environmental Quality, 40 (2): 468.

BAGGS E M, 2008. A review of stable isotope techniques for N_2O source partitioning in soils: recent progress, remaining challenges and future considerations [J]. Rapid Communications in Mass Spectrometry, 22 (11): 1664-1672.

BAGGS E M, 2011. Soil microbial sources of nitrous oxide: recent advances in knowledge, emerging challenges and future direction [J]. Current Opinion in Environmental Sustainability, 3 (5): 321-327.

BALL P N, MACKENZIE M D, DELUCA T H, et al., 2010. Wildfire and charcoal enhance nitrification and ammonium-oxidizing bacterial abundance in dry montane forest soils [J]. Journal of Environment Quality, 39, 1243-1253.

BERGLUND L M, DELUCA T H, ZACKRISSON O, 2004. Activated carbon amendments to soil alters nitrification rates in scots pine forests [J]. Soil Biology & Biochemistry, 36 (12): 2067-2073.

BERNARD G B, KOUAKOUA E, MARIE-CHRISTINE L, et al., 2008. Texture and sesquioxide effects on water-stable aggregates and organic matter in some tropical soils [J]. Geoderma, 143 (1-2): 1-25.

BLANCO-CANQUI H, LAL R, 2004. Mechanisms of carbon sequestration in soil aggregates [J]. Critical Reviews in Plant Sciences, 23, 481-504.

BONANOMI G, IPPOLITO F, SCALA F, 2015. A "black" future for plant pathology? Biochar as a new soil amendment for controlling plant diseases [J]. Journal of Plant Pathology, 97 (2): 223-234.

BOSSUYT H, SIX J, HENDRIX P F, 2005. Protection of soil carbon by microaggregates within earthworm casts [J]. Soil Biology & Biochemistry, 37 (2): 251-258.

BRAKER G, ZHOU J, WU L, et al., 2000. Nitrite reductase genes (nirK and nirS) as functional markers to investigate diversity of denitrifying bacteria in pacific northwest marine sediment communities [J]. Applied & Environmental Microbiology, 66 (5): 2096-2104.

BREMNER J M, 1965. Inorganic forms of nitrogen. Methods of Soil Analysis.

BRODOWSKI S, JOHN B, FLESSA H, et al., 2006. Aggregate-occluded black carbon in soil [J]. European Journal of Soil Science, 57, 539-546.

BRUUN E W, MÜLLER-STVER D, AMBUS P, et al., 2011. Application of biochar to soil and N_2O emissions: potential effects of blending fast-pyrolysis biochar with anaerobically digested slurry [J]. European Journal of Soil Science, 62 (4): 581-589.

BRUUN S, EL-ZAHERY T, JENSEN L, 2009. Carbon sequestration with biochar-stability and effect on decomposition of soil organic matter [J]. Iop Conference, 6 (24).

CABELLO P, 2004. Nitrate reduction and the nitrogen cycle in archaea [J]. Microbiology, 150 (11): 3527 – 3546.

CAI Y J, AKIYAMA, HIROKO, 2017. Effects of inhibitors and biochar on nitrous oxide emissions, nitrate leaching, and plant nitrogen uptake from urine patches of grazing animals on grasslands: a meta – analysis [J]. Soil Science & Plant Nutrition, 1 – 10.

CASE S D C, MCNAMARA N P, REAY D S, et al., 2012. The effect of biochar addition on N_2O and CO_2 emissions from a sandy loam soil – the role of soil aeration [J]. Soil Biology & Biochemistry, 51 (3): 125 – 134.

CASE S D C, MCNAMARA N P, REAY D S, et al., 2014. Can biochar reduce soil greenhouse gas emissions from a miscanthus bioenergy crop? [J]. Global Change Biology Bioenergy, 6 (1), 76 – 89.

CASTALDI S, RIONDINO M, BARONTI S, et al., 2011. Impact of biochar application to a Mediterranean wheat crop on soil microbial activity and greenhouse gas fluxes [J]. Chemosphere, 85, 1464 – 1471.

CAYUELA M L, SÁNCHEZ M, MIGUEL A, et al., 2013. Biochar and denitrification in soils: when, how much and why does biochar reduce N_2O emissions? [J]. Scientific Reports, 3, 1732.

CHEN Q, ZHANG X S, ZHANG H Y, 2004. Evaluation of current fertilizer practice and soil fertility in vegetable production in the Beijing region [J]. Nutrient Cycling in Agroecosystems, 69 (1): 51 – 58.

CHENG C H, LEHMANN J, ENGELHARD M H, 2008. Natural oxidation of black carbon in soils: changes in molecular form and surface charge along a climosequence [J]. Geochimica Et Cosmochimica Acta, 72 (6): 1598 – 1610.

CLOUGH T J, BERTRAM J E, RAY J L, et al., 2010. Unweathered wood biochar impact on nitrous oxide emissions from a bovine – urine – amended pasture soil [J]. Soil Science Society of America Journal, 74: 852 – 860.

CLOUGH T J, CONDRON L M, 2010. Biochar and the nitrogen cycle [J]. Journal Environmental Quality, 39: 1218 – 1223.

COLE E J, ZANDVAKILI O R, XING B, et al., 2019. Effects of hardwood biochar on soil acidity, nutrient dynamics, and sweet corn productivity [J]. Communications in Soil Science & Plant Analysis, 1 – 11.

CORNELISSEN G, RUTHERFORD D W, ARP H P H, et al., 2013. Sorption of pure N_2O to biochars and other organic and inorganic materials under anhydrous conditions [J]. Environmental Science Technology, 47: 7704 – 7712.

CROSS A, SOHI S P, 2011. The priming potential of biochar products in relation to labile carbon contents and soil organic matter status [J]. Soil Biology & Biochemistry, 43 (10): 2127 – 2134.

CUI Z, CHEN X, MIAO Y, et al., 2008. On – Farm Evaluation of the Improved Soil N – based Nitrogen Management for Summer Maize in North China Plain [J]. Agronomy Journal, 100 (100): 517 – 525.

DAIMS H，LEBEDEVA E V，PJEVAC P，et al.，2015. Complete nitrification by nitrospira bacteria [J]. Nature，528 (7583)：504 – 509.

DAUM D，SCHENK M K，1998. Influence of nutrient solution pH on N_2O and N_2 emissions from a soilless culture system [J]. Plant and Soil，203 (2)：279 – 288.

DAVIDSON E A，KANTER D，2014. Inventories and scenarios of nitrous oxide emissions [J]. Environmental Research Letters，9 (9)：105012.

DEENIK J L，DIARRA A，UEHARA G，et al.，2011. Charcoal ash and volatile matter effects on soil properties and plant growth in an acid ultisol [J]. Soil Science，176 (7)：336 – 345.

DELUCA T H，GUNDALE M J，MACKENZIE M D，et al.，2015. Biochar effects on soil nutrient transformations. In：Lehmann，J.，Joseph，S. (Eds.)，Biochar for Environmental Management：Science，Technology and Implementation. Routledge，New York，421 – 454.

DI H J，CAMERON K C，SHEN J P，et al.，2009. Nitrification driven by bacteria and not archaea in nitrogen – rich grassland soils [J]. Nature Geoscience，2 (9)：621 – 624.

DRURY C F，REYNOLDS W D，TAN C S，et al.，2014. Impacts of 49 – 51 years of fertilization and crop rotation on growing season nitrous oxide emissions，nitrogen uptake and corn yields [J]. Canadian Journal of Soil Science，94 (3)：421 – 433.

DRURY C F，YANG X M，REYNOLDS W D，et al.，2004. Influence of crop rotation and aggregate size on carbon dioxide production and denitrification [J]. Soil & Tillage Research，79 (1)：87 – 100.

DUAN W Y，OLESZCZUK P，PAN B，et al.，2019. Environmental behavior of engineered biochars and their aging processes in soil. Biochar (online).

FRANCIS C A，SANTORO A E，OAKLEY B B，et al.，2005. Ubiquity and diversity of ammonia – oxidizing archaea in water columns and sediments of the ocean [J]. Proceedings of the National Academy of Sciences of the United States of America，102 (41)：14683 – 14688.

GASKIN J W，SPEIR R A，HARRIS K，et al.，2010. Effect of peanut hull and pine chip biochar on soil nutrients，corn nutrient status，and yield [J]. Agronomy Journal，102 (2)：623 – 633.

GLASER B，LEHMANN J，ZECH W，2002. Ameliorating physical and chemical properties of highly weathered soils in the tropics with charcoal – a review [J]. Biology & Fertility of Soils，35 (4)：219 – 230.

GRABER E R，HAREL Y M，KOLTON M，et al.，2010. Biochar impact on development and productivity of pepper and tomato grown in fertigated soilless media [J]. Plant and Soil，337 (1 – 2)：481 – 496.

GU Y F，LIU T，BAI Y，et al.，2019. Pyrosequencing of nirs gene revealed spatial variation of denitrifying bacterial assemblages in response to wetland desertification at tibet plateau [J]. Journal of Mountain Science，16 (5)：176 – 189.

GÜEREÑA D，RIHA S，2013. Nitrogen dynamics following field application of biochar in a temperate North American maize – based production system [J]. Plant & Soil，365 (1 – 2)：239 – 254.

GUNDALE M J，DELUCA T H，2006. Temperature and source material influence ecological attributes of ponderosa pine and douglas – fir charcoal [J]. Forest Ecology & Management，231 (1 – 3)：86 – 93.

GUO G X，DENG H，QIAO M，et al.，2011. Effect of pyrene on denitrification activity and abundance and composition of denitrifying community in an agricultural soil [J]. Environmental Pollution，159，1886 – 1895.

GUO N，ZHANG J，XIE H J，et al.，2017. Effects of the food – to – microorganism（F/M）ratio on N_2O emissions in aerobic granular sludge sequencing batch airlift reactors [J]. Water，9（7）：477.

HAIDER G，STEFFENS D，MOSER G，et al.，2017. Biochar reduced nitrate leaching and improved soil moisture content without yield improvements in a four – year field study [J]. Agriculture，Ecosystems Environment，237：80 – 94.

HALLIN S，LINDGREN P E，1999. PCR detection of genes encoding nitrite reductase in denitrifying bacteria [J]. Applied and Environmental Microbiology，65：1652 – 1657.

HARTER J，EL – HADIDI M，HUSON D H，et al.，2017. Soil biochar amendment affects the diversity of nosz transcripts：implications for N_2O formation [J]. Scientific Reports，7（1）：3338.

HARTER J，KRAUSE H M，SCHUETTLER S，et al.，2014. Linking N_2O emissions from biochar – amended soil to the structure and function of the N – cycling microbial community. ISME Journal：Multidisciplinary Journal of Microbial Ecology，2014：660 – 674.

HE F，JIANG R，CHEN Q，et al，2009. Nitrous oxide emissions from an intensively managed greenhouse vegetable cropping system in northern china [J]. Environmental pollution，157（5）：1666 – 1672.

HE Y H，ZHOU X H，JIANG L L，et al.，2016. Effects of biochar application on soil greenhouse gas fluxes：a meta – analysis [J]. GCB Bioenergy，9：743 – 755.

HOLLISTER C C，BISOGNI J J，LEHMANN J，2013. Ammonium，nitrate，and phosphate sorption to and solute leaching from biochars prepared from corn stover（zea mays l.）and oak wood（quercus spp.）[J]. Journal of Environmental Quality，42（1）：137.

JIANG Y B，KANG Y，HAN C，et al，2019. Biochar amendment in reductive soil disinfestation process improved remediation effect and reduced N_2O emission in a nitrate – riched degraded soil. Archives of Agronomy and Soil Science（online）.

JIAO J G，SHI K，LI P，et al.，2018. Assessing of an irrigation and fertilization practice for improving rice production in the Taihu Lake region（China）[J]. Agric. Water Manage，201：91 – 98.

JU X T，XING G X，CHEN X P，et al.，2009. Reducing environmental risk by improving N management in intensive chinese agricultural systems [J]. Proceedings of the National Academy of ences of the United States of America，106（9）：3041 – 3046.

KARHU K，MATTILA T，IRINA B，et al.，2011. Biochar addition to agricultural soil increased CH_4 uptake and water holding capacity – results from a short – term pilot field study [J]. Agriculture Ecosystems & Environment，140（1）：309 – 313.

KHAN M A，KIM K W，WANG M，2008. Nutrient – impregnated charcoal：an environmentally friendly slow – release fertilizer [J]. Environment Systems and Decisions，28（3）：231 – 235.

KLOOS K, MERGEL A, CHRISTOPHER R, et al., 2001. Denitrification within the genus azospirillum and other associative bacteria [J]. Functional Plant Biology, 28: 991 – 998.

KNOWLES O A, ROBINSON B H, CONTANGELO A, et al., 2011. Biochar for the mitigation of nitrate leaching from soil amended with biosolids [J]. Science of the Total Environment, 409 (17): 3206 – 3210.

KOLB S E, FERMANICH K J, DORNBUSH M E, 2009. Effect of char – coal quantity on microbial biomass and activity in temperate soils [J]. Soil Science Society of America Journal, 73: 1173 – 1181.

KONG A Y Y, HRISTOVA K, SCOW K M, et al., 2010. Impacts of different N management regimes on nitrifier and denitrifier communities and N cycling in soil microenvironments [J]. Soil Biology and Biochemistry, 42: 1523 – 1533.

KONG A, FONTE S, VAN KESSEL C, et al., 2007. Soil aggregates control N cycling efficiency in long – term conventional and alternative cropping systems [J]. Nutrient Cycling in Agroecosystems, 79: 45 – 58.

KREMEN A, BEAR J, SHAVIT U, et al., 2005. Model demonstrating the potential for coupled nitrification denitrification in soil aggregates [J]. Environmental Science and Technology, 39: 4180 – 4188.

LAIRD D, FLEMING P, WANG B, et al, 2010. Biochar impact on nutrient leaching from a midwestern agricultural soil [J]. Geoderma, 158 (3 – 4): 436 – 442.

LEHMANN J, 2007. A Handful of Carbon [J]. Nature, 447 (7141): 143 – 144.

LEHMANN J, ITHACA YORK N, 2015. Biochar for environmental management: science, technology and implementation [J]. Science & Technology Earthscan, 25 (1): 15801 – 15811.

LI S Q, SONG L N, JIN Y G, et al., 2016. Linking N_2O emission from biochar – amended composting process to the abundance of denitrify (nirk and nosz) bacteria community [J]. AMB Express, 6 (1): 37.

LIGI T, TRUU M, TRUU J, et al., 2014. Effects of soil chemical characteristics and water regime on denitrification genes (nirs, nirk, and nosz) abundances in a created riverine wetland complex [J]. Ecological Engineering, 72: 47 – 55.

LIU Y X, LYU H H, SHI Y, et al., 2015. Effects of biochar on soil nutrients leaching and potential mechanisms: a review [J]. Chinese Journal of Applied Ecology, 26 (1): 304 – 310.

LIU B, FROSTEGARD A, BAKKEN L R, 2014. Impaired reduction of N_2O to N_2 in acid soils is due to a posttranscriptional interference with the expression of nosZ [J]. Mbio, 5 (3): 3 – 14.

LIU Q, XIE Z, 2011. Effect of biochar addition on crop yield and greenhouse gases in rice – wheat rotation ecosystem in Jiangdu China. In: International symposium on biochar research.

LIU X H, HAN F P, ZHANG X C, 2012. Effect of biochar on soil aggregates in the loess plateau: results from incubation experiments [J]. International Journal of Agriculture & Biology, 14 (6): 975 – 979.

LIU X, ZHANG Y, HAN W, et al., 2013. Enhanced nitrogen deposition over China [J]. Nature, 494 (7438): 459 – 462.

MIN H, LONG F, CHEN J N, et al., 2018. Continuous applications of biochar to rice: effects on nitrogen uptake and utilization [J]. Scientific Reports, 8: 11461.

MOREIRA A, FAGERIA N K, 2011. Changes in soil properties under two different management systems in the western Amazon [J]. Communications in Soil Science and Plant Analysis, 42 (21): 2666 - 2681.

NAEEM M A, KHALID M, AON M, et al., 2017. Combined application of biochar with compost and fertilizer improves soil properties and grain yield of maize [J]. Journal of Plant Nutrition, 41: 112 - 122.

NIEDER R, BENBI D K, SCHERER H W, 2011. Fixation and defixation of ammonium in soils: a review [J]. Biology and Fertility of Soils, 47 (1): 1 - 14.

NORAINI M J, PETA L C, LYNETTE K A, 2014. Microscopy observations of habitable space in biochar for colonization by fungal hyphae from soil [J]. Journal of Integrative Agriculture, (3): 483 - 490.

OBIA A, CORNELISSEN G, MULDER J, et al., 2015. Effect of soil pH increase by biochar on NO, N_2O and N_2 production during denitrification in acid soils [J]. Plos One, 10 (9): e0138781.

OGAWA M, 1994. Symbiosis of people and nature in the tropics [J]. Farming Japan, 28: 10 - 30.

OTSUKA S, SUDIANA I, KOMORI A, et al., 2008. Community structure of soil bacteria in a tropical rainforest several years after fire [J]. Microbes & Environments, 23 (1): 49 - 56.

OUYANG L, YU L, ZHANG R, 2014. Effects of amendment of different biochars on soil carbon mineralisation and sequestration [J]. Soil Research, 52 (1): 46.

PEREIRA E I P, SUDDICK E C, MANSOUR I, et al., 2015. Biochar alters nitrogen transformations but has minimal effects on nitrous oxide emissions in an organically managed lettuce mesocosm [J]. Biology and Fertility of Soils, 51: 573 - 582.

PENG S, HE Y, YANG S, et al., 2015. Effect of controlled irrigation and drainage on nitrogen leaching losses from paddy fields [J]. Paddy and Water Environment, 13 (4): 303 - 312.

PINA - OCHOA E, HOGSLUND S, GESLIN E, et al., 2010. Widespread occurrence of nitrate storage and denitrification among foraminifera and gromiida [J]. Proceedings of the National Academy of Sciences, 107: 1148 - 1153.

POCHANA K, KELLER J, 1999. Study of factors affecting simultaneous nitrification and denitrification (SND) [J]. Water Science & Technology, 39 (6): 61 - 68.

QUILLIAM R S, MARSDEN K A, GERTLER C, et al., 2012. Nutrient dynamics, microbial growth and weed emergence in biochar amended soil are influenced by time since application and reapplication rate [J]. Agriculture Ecosystems and Environment, 158: 192 - 199.

RIVERA - UTRILLA J, I BAUTISTAMILOLEDO, M A FERROARCÍA, et al., 2001. Activated carbon surface modifications by adsorption of bacteria and their effect on aqueous lead adsorption [J]. Journal of Chemical Technology & Biotechnology, 76 (12): 1209 - 1215.

RONDON M A, LEHMANN J, JUAN R, et al., 2007. Biological nitrogen fixation by common beans (phaseolus vulgaris l.) increases with bio - char additions [J]. Biology and Fertility of Soils, 43 (6): 699 - 708.

ROTTHAUWE J H, 1997. The ammonia monooxygenase structural gene amoa as a functional marker: molecular fine – scale analysis of natural ammonia – oxidizing populations [J]. Appl. Environ. Microbiol, 63: 4704 – 4712.

SAARNIO S, HEIMONEN K, KETTUNEN R, 2013. Biochar addition indirectly affects N_2O emissions via soil moisture and plant N uptake [J]. Soil Biology and Biochemistry, 58: 99 – 106.

SAITO M, MARUMOTO T, 2002. Inoculation with arbuscular mycorrhizal fungi: The status quo in Japan and the future prospects [J]. Plant and Soil, 244: 273 – 279.

SAMONIN V V, ELIKOVA E E, 2004. A study of the adsorption of bacterial cells on porous materials [J]. Microbiology, 73: 696 – 701.

SCHILS R, OLESEN J E, KERSEBAUM K C, et al., 2018. Cereal yield gaps across Europe [J]. European Journal of Agronomy, 101: 109 – 120.

SHEN J, TANG H, LIU J, et al., 2014. Contrasting effects of straw and straw – derived biochar amendments on greenhouse gas emissions within double rice cropping systems [J]. Agriculture Ecosystems & Environment, 188 (4): 264 – 274.

SHI Y L, LIU X R, ZHANG Q W, 2019. Effects of combined biochar and organic fertilizer on nitrous oxide fluxes and the related nitrifier and denitrifier communities in a saline – alkali soil [J]. Science of The Total Environment, 686: 199 – 211.

SINGLA A, INUBUSHI K, 2014. Effect of biochar on CH_4 and N_2O emission from soils vegetated with paddy [J]. Paddy & Water Environment, 12 (1): 239 – 243.

SINGURINDY O, MOLODOVSKAYA M, RICHARDS B K, et al., 2009. Nitrous oxide emission at low temperatures from manure – amended soils under corn (zea mays l.) [J]. Agriculture Ecosystems & Environment, 132 (1): 74 – 81.

SIX J, CONANT R T, PAUL E A, et al., 2002. Stabilization mechanisms of soil organic matter: implications for C – saturation of soils [J]. Plant & Soil, 241 (2): 155 – 176.

SIX J, PAUSTIAN K, 2014. Aggregate – associated soil organic matter as an ecosystem property and a measurement tool [J]. Soil Biology & Biochemistry, 68: 4 – 9.

SMITH NEDWELL C J, DONG D B, OSBORN L F, A M, 2007. Diversity and abundance of nitrate reductase genes (narG and napA), nitrite reductase genes (nirS and nrfA), and their transcripts in estuarine sediments [J]. Applied & Environmental Microbiology, 73 (11): 3612 – 3622.

STEINER C, TEIXEIRA W G, LEHMANN J, et al., 2007. Long term effects of manure, charcoal and mineral fertilization on crop production and fertility on a highly weathered central amazonian upland soil [J]. Plant and Soil, 291 (1 – 2): 275 – 290.

SUN F F, LU S G, 2014. Biochars improve aggregate stability, water retention, and pore – space properties of clayey soil [J]. Journal of Plant Nutrition and Soil Science, 177 (1).

TAN G, WANG H, XU N, et al, 2018. Biochar amendment with fertilizers increases peanut N uptake, alleviates soil N_2O emissions without affecting NH_3 volatilization in field experiments [J]. Environmental Science and Pollution Research, 25: 1 – 10.

TEUTSCHEROVA N, HOUSKA J, NAVAS M, et al., 2018. Leaching of ammonium and nitrate from acrisol and calcisol amended with holm oak biochar: a column study [J]. Geoderma, 323: 136 – 145.

THIES J E, RILLIG M C, 2009. Characteristics of biochar: biological properties. In Biochar for Environmental Management. London: Earthscan, 85 – 105.

TISDALL J M, OADES, 1982. Organic matter and water – stable aggregates in soils [J]. Journal of Soil Science, 33 (2): 141 – 163.

UZOMA K C, INOUE M, ANDRY H, et al., 2011. Effect of cow manure biochar on maize productivity under sandy soil condition [J]. Soil Use and Management, 27 (2): 205 – 212.

VAN KESSEL M A H J, SPETH D R, ALBERTSEN M, et al., 2015. Complete nitrification by a single microorganism [J]. Nature, 528 (7583): 555 – 559.

WALLENSTEIN M D, MCNULTY S, FERNANDEZ I J, et al., 2006. Nitrogen fertilization decreases forest soil fungal and bacterial biomass in three long – term experiments [J]. Forest Ecology & Management, 222 (1 – 3): 0 – 468.

WANG C, ZHU G, WANG Y, et al., 2013. Nitrous oxide reductase gene (nosZ) and N_2O reduction along the littoral gradient of a eutrophic freshwater lake [J]. Journal of Environmental Sciences, 25 (1): 44 – 52.

WANG H, LIN K, HOU Z, et al., 2010. Sorption of the herbicide terbuthylazine in two new zealand forest soils amended with biosolids and biochars [J]. Journal of Soils andSediments, 10 (2): 283 – 289.

WANG J Y, XIONG Z Q, KUZYAKOV Y, 2016. Biochar stability in soil: meta – analysis of decomposition and priming effects [J]. GCB Bioenergy, 8: 512 – 523.

WANG J, ZHANG M, XIONG Z, et al, 2011. Effects of biochar addition on N_2O and CO_2, emissions from two paddy soils [J]. Biology & Fertility of Soils, 47 (8): 887 – 896.

WANG X, XU S, WU S, 2017a. Effect of Trichoderma viride, biofertilizer on ammonia volatilization from an alkaline soil in Northern China [J]. Journal of Environmental Sciences, 66: 199.

WANG Y S, LIU Y S, LIU R L, et al., 2017b. Biochar amendment reduces paddy soil nitrogen leaching but increases net global warming potential in NingXia irrigation, China [J]. Scientific Reports, 7: 1592.

WARNOCK D D, MUMMEY D L, MCBRIDE B, et al., 2010. Influences of non – herbaceous biochar on arbuscular mycorrhizal fungal abundances in roots and soils: Results from growth – chamber and field experiments [J]. Applied Soil Ecology, 46: 450 – 456.

WIEDNER K, FISCHER D, WALTHER S, et al., 2015. Acceleration of biochar surface oxidation during composting? [J]. Agric Food Chem, 63 (15): 3830 – 3837.

XIA W, ZHANG C, ZENG X, et al., 2011. Autotrophic growth of nitrifying community in an agricultural soil [J]. Isme Journal, 5 (7): 1226 – 1236.

XIE Z, XU Y, LIU G, 2013. Impact of biochar application on nitrogen nutrition of rice, greenhouse – gas emissions and soil organic carbon dynamics in two paddy soils of China [J]. Plant & Soil, 370 (1 – 2): 527 – 540.

XU J G, HEERAMAN D A, WANG Y, 1993. Fertilizer and temperature effects on urea hydrolysis in undisturbed soil [J]. Biology & Fertility of Soils, 16 (1): 63 – 65.

XUE L H, YU Y L, YANG L Z, 2014. Maintaining yields and reducing nitrogen loss in rice –

wheat rotation system in taihu lake region with proper fertilizer management [J]. Environmental Research Letters, 9 (11): 115010.

YANAI Y, TOYOTA K, OKAZAKI M, 2007. Effects of charcoal addition on N_2O emissions from soil resulting from rewetting air – dried soil in short – term laboratory experiments [J]. Soil Science and Plant Nutrition, 53 (2): 181 – 188.

YANG S Q, 2017. A case study of a novel sustainable agricultural development evaluation method based on Euclidean distance theory [J]. Acta Ecologica Sinica, 37 (11).

YANG S, YANG F L, FU Z M, 2009. Characteristics of simultaneous nitrification and denitrification in moving bed membrane bioreactor [J]. Environmental Science, 30 (3): 803.

YAZAWA Y, ASAKAWA D, MATSUEDA, 2006. Effective carbon and nitrogen sequestrations by soil amendments of charcoal [J]. Arid Land Studies, 15: 463 – 467.

YOO G, LEE Y O, WON T J, et al., 2018. Variable effects of biochar application to soils on nitrification – mediated N_2O emissions [J]. Science of the Total Environment, 626: 603 – 611.

ZACKRISSON O, NILSSON M C, WARDLE D A, 1996. Key ecological function of charcoal from wildfire in the boreal forest [J]. Oikos, 77 (1): 10 – 19.

ZHANG A F, CUI L Q, PAN G X, 2010. Effect of biochar addition to soil on greenhouse gas emissions from a rice paddy from Tai Lake plain, China [J]. Agriculture, Ecosystems and Environment, 139 (4): 469 – 475.

ZHANG A, BIAN R, HUSSAIN Q, et al., 2013a. Change in net global warming potential of a rice – wheat cropping system with biochar soil amendment in a rice paddy from china [J]. Agriculture Ecosystems & Environment, 173: 37 – 45.

ZHANG A, LIU Y, PAN G, et al., 2012a. Effect of biochar amendment on maize yield and greenhouse gas emissions from a soil organic carbon poor calcareous loamy soil from central china plain [J]. Plant & Soil, 351 (1 – 2): 263 – 275.

ZHANG C, JU X, POWLSON D, et al., 2019. Nitrogen surplus benchmarks for controlling n pollution in the main cropping systems of China [J]. Environmental ence & Technology, 53 (12): 6678 – 6687.

ZHANG L M, HU H W, SHEN J P, et al., 2012b. Ammonia – oxidizing archaea have more important role than ammonia – oxidizing bacteria in ammonia oxidation of strongly acidic soils [J]. Journal of Microbial Ecology, 6 (5): 1032 – 1045.

ZHANG M, CHENG G, FENG H, et al., 2017. Effects of straw and biochar amendments on aggregate stability, soil organic carbon, and enzyme activities in the Loess Plateau, China [J]. Environmental Science & Pollution Research, 24 (11): 10108 – 10120.

ZHANG Q Y, LI F D, TANG C Y, 2012c. Quantifying of soil denitrification potential in a wetland ecosystem, ochi experiment site, Japan [J]. Journal of Resources and Ecology, 3 (1): 93 – 96.

ZHANG Q Z, WANG Y D, WU Y F, et al., 2013b. Effects of biochar amendment on soil thermal conductivity, reflectance, and temperature [J]. Soil Science Society of America Journal, 77 (5): 1478.

ZHENG H，WANG Z Y，DENG X，et al.，2013. Impacts of adding biochar on nitrogen reten-
tion and bioavailability in agricultural soil [J]．Geoderma，206（9）：32 – 39.

ZHOU Z M，TAKAYA N，SAKAIRI M A C，2001. Oxygen requirement for denitrification by
the fungus Fusarium oxysporum [J]．Archives of Microbiology，175（1）：19 – 25.

ZHONG X H，PENG S B，HUANG N R，et al.，2010. The development and extension of
three controls technology in Guangdong，China. In：Palis，F. G.，Singleton，G. R.，Casime-
ro，M. C.，Hardy，B.（Eds.），Research to Impact：Case Studies for Natural Resources
Management of Irrigated Rice in Asia. International Rice Research Institute，Los Ban'os，Phil-
ippines，221 – 232.

2.6　生物炭对水田中氨氧化微生物的影响

2.6.1　背景

　　硝化作用，即氨（NH_3）通过亚硝酸盐（NO_2^-）转化为硝酸盐（NO_3^-），是全球
氮（N）循环中的关键过程，其影响陆地生态系统中 N 的命运，并且还促进土壤中一
氧化二氮（N_2O）的排放和 NO_3^- 的淋溶（Chen et al.，2021；Li et al.，2020）。长期
以来一直认为硝化是两步过程，其中氨氧化细菌（AOB）和氨氧化古菌（AOA）主导
氨氧化，并且亚硝酸盐氧化细菌（NOB）主导亚硝酸盐氧化（Daims et al.，2015；
Van Kessel et al.，2015）。然而，已经发现了能够在单个步骤中完成硝化的完全氨氧
化剂（Comammox）（Costa et al.，2006）。Comammox 物种具有所需的所有基因：氨
单加氧酶（AMO）、羟胺脱氢酶（HAO）和亚硝酸盐氧化还原酶（NXR）（Li et al.，
2019；Yuan et al.，2021）。这一重要发现引发了一系列深入的研究，如调查 Comam-
mox 的丰度和多样性，以及与典型的氨氧化细菌和古细菌相比，它们对硝化作用的相
对贡献。

　　土壤硝化速率受土壤性质如 pH、总 N 含量、微生物生物量和 NH_4^+ – N 的影响
（Cai et al.，2021；Corre et al.，2010；Elrys et al.，2021）。Booth 等（2005）通过荟
萃分析发现，土壤全氮和土壤 pH 是控制硝化作用的主要因素。另外，先前的研究揭
示，高温和过量的 NH_3 可以抑制潜在的氨氧化（PAO）（Deng et al.，2021）。然而，
这些研究没有调查硝化微生物的丰度和多样性对潜在的氨氧化和硝化速率的驱动因素
的影响，使得得出关于控制潜在的氨氧化和硝化速率的参数的决定性结论具有挑战
性（Booth et al.，2005；Deng et al.，2021）。本研究将土壤性质与 AOA、AOB 和
Comammox 丰度和多样性联系起来，以更好地了解直接和间接驱动潜在氨氧化和硝化
速率的因素。

　　许多环境条件，如土壤 pH、氨和氧浓度等，对土壤中典型硝化微生物和 Comammox 的生态位的变化及其对硝化作用的相对贡献具有显著影响（Elrys et al.，2021；Liu et al.，2020）。影响 AOA 和 AOB 生态位的主要环境因子是氨（Erguder et al.，2009）。发现 Comammox 对氨具有比 AOA 和 AOB 更高的亲和力（Kits et al.，2017）。此外，在低营养物生境中，AOA 的数量经常超过 AOB（Leininger et al.，2006；Verhamme et al.，2011），而 AOB 通常在富营养环境中占主导地位（Bollmann et al.，2014；Yang et al.，2016）。研究对氮肥施用的反应，Li 等（2019）证明，在陆地生态系统中功能占主导地位的 Comammox Nitrospira 进化枝 A 和进化枝 B 似乎在土壤中具有不同的生态位偏好，这可能是由于它们不同的铵吸收系统。一些 Comammox Nitrospira 物种可能具有 AOB 样生态位偏好，并且在先前被认为由 AOB 主导的硝化生态位中具有功能活性（Jung et al.，2009；Zhu et al.，2022）。因此，在陆地生态系统中，丛氨氧化硝化螺菌不是严格意义上的贫营养微生物，而是具有广泛生态位的贫营养和富营养微生物的混合物（Li et al.，2019）。这些发现提高了我们对 Comammox 硝化螺菌物种的微生物生态学和土壤硝化作用的相对贡献的认知。

硝化抑制剂提供了评估氨氧化微生物对硝化作用的相对贡献的直接方法（Guo et al.，2017；Liang et al.，2020）。典型的氨氧化微生物和 Comammox 对土壤硝化作用的相对贡献可以通过用各种类型和浓度的硝化抑制剂抑制硝化作用来澄清，所述硝化抑制剂抑制氨氧化期间的酶活性或氨氧化微生物的生长（Guo et al.，2017；Taylor et al.，2013）。Taylor 等（2013）表明，1-辛炔不可逆地抑制 AOB 的氨氧化活性，但不抑制 AOA，因此可用于量化 AOA 和 AOB 对硝化的相对贡献。硝化的第二阶段（$NO_2^- - N \rightarrow NO_3^- - N$）可以被 Comammox 硝化抑制剂成功地抑制，例如氯酸盐（$KClO_3$ 和 $NaClO_3$）（Wang et al.，2020）。通过使用硝化抑制剂、q-PCR 和高通量测序技术，现在可以评估各种硝化微生物对不同环境中硝化作用的相对贡献。

生物炭应用最近已经成为改善土壤质量和提高氮肥利用效率的潜在有效措施之一（Li et al.，2020）。生物炭具有高的表面积和 pH，可以改变土壤理化性质（如土壤 pH、有机 C 含量和阳离子交换容量）（Lehmann et al.，2011；Liu et al.，2018），增强 NO_3^- 和 NH_4^+ 的吸附，改变土壤微生物丰度和群落组成，减少温室气体排放，从而深刻影响农田的氮循环（Chen et al.，2021）。此外，生物炭应用可对硝化作用具有不同的影响（Lehmann et al.，2011；Wang et al.，2015）。例如，将稻草生物炭施用于酸性土壤加速硝化速率，并由于土壤 pH 增加而增加 AOA 和 AOB 的丰度（He et al.，2016）。Wang 等（2015）发现花生壳生物炭抑制酸性土壤中的硝化作用，因为它通过吸附降低了 NH_4^+ 的可用性，并通过有害的酚类化合物抑制了 AOB。AOA 和 AOB 的丰度、活性和群落结构都进行了广泛地研究长期氮肥和生物炭的应用程序，无论是单独或组合的影响。然而，缺乏对 Comammox 的研究（Li et al. 2019；Liu et al.，2020）。关于微生物环境和氨氧化微生物群落动态以及它们对长期生物炭应用影响的硝化作用的相对贡献仍有许多未解决的问题。

为了研究不同生物炭和氮肥施用条件下 AOA、AOB 和 Comammox 的丰度、多样性、组成及其对硝化作用的相对贡献，我们收集了 8 年的田间试验土壤样品。研究了影响 AOA、AOB 和 Comammox 丰度、多样性和组成的关键土壤性质，以及潜在的氨氧化和硝化速率。目的是：①阐明影响硝化微生物的相关碱性土壤，以及潜在的氨氧化和硝化速率；②确定常规氨氧化微生物（AOA 和 AOB）和完全氨氧化细菌（Comammox）对硝化作用的相对贡献。

2.6.2 材料和方法

2.6.2.1 试验样地和实验设计

实验设置 3 个生物炭添加量（B0，不添加生物炭；BL，生物炭添加量为 4.5t/hm^2；BH，生物炭添加量为 13.5t/hm^2）和 2 个氮肥水平（N0，不添加氮肥；N，300kg/hm^2），共 6 个处理（B0N0、BLN0、BHN0、B0N、BLN 和 BHN），每个处理重复 3 次。肥料分别以 150kg N/hm^2、39.3kg P/hm^2 和 74.5kg K/hm^2 的尿素（N，46%）、双过磷酸钠（P，20%）和氯化钾（K，50%）和生物炭在移栽水稻前一次性均匀撒施后旋耕。旋耕深度为 20cm 左右并于秧苗期和拔节期各追施氮肥一次，分别为 90kg N/hm^2 和 60kg N/hm^2。所用生物炭具体情况见 2.2.2 节。

2.6.2.2 土壤取样和化学分析

于 2019 年在水稻收获期采集土壤样品。在每个地块中以两条对角线取 5 个土芯（0~20cm）充分混合并分成三部分：一份储存在 4℃用于酶分析；另一份土样风干后通过 2mm 筛以测定土壤理化性质；剩余土样保存在 -80℃用于 DNA 提取。

土壤 pH 值（1：2.5，土壤：水）、土壤有机碳（SOC）和土壤总氮（TN）分别用电位法、氧化法和凯氏定氮法测定（Van Zwieten et al.，2010）。土壤硝态氮（$NO_3^- - N$）和铵态氮（$NH_4^+ - N$）浓度用 2 M KCl 提取，并使用连续流动分析仪测定。土壤微生物量碳（MBC）和土壤微生物量氮（MBN）通过氯仿熏蒸直接提取法测定（Beck et al.，1997）。

2.6.2.3 硝化速率和潜在氨氧化

根据 Hart 等（1994）和 Yao 等（2011）通过微小修改的振荡土壤浆料法测定硝化速率。简言之，将 10g 土壤倒入 100mL 培养基 [0.2mol/L K_2HPO_4、0.2mol/L KH_2PO_4 和 0.05mol/L $(NH_4)_2SO_4$，按体积比 3：7：30 制备；pH=7.2]，用带气孔的橡胶塞覆盖，并在振荡器上孵育 24 h（180 r/min）。孵育 2h、4h、16h 和 24h 后，离心 10 mL 悬浮液样品，并通过定量滤纸过滤上清液。用 2 M KCl 提取后测定硝酸盐-N（$NO_3^- - N$）浓度。$NO_3^- - N$ 浓度线性增加，硝化潜力使用线性回归方法从悬浮液中 $NO_3^- - N$ 浓度随时间的增加速率计算。

对 Kurola 等（2005）的研究进行微小修改测定潜在氨氧化速率。即将 5g（鲜重）土壤放入在 50mL Falcon 管中培养，Falcon 管含有 20mL 的 1mM 磷酸盐缓冲盐水〔1mM（NH_4）$_2SO_4$、8.0g/L NaCl、0.2g/L KCl、0.2g/L Na_2HPO_4 和 0.2g/L NaH_2PO_4；pH=7.1〕在室温（25℃）避光条件下孵育 24h。将 50mg/L 的 10mM 氯酸钾加入到管中以抑制亚硝酸盐氧化。培养后，加入 5mL 2 M KCl 以提取亚硝酸盐-N，并使用连续流动分析仪测量。单位时间内亚硝酸盐氮的增加即潜在氨氧化速率。

2.6.2.4　DNA 提取和实时 PCR

使用 DNA 提取试剂盒从 1.0 g 样品中直接提取总微生物基因组 DNA。土壤 DNA 试剂盒（Omega Bio-tek，Norcross，GA，USA），按照制造商的说明书进行操作。使用 ABI GeneAmp 9700 PCR 热循环仪（ABI，CA，USA）通过定量 PCR 进行功能标记基因（AOA、AOB 和 Comammox 进化枝 A 和进化枝 B 的 amoA）的定量。用于功能基因定量的引物和扩增程序列于表 2-21 中。PCR 反应体系为：12.5μL 2× Taq PCR 主混合液、3μL BSA（2ng/μL）、正向和反向引物各 1μL（5 μM）、2μL 模板 DNA 和 5.5μL ddH$_2$O。从 2%（w/v）琼脂糖凝胶中提取 PCR 产物，并根据制造商的说明书使用 Gel Extraction Kit（Axygen Biosciences，Union City，CA，USA）和 Quantus™ Fluorometer（Promega，USA）对回收产物纯化。所有样品均一式三份扩增。

表 2-21　　　　　　　　　　引物和 qPCR 扩增条件

微生物	引物	序列	温控条件
Total comammox bacteria	Comammox-amoF Comammox-amoR	AGGNGAYTGGGAYTTCTGG CGGACAWABRTGAABCCCAT	5min at 95℃，35 cycles of 30s at 95℃，30s at 55℃ and 45s at 72℃，10min at 72℃
Comammox clade A amoA	Comammox-amoAF Comammox-amoAR	TAYAAYTGGGTSAAYTA ARATCATSGTGCTRTG	10min at 95℃，25 cycles of 30s at 94℃，45s at 42～52℃ and 60s at 72℃，10min at 72℃
Comammox clade B amoA	Comammox-amoBF Comammox-amoBR	TAYTTCTGGACRTTYTA ARATCCARACDGTGTG	10min at 95℃，25 cycles of 30s at 94℃，45s at 42～52℃ and 60s at 72℃，10min at 72℃
AOA amoA	archea-amoAF archea-amoAR	STAATGGTCTGGCTTAGACG GCGGCCATCCATCTGTATGT	10min at 95℃，40 cycles of 15s at 94℃，20s at 53℃ and 40s at 72℃，10min at 72℃

续表

微生物	引　物	序　列	温控条件
AOB amoA	bacteria－amoAF bacteria－amoAR	GGGGTTTCTACTGGTGGT CCCCTCKGSAAAGCCTTCTTC	10min at 95℃，40 cycles of 15s at 94℃，20s at 55℃ and 40s at 72℃，10min at 72℃

2.6.2.5　Illumina MiSeq 测序

使用 MiSeq PE 300 平台（Illumina，San Diego，CA，USA）在 Majorbio Bio-Pharm Technology Co. Ltd.（Shanghai，China）对 PCR 扩增产物进行测序。使用微生物生态学定量分析（QIIME）和 Mothur 对原始序列进行质量过滤。

2.6.2.6　序列分析

用 fastp（0.19.6）对所得序列进行质量过滤，并与 FLASH（v1.2.11）合并。然后，利用 QIIME2 中的 DADA2 对高质量序列进行去噪，从而根据样本内的误差分布获得单核苷酸分辨率。DADA2 去噪序列称为扩增子序列变体（ASV）。为了尽量减少测序深度对 alpha 多样性测量的影响，每个样本的序列号稀释至 20000，其仍然产生平均 99.09% 的 Good 覆盖率。利用 QIIME2 和 SILVA 16S rRNA 数据库（v138）中实现的 Vsearch 共识分类器对 ASV 进行分类分配。系统发育树各分支的显著性由 1000 个子集的自举值（%）表示。

2.6.2.7　测量氨氧化

AOA、AOB 和 Comammox 潜在速率使用 $KClO_3$ 抑制法计算（Xu et al.，2011）和 1-辛炔（Taylor et al.，2013）。作为潜在的 Comammox 硝化抑制剂，氯酸盐比亚硝酸盐更容易被硝酸盐还原酶（其在亚硝酸盐氧化和硝酸盐还原中起作用）生物降解，从而抑制亚硝酸盐氧化为硝酸盐（沿着 NO_3^- 还原为 NO_2^-）。因此，$KClO_3$ 抑制了 NO_2^- 的氧化和 NO_3^- 的还原。通过添加氯酸盐抑制剂，Comammox 硝化速率计算为对照组和处理组中 NO_3^- 产量之间的差异。脂肪族正炔烃优先区分土壤细菌和古细菌的氨单加氧酶（AMO）；具体地说，1-辛炔不可逆地抑制 AOB 而不影响 AOA（Taylor et al.，2013）。因此，在氯酸盐处理的样品中 NO_2^- 积累的速率代表 AOA 加 AOB 的估计氨氧化，而在 1-辛炔和氯酸盐补充的样品中测量的 NO_2^- 仅是 AOA 的产物。

简单地说，将 5g 筛过的新鲜土壤添加到 60mL 用橡胶塞子和铝盖密封的血清瓶中。每个样品使用 3 个处理：处理 1（抑制亚硝酸盐和氨的氧化）使用消毒注射器向血清瓶中加入 1.5mL 0.13 M $KClO_3$ 和 1-辛炔（0.03%，v/v），搅拌形成悬浮液，然后用橡胶密封瓶塞和铝帽；处理 2（抑制亚硝酸盐氧化）向含有土壤的血清瓶中添加 1.5 mL 0.13 M $KClO_3$；处理 3（对照，无抑制）添加 1.5 mL ddH_2O，每个处理重复 3 次。在取样时测定的土壤温度（秋季为 25℃）的黑暗环境下孵育，分别于第 0 天、第 1 天、第 2 天和第 4 天采集样品。用 2 M 氯化钾萃取后，使用连续流动分析仪测定 NO_3^- 和 NO_2^- 浓度。Wang 等（2020）描述了详细的计算。

2.6.2.8　统计分析

采用双向方差分析（ANOVA）和 Tukey 多重极差检验对土壤理化性质和硝化微生物群落 α-多样性的差异进行分析（$P<0.05$）。用 mother v1.30.1 计算 Shannon 指数和 Chao1 指数。基于 OTU 组成的加权对 UniFrac 距离进行冗余分析（RDA），以确定影响微生物群落组成的主要土壤性质。通过 Pearson 相关分析，探讨 AOA、AOB、Comammox 相对丰度和 α 多样性与土壤性质、潜在氨氧化和硝化速率的关系。系统发育树使用 Majorbio Cloud 平台（cloud.majorbio.com）进行。随机森林分析被用来预测土壤理化性质的重要性，以及丰富和多样性的 AOA、AOB 和 Comammox 相对于硝化速率和潜在的氨氧化。使用 R 版本 3.5.1 和 IBM SPSS 版本 25.0 进行所有统计分析。

2.6.3　结果

2.6.3.1　土壤理化性质

生物炭和氮肥的相互作用对 pH、SOC、TN、NO_3^- - N 和 NH_4^+ - N 没有显著影响，但添加生物炭对 pH 和 SOC 具有显著影响（表 2 - 22）。pH 约为 8.12，在各生物炭添加率和 B0 之间没有显著差异（表 2 - 22）。与 B0 相比，BL 和 BH 处理下 SOC 含量分别显著增加了 23% 和 54%（表 2 - 22）。施氮对 pH（降低 0.7%）、TN（增加 6.0%）和 NO_3^- - N（增加 23%）的影响显著（$P<0.05$）（表 2 - 2）。铵态氮约为 0.81mg/kg，6 个处理之间无显著差异。生物炭和氮肥的相互作用显著影响 MBC 和 MBN（表 2 - 22）。在 N0 处理中，添加生物炭显著增加了 MBC 和 MBN，但在 N 施肥处理中随着生物炭的添加 MBC 和 MBN 保持不变或降低（表 2 - 22）。

表 2 - 22　　　　　　　　土 壤 理 化 指 标

处理	n	pH$_{water}$	有机碳 /(g/kg)	总氮 /(g/kg)	硝态氮 /(mg/kg)	铵态氮 /(mg/kg)	微生物量碳 /(mg/L)	微生物量氮 /(mg/L)
B0N0	3					0.70±0.08	81±6.4d	20±1.6d
BLN0	3					0.84±0.02	220±18.4a	46±8.0a
BHN0	3					0.85±0.03	135±8.8c	28±1.5c
B0N	3					0.80±0.06	228±10.4a	42±1.7ab
BLN	3					0.82±0.06	185±13.7b	27±0.8cd
BHN	3					0.84±0.03	208±0.5ab	36±2.8b
B0	6	8.12±0.02ab	10.77±0.29c					

续表

处理	n	pH_{water}	有机碳/(g/kg)	总氮/(g/kg)	硝态氮/(mg/kg)	铵态氮/(mg/kg)	微生物量碳/(mg/L)	微生物量氮/(mg/L)
BL	6	8.16±0.02a	13.22±0.28b					
BH	6	8.08±0.02b	16.58±0.47a					
N0	9	8.15±0.01a		0.98±0.02b	0.13±0.01b			
N	9	8.09±0.02b		1.04±0.01a	0.17±0.01a			
P-value								
B		<0.05	<0.05	0.068	0.156	0.182	<0.05	0.252
N		<0.05	0.681	<0.05	<0.05	0.601	<0.05	0.241
B×N		0.086	0.343	0.332	0.079	0.439	<0.05	<0.05

2.6.3.2 潜在氨氧化和硝化速率

生物炭和氮肥的相互作用显著影响了硝化速率和潜在氨氧化〔图 2-26（a）和（b）〕。在 N0 处理中硝化速率和潜在氨氧化速率保持不变，随着生物炭添加量的增加，在氮肥处理中硝化速率显著降低了 16%～27%。在所有处理中，施氮处理的硝化速率和潜在氨氧化均显著高于 N0 处理。

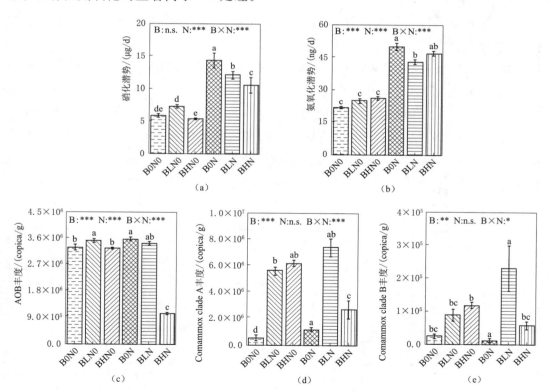

图 2-26 生物炭和氮肥对土壤硝化速率（a）、潜在氨氧化（b）、AOB 丰度（c）、
Comammox clade A 丰度（d）和 Comammox clade B 丰度（e）的影响

生物质炭与氮肥的交互作用对 AOB、Comammox clade A 和 clade B 具有显著影响（AOA 约为 1.4×10^7 copies/g）。与 B0N0 相比，BLN0 的 AOB amoA 丰度显著增加（7.3%），但 BHN 的 AOB amoA 丰度显著降低（70%）［图 2-26（c）］。随着生物炭添加，N0 处理中 Comammox clade A amoA 的丰度显著高于 N 施肥处理［图 2-26（d）］。此外，Comammox clade B amoA 的丰度保持不变（在 N0）或随着生物炭添加而增加（在 B0N 和 BLN 中）［图 2-26（e）］。

2.6.3.3 氨氧化群落结构和多样性

生物炭和氮肥的交互作用显著影响了 AOA Shannon（香农）和 Chao 1 指数。与 B0N0 相比，BLN0 和 BHN 的 AOA Shannon 指数显著降低，而 Chao 1 指数仅在 BLN0 中显著降低了 30%（表 2-23）。相对于 N0，N 施肥显著降低了 AOB 群落的 Shannon（8.2%）和 Chao 1（33%）指数（表 2-23）。此外，生物炭和氮肥的交互作用显著影响了 Comammox Chao 1 指数（表 2-23）。与 B0N0 相比，BHN0 中的 Comammox Chao 1 指数降低了 47%（$P < 0.05$），BLN 中降低了 42%（$P < 0.05$）（表 2-23）。

表 2-23　　AOA、AOB 和 Comammox 群落的 Shannon 和 Chao 1 指数

处理	AOA		AOB		Comammox	
	Shannon 指数	Chao 1	Shannon 指数	Chao 1	Shannon 指数	Chao 1
B0N0	2.38±0.05a	79±5.4a			2.04±0.17	60±5.2a
BLN0	2.13±0.06b	55±0.9b			2.11±0.21	43±5.8ab
BHN0	2.32±0.04ab	63±6. ab			1.80±0.30	32±2.0b
B0N	2.18±0.04ab	58±4.2ab			2.17±0.07	46±5.6ab
BLN	2.24±0.06ab	62±6.7ab			1.82±0.11	35±2.9b
BHN	2.13±0.06b	60±3.0ab			2.27±0.13	44±5.0ab
B0				57±10.0a		
BL				43±0.95a		
BH				71±12.1a		
N0			2.44±0.07a	69±9.7a		
N			2.24±0.05b	46±3.0b		
P - value						
B	0.212	0.162	0.205	<0.05	0.744	<0.05
N	<0.05	0.189	<0.05	<0.05	0.522	0.095
B×N	<0.05	<0.05	0.716	0.101	0.145	<0.05

不同处理的氨氧化群落组成相似，但丰度不同（图 2-27）。对于 AOA 群落组成，未分类（unclassified）在所有处理中丰度最高，并且古菌和细菌的相对丰度相似，除

了在 B0N0 处理中，细菌具有比古菌更高的丰度，BLN0 则相反（图 2 - 27）。对于 AOB 组成，在所有处理中，亚硝化螺旋体和亚硝化单胞菌科的相对丰度都很高（图 2 - 27）。对于 Comammox 组成，在每个处理中 Nitrospira 具有最高的丰度，并且细菌的丰度在 B0N 中高于其他处理（图 2 - 27）。

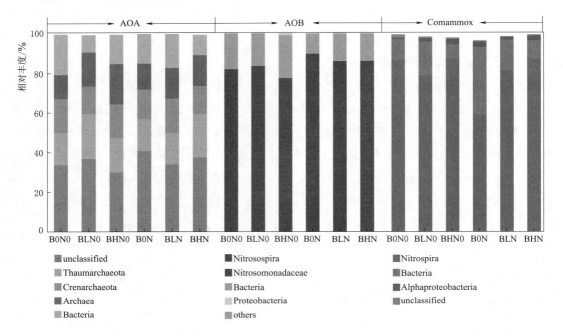

图 2 - 27　生物炭和氮肥处理对 AOA、AOB 和 Comammox 相对丰度的影响

2.6.3.4　土壤性质影响 AOA、AOB 和 Comammox 的活性、丰度、多样性和组成

Pearson 相关分析探讨了 AOA、AOB 和 Comammox 丰度和多样性与土壤性质的关系 [图 2 - 28（a）]。MBC 是导致 AOA 群落 Shannon 和 Chao1 指数变化的重要因素 [图 2 - 28（a）]。MBC 还影响 AOB 群落的 Chao 1 指数，而 AOB 丰度的变化与土壤 pH 的关系最为密切 [图 2 - 28（a）]。此外，Comammox clade A 丰度和 Chao1 指数受 SOC 显著影响 [图 2 - 28（a）]。

Pearson 相关分析表明，硝化速率对 AOB 的 Shannon 指数和 Chao 1 指数影响显著，AOA 的 Shannon 指数与潜在氨氧化速率显著相关 [图 2 - 28（a）]。RDA 表明，土壤性质对不同微生物群落的潜在氨氧化和硝化速率有不同的影响 [图 2 - 28（b）、（c）和（d）]。在 AOA 群落中，pH 和 SOC 是导致土壤潜在氨氧化和硝化速率变化的重要因素 [图 2 - 28（b）]。关于 AOB 群落组成的变化，$NO_3^- - N$ 是最重要的因素 [图 2 - 28（c）]。在 Comammox 群落中，pH 和 $NO_3^- - N$ 是解释土壤潜在氨氧化和硝化速率变化的重要因素 [图 2 - 28（d）]。

随机森林模型分别解释了土壤潜在氨氧化和硝化速率的 60.4% 和 62.2% [图 2 -

28（e）和（f）］。MBC、AOB 和 Comammox clade B 的丰度、$NO_3^- - N$ 和 AOB 的 Shannon 指数是影响硝化速率的最重要参数［图 2 - 28（e）］。此外，MBC、pH、$NO_3^- - N$ 和 Comammox clade A、TN、AOA 的 Shannon 指数和 MBN 对潜在氨氧化也有重要影响［图 2 - 28（f）］。土壤性质对硝化速率的变异占最大比例（44%），其次是硝化微生物的丰度（42%）和多样性（14%）［图 2 - 28（e）］。此外，土壤性质（62%）对土壤潜在氨氧化的总相对贡献占主导地位，其次是硝化微生物的丰度（24%）和多样性（14%）［图 2 - 28（f）］。

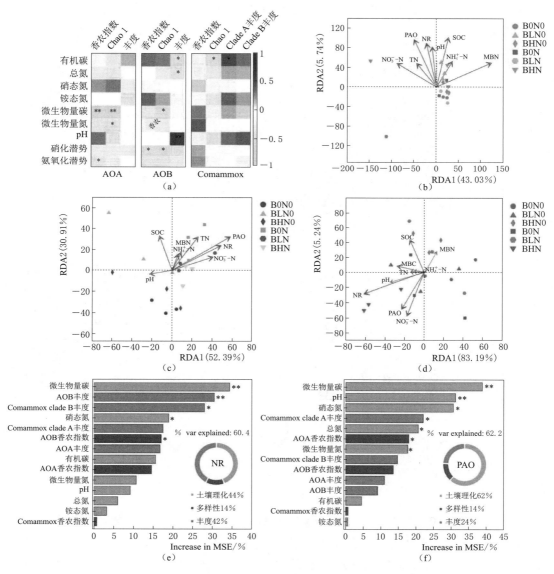

图 2 - 28　土壤性质与 AOA、AOB 和 Comammox 的活性、丰度、多样性和组成的相关性（a）和冗余分析（b、c 和 d）、潜在氨氧化和硝化速率的主要土壤功能预测（e 和 f）

2.6.3.5　AOA、AOB 和 Comammox 在水稻土中的相对贡献

生物炭和氮肥的交互作用显著影响了 AOA、AOB 和 Comammox 对氨氧化的贡献（图 2-29）。相对于 B0N0，仅施用生物炭、N 肥和生物炭和 N 肥混合施用（BHN 除外）下 AOA 对氨氧化的贡献都显著增加了 143%~156%［图 2-29（a）］。与 B0N0 相比，所有处理都抑制了 AOB 对氨氧化的贡献［图 2-29（b）］。施氮处理下 Comam-mox 群落的贡献显著大于不施氮处理［图 2-29（c）］。在施氮处理（B0N、BLN 和 BHN）中，Comammox 群落主导了氨氧化过程，在土壤氨氧化总量中所占比例最大［图 2-29（c）和（d）］。相比之下，在 N0 时，AOB 主导了氨氧化过程［图 2-29（b）和（d）］。

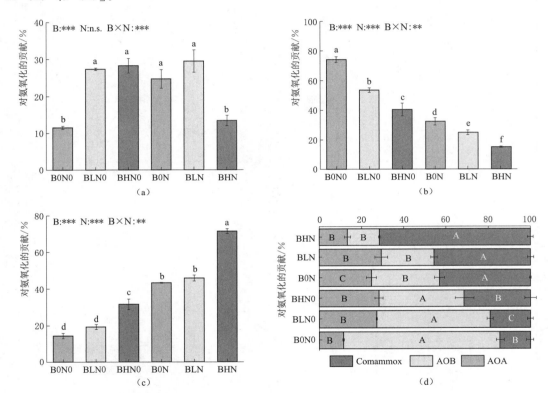

图 2-29　AOA、AOB 和 Comammox 对氨氧化的相对贡献

2.6.4　讨论

2.6.4.1　长期施用生物炭和氮肥对土壤 AOA、AOB 和 Comammox 丰度的影响

我们的研究结果表明，高量生物炭配施氮肥（BHN）降低了 AOB amoA 基因的丰度（图 2a），这与 Yao 等（2022）的研究一致，生物炭的施用显著降低了冲积土中 AOB 基因的丰度。生物炭可以通过增加土壤 pH 来抑制 AOB 种群（Harter et al.，2014）。此外，我们发现 AOA amoA 基因的丰度平均约为 1.4×10^7 copies/g（数据未

显示)，比 AOB amoA 基因的丰度高 4 倍左右 [图 2－26 (c)]。总的来说，AOA amoA 基因在大多数农业土壤中通常比 AOB 基因更丰富 (Leininger et al.，2006)，这与我们的研究是一致的。

生物炭的添加在施氮和不施氮肥的情况下都增加了 Comammox clade A 和 clade B amoA 的丰度，其中 Comammox clade A amoA 的丰度高于 Comammox clade B amoA 的丰度 [图 2－26 (d) 和 (e)]，与 Liu 等 (2019) 的研究结果相似。与 Comammox clade A 相比，Comammox clade B 对氨浓度的响应较弱，导致 Comammox clade A 的丰度高于 Comammox clade B (Palomo et al.，2016)。

AOA 和 Comammox α 多样性随着生物炭和氮肥施用而降低，而 AOB 多样性受到氮肥施用的影响，但不受生物炭的影响 (表 2－23)，这些发现与先前的研究不一致，即生物炭对 AOA 和 AOB 多样性没有影响 (Li et al.，2020；Tao et al.，2017；Yu et al.，2020)，这可能是由于土壤类型和其他性质的差异。重要的是，亚硝酸菌属是 AOB 的优势属 (图 2－27)，其他研究也表明亚硝酸菌属是农业土壤中 AOB 的优势属 (Guo et al.，2017；Jiang et al.，2014)。在 Comammox 中，Nitrospira 在所有处理中最丰富 (图 2－27)，这与 Daims 等 (2015) 的研究一致，表明 Nitrospira 在硝化过程中起着重要作用。

2.6.4.2　影响 AOA、AOB 和 Comammox 丰度和多样性的土壤理化指标

长期生物炭和氮肥施用改变了土壤理化指标 (例如土壤 pH 值、土壤有机碳、总氮、NH_4^+－N 和微生物生物量碳，表 2－21) (Deng et al.，2021；Nicol et al.，2008)。Pearson 相关分析显示，不同的土壤理化性质影响着 AOA、AOB 和 Comammox 的丰度和多样性 [图 2－28 (a)]。在我们的研究中，pH 值与 AOA 的 Shannon 呈正相关，证实了 Guo 等 (2017) 关于 pH 值是影响 AOA 群落组成的关键因素的报道。此外，MBC、MBN 与 AOA Chao1 呈显著负相关。Xiao 等 (2021) 报道 AOA 丰度与土壤MBC 呈显著负相关。最合理的解释是，铵氧化剂增加异养活动的限制。由于异养土壤微生物是典型的碳限制性微生物，土壤有机质的数量和质量是决定异养微生物丰度及其与硝化细菌比较能力的关键 (Xiao et al.，2021)。

研究表明，AOB amoA 丰度与 pH 值显著正相关 [图 2－28 (a)]。之前的研究也提供了类似的证据 (Deng et al.，2021；Kurola et al.，2005)。Mendum 和 Hirsch (2002) 报道，AOB 亚硝化螺旋菌簇 3 通常在 pH 值高于 6.5 的环境中生长。然而，还有研究表明亚硝化螺旋菌簇 2 偏好在酸性土壤中生长 (Kowalchuk et al.，2000)。因此，在碱性土壤中的研究发现，亚硝化螺旋菌簇 3 发挥了重要作用，具有较高的相对丰度。

先前的研究已经表明 pH 值、有效 N、SOC 和 TN 是影响 Comammox 丰度的关键因素 (Han et al.，2018；Wang et al.，2019)。我们发现，无论是否施用氮肥，生物

炭处理下 Comammox cladeA amoA 丰度高于 B0 [图 2 - 26 (d)]，并且 BLN 处理下 Comammox cladeB amoA 丰度高于 B0N [图 2 - 26 (e)]；此外，来自两个 Comammox 进化枝的 amoA 的丰度与 SOC、pH 值和 NH_4^+ - N 正相关 [图 2 - 28 (a)]，这支持了生物炭添加引入的顽固碳可以进一步增强了 Comammox 在生物炭处理中的优势地位。

2.6.4.3 土壤性质和硝化微生物对硝化速率和潜在氨氧化的影响

随机森林分析表明，MBC 是最重要的解释因子，占土壤硝化速率的 34.3% [图 2 - 28 (e)]。Elrys 等 (2021) 的研究表明，草地下土壤微生物生物量是驱动土壤硝化速率的重要因素。总的氮矿化由土壤微生物控制 (Elrys et al., 2021)，其最终促进硝化作用 (Elrys et al., 2021)。我们的研究发现，施用氮肥显著增加了土壤 TN 和 AOB（在不施用生物炭的情况下）、Comammox cladeA（在低生物炭率的情况下）和 cladeB（在高生物炭率的情况下）的丰度（图 2 - 26）。根据 Cai 等 (2021) 的研究，总氮含量较高的土壤通常具有较高的微生物生物量以及 AOB 和 AOA 丰度，从而刺激硝化速率。此外，我们的研究表明，土壤总氮是 AOA、AOB 和 Comammox 硝化速率的关键介质（图 2 - 28）。Booth 等 (2005) 和 Wang 等 (2018) 建立了硝化速率与土壤总碳和总氮之间的联系，主要为有机氮的土壤 TN 提供了氮矿化的基质，这反过来增加了土壤硝化速率 (Corre et al., 2010)。

MBC 是最重要的解释因子 (38.9%)，其次是 pH 值 (31.2%)，显著影响土壤潜在氨氧化 [图 2 - 28 (f)]。这一发现表明，生物炭和氮肥的添加改变了 MBC，从而影响了 AOB 群落结构，并最终影响了潜在的氨氧化，这意味着氨氧化在碱性土壤中主要由 AOB 驱动（也由 Song 等报道，2014）。

2.6.4.4 AOA、AOB 和 Comammox 对 NH_4^+ 氧化的贡献

AOA、AOB 和 Comammox 细菌都可能参与土壤硝化过程，但它们的相对贡献难以估计，因为不同的环境因素影响它们的丰度和活性 (Erguder et al., 2009；Nicol et al., 2008；Prosser et al., 2020)。虽然土壤 pH 值和底物含量被认为是氨氧化剂生态位分化的两个最重要的驱动因素 (Martens - Habbena et al., 2009)，但有人认为，没有单一因素可以完全解释铵氧化剂在复杂自然环境中的适应性 (Yao et al., 2013)。我们的研究发现，生物炭和氮肥增加了 AOA 和 Comammox 对铵氧化的相对贡献 [图 2 - 29 (a) 和 (c)]，但降低了 AOB 对铵氧化的相对贡献 [图 2 - 29 (b)]，可能是由于生物炭和氮肥中较高的铵浓度，抑制了 AOB，同时促进了 AOA 的生长 (Hink et al., 2018)。无论是否施用生物炭，在不施氮的情况下，AOB 对铵氧化的相对贡献最大，且显著高于 AOA 和 Comammox [图 2 - 29 (d)]。Carey 等 (2016) 研究表明，在高铵含量的碱性土壤中，AOB 比 AOA 更有效，因为高浓度无机铵增加了 AOB 生物量 (Kits et al., 2016)。相比之下，在都施用生物炭的情况下，施用氮肥时 Co-

mammox 对铵氧化的相对贡献显著高于 AOA 和 AOB，这可能是因为 Comammox Ni-
trospira 物种在贫营养和富营养的陆地环境中都广泛存在，表明它们具有广泛的生态
位（Li et al.，2023）。

2.6.5 结论

长期施用生物炭和氮肥（8 年）改变了土壤性质，影响了 AOA、AOB 和 Comam-
mox 的丰度和多样性以及潜在氨氧化和硝化速率。结果表明，土壤 MBC 和 pH 值对
硝化微生物群落的活性、丰度和多样性的影响最大，生物炭和氮肥的添加对 AOA
amoA 丰度没有影响，但显著增加了 AOB。在不施氮肥的情况下，AOB 对硝化作用
的贡献最大，而在施氮肥的情况下，Comammox 对硝化作用的贡献最大。

参 考 文 献

Agogué, H., Brink, M., Dinasquet, J., et al., 2008. Major gradients in putatively nitrifying
and non – nitrifying Archaea in the deep North Atlantic [J]. Nature, 456: 788 – 791.

Beck, T., Joergensen, R. G., Kandeler, E., et al., 1997. An inter – laboratory comparison
of ten different ways of measuring soil microbial biomass C [J]. Soil Biology and Biochemis-
try, 29: 1023 – 1032.

Bollmann, A., Bullerjahn, G. S., McKay, R. M., 2014. Abundance and diversity of ammonia –
oxidizing archaea and bacteria in sediments of trophic end members of the Laurentian Great
Lakes, Erie and Superior [J]. PLoS One. 9, e97068.

Booth, M. S., Stark, J. M., Rastetter, E., 2005. Controls on nitrogen cycling in terrestrial ecosys-
tems: a synthetic analysis of literature data [J]. Ecological monographs, 75: 139 – 157.

Cai, F., Luo, P., Yang, J., et al., 2021. Effect of long – term fertilization on ammonia – ox-
idizing microorganisms and nitrification in brown soil of northeast China [J]. Frontiers in Mi-
crobiology, 11: 622454.

Carey, C. J., Dove, N. C., Beman, J. M., et al., 2016. Meta – analysis reveals ammonia –
oxidizing bacteria respond more strongly to nitrogen addition than ammonia – oxidizing archaea
[J]. Soil Biology and Biochemistry, 99: 158 – 166.

Chen, X., Yang, S. H., Jiang, Z. W., et al., 2021. Biochar as a tool to reduce environmen-
tal impacts of nitrogen loss in water – saving irrigation paddy field [J]. Journal of Cleaner Pro-
duction, 290: 125811.

Corre, M. D., Veldkamp, E., Arnold, J., et al., 2010. Impact of elevated N input on soil N
cycling and losses in old – growth lowland and montane forests in Panama [J]. Ecology, 91:
1715 – 1729.

Costa, E., Pérez, J., Kreft, J. U., 2006. Why is metabolic labour divided in nitrification?
[J]. Trends in microbiology, 14: 213 – 219.

Daims, H., Lebedeva, E. V., Pjevac, P., et al., 2015. Complete nitrification by Nitrospira bacteria [J]. Nature, 528: 504 - 509.

Deng, L., Zhao, Y., Zhang, J., et al., 2021. Insight to nitrification during cattle manure - maize straw and biochar composting in terms of multi - variable interaction [J]. Bioresource Technology, 323: 124572.

Elrys, A. S., Ali, A., Zhang, H., et al., 2021a. Patterns and drivers of global gross nitrogen mineralization in soils [J]. Global Change Biology, 27: 5950 - 5962.

Elrys, A. S., Wang, J., Metwally, M. A., et al., 2021b. Global gross nitrification rates are dominantly driven by soil carbon - to - nitrogen stoichiometry and total nitrogen [J]. Global Change Biology, 27: 6512 - 6524.

Erguder, T. H., Boon, N., Wittebolle, L., et al., 2009. Environmental factors shaping the ecological niches of ammonia - oxidizing archaea [J]. FEMS microbiology reviews, 33: 855 - 869.

Florio, A., Clark, I. M., Hirsch, P. R., et al., 2014. Effects of the nitrification inhibitor 3, 4 - dimethylpyrazole phosphate (DMPP) on abundance and activity of ammonia oxidizers in soil [J]. Biology and fertility of soils, 50: 795 - 807.

Guo, J., Ling, N., Chen, H., et al., 2017. Distinct drivers of activity, abundance, diversity and composition of ammonia - oxidizers: evidence from a long - term field experiment [J]. Soil Biology and Biochemistry, 115: 403 - 414.

Han, S., Zeng, L., Luo, X., et al., 2018. Shifts in Nitrobacter - and Nitrospira - like nitrite - oxidizing bacterial communities under long - term fertilization practices [J]. Soil Biology and Biochemistry, 124: 118 - 125.

Hart, S. C., Stark, J. M., Davidson, E. A., et al., 1994. Nitrogen mineralization, immobilization, and nitrification [J]. Methods of soil analysis: Part 2 microbiological and biochemical properties, 5: 985 - 1018.

He, L., Liu, Y., Zhao, J., et al., 2016. Comparison of straw - biochar - mediated changes in nitrification and ammonia oxidizers in agricultural oxisols and cambosols [J]. Biology and Fertility of Soils, 52: 137 - 149.

Hink, L., Gubry - Rangin, C., Nicol, G. W., et al., 2018. The consequences of niche and physiological differentiation of archaeal and bacterial ammonia oxidisers for nitrous oxide emissions [J]. The ISME journal, 12: 1084 - 1093.

Jiang, Y., Jin, C., Sun, B., 2014. Soil aggregate stratification of nematodes and ammonia oxidizers affects nitrification in an acid soil [J]. Environmental microbiology, 16: 3083 - 3094.

Jung, M. Y., Sedlacek, C. J., Kits, K. D., et al., 2022. Ammonia - oxidizing archaea possess a wide range of cellular ammonia affinities [J]. The ISME journal, 16: 272 - 283.

Kits, K. D., Sedlacek, C. J., Lebedeva, E. V., et al., 2017. Kinetic analysis of a complete nitrifier reveals an oligotrophic lifestyle [J]. Nature, 549: 269 - 272.

Kurola, J., Salkinoja - Salonen, M., Aarnio, T., et al., 2005. Activity, diversity and population size of ammonia - oxidising bacteria in oil - contaminated landfarming soil [J]. FEMS microbiology letters, 250: 33 - 38.

Lehmann, J., Rillig, M. C., Thies, J., et al., 2011. Biochar effects on soil biota - a review [J]. Soil biology and biochemistry, 43: 1812 - 1836.

Leininger, S., Urich, T., Schloter, M., et al., 2006. Archaea predominate among ammonia - oxidizing prokaryotes in soils [J]. Nature, 442: 806 - 809.

Li, C., He, Z. Y., Hu, H. W., et al., 2023. Niche specialization of comammox Nitrospira in terrestrial ecosystems: Oligotrophic or copiotrophic? [J]. Critical Reviews in Environmental Science and Technology, 53: 161 - 176.

Li, C., Hu, H. W., Chen, Q. L., et al., 2019. Comammox Nitrospira play an active role in nitrification of agricultural soils amended with nitrogen fertilizers [J]. Soil Biology and Biochemistry, 138: 107609.

Li, S., Chen, D., Wang, C., et al., 2020. Reduced nitrification by biochar and/or nitrification inhibitor is closely linked with the abundance of comammox Nitrospira in a highly acidic sugarcane soil [J]. Biology and Fertility of Soils, 56: 1219 - 1228.

Li, X., Wang, T., Chang, S. X., et al., 2020. Biochar increases soil microbial biomass but has variable effects on microbial diversity: A meta - analysis [J]. Science of the Total Environment, 749: 141593.

Liang, D., Ouyang, Y., Tiemann, L., et al., 2020. Niche differentiation of bacterial versus archaeal soil nitrifiers induced by ammonium inhibition along a management gradient [J]. Frontiers in Microbiology, 11: 568588.

Liu, L., Zhang, X., Xu, W., et al., 2020. Ammonia volatilization as the major nitrogen loss pathway in dryland agro - ecosystems [J]. Environmental Pollution, 265: 114862.

Liu, Q., Zhang, Y., Liu, B., et al., 2018. How does biochar influence soil N cycle? A meta - analysis [J]. Plant and soil, 426: 211 - 225.

Liu, S., Wang, H., Chen, L., et al., 2020. Comammox Nitrospira within the Yangtze River continuum: community, biogeography, and ecological drivers [J]. The ISME Journal, 14: 2488 - 2504.

Liu, T., Wang, Z., Wang, S., et al., 2019. Responses of ammonia - oxidizers and comammox to different long - term fertilization regimes in a subtropical paddy soil [J]. European Journal of Soil Biology, 93: 103087.

Martens - Habbena, W., Berube, P. M., Urakawa, H., et al., 2009. Ammonia oxidation kinetics determine niche separation of nitrifying Archaea and Bacteria [J]. Nature, 461: 976 - 979.

Mendum, T. A., Hirsch, P., 2002. Changes in the population structure of β - group autotrophic ammonia oxidising bacteria in arable soils in response to agricultural practice [J]. Soil Biology and Biochemistry, 3: 1479 - 1485.

Nicol, G. W., Leininger, S., Schleper, C., et al., 2008. The influence of soil pH on the diversity, abundance and transcriptional activity of ammonia oxidizing archaea and bacteria [J]. Environmental microbiology, 10: 2966 - 2978.

Palomo, A., Jane Fowler, S., Gülay, A., et al., 2016. Metagenomic analysis of rapid gravity sand filter microbial communities suggests novel physiology of Nitrospira spp [J]. The ISME journal, 10: 2569 - 2581.

Prosser, J. I., Hink, L., Gubry - Rangin, C., et al., 2020. Nitrous oxide production by ammonia oxidizers: physiological diversity, niche differentiation and potential mitigation strategies [J]. Global Change Biology, 26: 103 - 118.

Shi, Y. L., Liu, X. R., Zhang, Q. W., 2019. Effects of Combined Biochar and Organic Fertilizer on Nitrous Oxide Fluxes and the Related Nitrifier and Denitrifier Communities in a Saline - alkali Soil [J]. The Science of the Total Environment. 686, 199 - 211.

Song, Y., Zhang, X., Ma, B., et al., 2014. Biochar addition affected the dynamics of ammonia oxidizers and nitrification in microcosms of a coastal alkaline soil [J]. Biology and fertility of soils, 50: 321 - 332.

Tao, R., Wakelin, S. A., Liang, Y., et al., 2017. Response of ammonia - oxidizing archaea and bacteria in calcareous soil to mineral and organic fertilizer application and their relative contribution to nitrification [J]. Soil Biology and Biochemistry, 114: 20 - 30.

Taylor, A. E., Vajrala, N., Giguere, A. T., et al., 2013. Use of aliphatic n - alkynes to discriminate soil nitrification activities of ammonia - oxidizing thaumarchaea and bacteria [J]. Applied and Environmental Microbiology, 79: 6544 - 6551.

Teutscherova, N., Vazquez, E., Masaguer, A., et al., 2017. Comparison of lime - and biochar - mediated pH changes in nitrification and ammonia oxidizers in degraded acid soil [J]. Biology and Fertility of Soils, 53: 811 - 821.

Van Kessel, M. A., Speth, D. R., Albertsen, M., et al., 2015. Complete nitrification by a single microorganism [J]. Nature, 528: 555 - 559.

Van Zwieten, L., Kimber, S., Morris, S., et al., 2010. Effects of biochar from slow pyrolysis of papermill waste on agronomic performance and soil fertility [J]. Plant and Soil, 327: 235 - 246.

Verhamme, D. T., Prosser, J. I., Nicol, G. W., 2011. Ammonia concentration determines differential growth of ammonia - oxidising archaea and bacteria in soil microcosms [J]. The ISME Journal, 5: 1067 - 1071.

Wang, C., Wang, N., Zhu, J., et al., 2018. Soil gross N ammonification and nitrification from tropical to temperate forests in eastern China [J]. Functional Ecology, 32: 83 - 94.

Wang, J., Wang, J., Rhodes, G., et al., 2019. Adaptive responses of comammox Nitrospira and canonical ammonia oxidizers to long - term fertilizations: Implications for the relative contributions of different ammonia oxidizers to soil nitrogen cycling [J]. Science of the Total Environment, 668: 224 - 233.

Wang, X., Wang, S., Jiang, Y., et al., 2020. Comammox bacterial abundance, activity, and contribution in agricultural rhizosphere soils [J]. Science of the Total Environment, 727: 138563.

Wang, Z., Zong, H., Zheng, H., et al., 2015. Reduced nitrification and abundance of ammonia - oxidizing bacteria in acidic soil amended with biochar [J]. Chemosphere, 138: 576 - 583.

Xiao, R., Ran, W., Hu, S., et al., 2021. The response of ammonia oxidizing archaea and bacteria in relation to heterotrophs under different carbon and nitrogen amendments in two agricultural soils [J]. Applied Soil Ecology, 158: 103812.

Xu, G., Xu, X., Yang, F., et al., 2011. Selective inhibition of nitrite oxidation by chlorate dosing in aerobic granules [J]. Journal of Hazardous Materials, 18: 249 - 254.

Yang, Y., Zhang, J., Zhao, Q., et al., 2016. Sediment ammonia – oxidizing microorganisms in two plateau freshwater lakes at different trophic states [J]. Microbial Ecology, 71: 257 – 265.

Yao, H., Campbell, C. D., Chapman, S. J., et al., 2013. Multi – factorial drivers of ammonia oxidizer communities: evidence from a national soil survey [J]. Environmental Microbiology, 15: 2545 – 2556.

Yao, H., Gao, Y., Nicol, G. W., et al., 2011. Links between ammonia oxidizer community structure, abundance, and nitrification potential in acidic soils [J]. Applied and Environmental Microbiology, 77: 4618 – 4625.

Yu, L., Homyak, P. M., Kang, X., et al., 2020. Changes in abundance and composition of nitrifying communities in barley (Hordeum vulgare L.) rhizosphere and bulk soils over the growth period following combined biochar and urea amendment [J]. Biology and Fertility of Soils, 56: 169 – 183.

Yuan, D., Zheng, L., Tan, Q., et al., 2021. Comammox activity dominates nitrification process in the sediments of plateau wetland [J]. Water Research, 206: 117774.

Zhu, G., Wang, X., Wang, S., et al., 2022. Towards a more labor – saving way in microbial ammonium oxidation: A review on complete ammonia oxidization (comammox) [J]. Science of the Total Environment, 829: 154590.

第 3 章

生 物 炭 与 磷 循 环

3.1 干湿交替中磷组分变化

3.1.1 背景

磷（P）是植物和土壤微生物生长、发育和繁殖所必需的重要常量元素，在一系列基本的重要代谢过程中起着关键作用（包括物质合成、能量代谢以及细胞结构和功能），对作物生长和土壤生产力有着重要影响（Schachtman et al.，1998；Wang et al.，2022c）。土壤中大部分的 P 是由天然磷酸盐岩风化而来，溶解的 P 进一步转移到底土或水体，然后固定为有机 P 或转化为各种无机 P 形式（de-Bashan et al.，2022）。尽管土壤中的总磷可能很丰富，但它通常以大多数植物和微生物无法利用的形式存在，P 是陆地生态系统中限制植物生产力的主要营养素之一，并在陆地生态系统中广泛存在（Elser et al.，2007；Hou et al.，2020）。P 的生物有效性受其与土壤成分反应的强烈影响，在酸性土壤中，P 通过与铁和铝的化合物以及结晶和无定形胶体的沉淀和吸附反应被固定为微溶形式（Pizzeghello et al.，2011）；而在碱性土壤中，P 容易被钙（Ca）沉淀形成难溶的 Ca-P（Cao et al.，2022）。同时，P 能够被各种形式的有机物固定形成不溶性有机矿物复合物（Wang et al.，2022c）。以上这些过程抑制了 P 的可用性和流动性。P 在土壤中能够互相转化，有固定和释放两个过程。根据顺序 P 分馏法（Gu and Margenot，2021；Tiessen and Moir，1993），土壤 P 的可利用性取决于不同的易溶 P 组分的比例和浓度，如植物可立即利用的、易溶的、适度易溶的和非易溶的 P 组分（Wang et al.，2022c），并且各种 P 组分的可用性和流动性显著不同（Cao et al.，2022）。土壤中的 P 循环很复杂，涉及各种物理化学和生物化学过程，如吸附和解吸、沉淀和溶解、矿化和固定化。P 的转化受土壤形成过程、生物活动、氧化还原状态、土壤溶液化学（pH 值、离子强度、配体的活性）和许多环境因素（土壤、温度等）的影响（Pierzynski et al.，2005）。生物有效 P 可以通过有机磷水解和无机磷酸盐溶解产生。P 的生物利用度是由微生物、根系共生体和植物根系产生水解酶和有机酸的作用所介导（Maltais-Landry et al.，2014）。土壤中过量的可溶性

P 或细粒 P 通过地表径流或地下孔隙沥滤进入地表或地下水（Chen et al.，2018b；Morshedizad and Leinweber，2017），这也是导致富营养化的主要因素之一。通过土壤中的各种转化过程对 P 进行回收是维持生态系统平衡的关键（Li et al.，2019）。因此，有必要了解不同生态系统中的磷动力学及其影响因素，以维持生态系统的功能。

生物炭是一种典型的土壤改良剂，将其应用到土壤中可以改变土壤营养物质的含量，特别是改善磷的可利用性（Sui et al.，2022）。由于生物炭的生产原料中含有氮（N）、磷（P）、钾（K）和一些其他微量元素，因此生物炭可以作为植物和土壤微生物的养分来源，提供营养物质（Hossain et al.，2020）。虽然生产原料中的一些物质，比如碳、氮和硫，在热解过程中通过气体排放而损失，但大多数营养物质在土壤的风化过程中被释放，它们可以作为养分来源被植物吸收（Hossain et al.，2020）。生物炭的营养成分取决于原料的类型和热解条件。一般来说，来自畜禽粪便、污泥或生物固体原料的生物炭通常比来自木材和秸秆为原料的生物炭含有更高水平的磷（Hossain et al.，2020）。此外，研究表明，无论何种原料（小麦秸秆、玉米秸秆和花生壳），生物炭中的 P 转化都受到热解温度的显著影响（Xu et al.，2016）。生物炭中的 P 含量与热解温度呈正相关，随着热解温度的升高而增加，这可能是由于随着温度的升高，生物炭产量减少而产生的"浓缩效应"（Hossain et al.，2020）。但是，随着热解温度的提高，生物炭中 H_2O-P 和 $NaHCO_3-P$ 的含量逐渐减少，磷被转化为稳定的形式（Xu et al.，2016）。此外，生物炭还能够改变土壤中磷的存在及其迁移和转化（Yang et al.，2021c；Zhao et al.，2021）。生物炭具有丰富的极性和非极性表面位点，这些特性和高比表面积使生物炭可以通过与土壤中的有机和无机成分相互作用，改变对土壤磷的吸附和解吸特性，从而影响土壤可利用磷（Xu et al.，2014；Yang et al.，2021a）。生物炭作为土壤改良剂的一个重要性质就是对土壤 pH 值的影响，生物炭通过改变土壤的 pH 值，影响磷与其他阳离子的相互作用，并通过阴离子交换和磷沉淀增强保留（Atkinson et al.，2010）。生物炭还可以通过影响微生物酶活性来改变 P 溶解度，菌根关联或金属螯合有机酸的微生物生产影响土壤磷动力学（Gao et al.，2019；Gao et al.，2017）。

除了生物炭改良外，土壤的生理生化特性也可能受到土壤水动力学的调节，如土壤湿润—干燥过程（Liu et al.，2022）。土壤湿润—干燥过程可以通过对土壤物理结构以及对土壤中的氧化还原状态的改变直接影响土壤磷循环（Liu et al.，2022；Xu et al.，2020），或者通过影响参与土壤养分矿化和固定化等转化过程的微生物活动间接影响改变土壤养分的可用性（Wang et al.，2017）。干湿变化对磷吸附和解吸的影响与土壤经过干燥和润湿后引起的土体结构变化有关，土壤结构的破坏暴露了新的吸附点，从而增加了对磷的吸附，而暴露的位置上吸附的磷与径流直接接触使它们容易被解吸（Araújo et al.，2017；Olsen and Court，1982）。Li et al.（2021c）的研究表明土壤 P 的可利用性与水分水平显著相关，更多的土壤溶液将有利于附着在土壤颗粒上的 P 的解吸和溶解，并有助于提高 P 的利用率。此外，土壤中的氧化还原状态可以极大地促进 P 的动态变化，直接或间接地影响 P 的溶解度和吸附/解吸（Atere et al.，2018；Xu et al.，2020）。在水淹条件下，土壤就会迅速变成厌氧状态，导致氧化还原电位（Eh）下降，微生物群落结构转变为能够厌氧呼吸的微生物（Maranguit et al.，2017）。微生物的厌氧呼吸可以导致还原性条件，低的土壤 Eh（氧化还原电位）可能会通过 Fe^{3+} 矿物还原成 Fe^{2+} 和随之而来的磷酸盐释放，增加土壤 P 的可用性（Atere et al.，2018）。在水旱轮作的过程中，旱地种植，如小麦，可以加强土壤有机物在有氧条件下分解释放出的可溶性 Po 的积累，而在水稻淹没季节，之前释放的可溶性较差的 Po 则可以利用（Xu et al.，2020）。作物轮作提供了更大的有机物质浓度和多样性，这两者都可能导致微生物群落的更大多样性，而土壤微生物的可用性增加了植物营养元素的可用性，特别是 N 和 P（Zhou et al.，2014）。

3.1.2　材料方法

3.1.2.1　试验设计

试验采用完全随机区组设计，包括三种生物炭用量 [0（C0），4500kg/hm² (C1)，13500kg/hm²（C2）] 和两种氮肥用量 [0（N0）和 300kg N/(hm²・a)（N1，当地常规施氮量）]。生物炭和氮肥两两结合共计 6 个处理，每个处理设置 3 次重复，共 18 个小区，小区面积为 13m×5m，小区之间的间距为 1.5m。生物炭是用稻壳在 350℃下厌氧热解制成，pH 值（H_2O）为 7.78。生物炭的总 C、N 和 P 含量（w/w）分别为 66%、0.5% 和 0.1%。

长期定位试验于 2012 年开始，水稻品种选用宁粳 43 号。以尿素（N，46% w/w）的形式将氮肥分 3 次施入土壤。其中 50% 作为基肥施用，30% 在分蘖期施用，20% 在拔节期施用。除了氮肥，磷和钾肥以过磷酸钙（P_2O_5，16% w/w）和硫酸钾（K_2O，52% w/w）形式的作为基肥施入，施用量分别为 39.3kg P/ha 和 74.5kg K/ha。通过旋耕将生物炭和基肥纳入表层土壤（0～20cm）。在没有施用生物炭或氮肥的地块也进行了同样的操作。

2021 年，在连续种植水稻 9 年后，在原来的水稻地块上种植玉米，选用玉米品种郑单 958。每个地块的处理方法延续种植水稻时的处理，与水稻种植完全相同（包括生物炭、氮肥、磷肥和钾肥的比例），唯一的区别是氮肥分两次施入土壤，其中 34% 作为基肥，其余 66% 在拔节期施入。生物炭和基肥的施用方法与水稻季节相同。尽管地块和种植年份不同，但水稻季和玉米季的作物管理是一致的。

3.1.2.2　样品采集

在 2020 年和 2021 年水稻季和玉米季收获时，分别对水稻和玉米的非根际土进行采样。采用五点采样法从每个处理的表层土壤（0～20cm 深度）均匀地取 5 个土壤样品，混合成一个复合样品。将采集的复合样品过筛后（＜2mm）分三个部分储存起来：第一部分风干，用于测定土壤基本理化学性质和磷组分；第二部分保存在 4℃，并于两周内测量酶的活性；第三部分在温度－80℃下保存，用于微生物分析。

3.1.2.3 土壤 P 组分的测定

土壤 P 组分的测定采用改良的 Hedley 磷分馏法（Tiessen and Moir, 1993）。简而言之，通过依次加入不同的萃取剂，包括阴离子交换树脂膜和去离子水、0.5M NaHCO$_3$、0.1M NaOH、1M 稀盐酸（DHCl）和浓盐酸（CHCl），对土壤样品进行分馏以测定土壤 P 组分。Tiessen 和 Moir 方法将土壤中的 P 分为不同的组分，包括 H$_2$O-Pi（树脂-Pi）、NaHCO$_3$-Pi、NaHCO$_3$-Po、NaOH-Pi、NaOH-Po、DHCl-Pi、CHCl-Po 和 Residual-P。

这些组分具有不同的植物可用性。H$_2$O-Pi 和 NaHCO$_3$-P（NaHCO$_3$-Pi 和 NaHCO$_3$-Po）都是能够被植物利用的生物可用性 P，即不稳定 P（labile P）。NaOH-P（NaOH-Pi 和 NaOH-Po）代表吸附在铁/铝化合物上的 Pi 和 Po，DHCl-Pi 是与 Ca 结合的 P，它们被归类为中等不稳定 P（moderately labile P）。CHCl-P（CHCl-Pi 和 CHCl-Po）被认为与铁和铝的磷酸盐密切相关，而 CHCl-P 和 Residual-P 被归类为非可溶性 P（non-labile P）（Cao et al., 2022; Mahmood et al., 2021）。

3.1.2.4 土壤理化分析和酶活性测定

用 pH 计（Mettler-Toledo, CHE）在 1:2.5（w:v）的土壤:水悬浮液中测量土壤样品的 pH 值。TC 和 TN 是用元素分析仪（Elementar, Germany）通过干烧测定的。SOC 用重铬酸钾氧化法测定（Lu et al., 2022）。土壤 TP 用钼酸盐比色法测定（Dong et al., 2022b）。根据 TC、TN 和 TP 含量的测量值计算 C/N、C/P 和 N/P 比值。土壤阳离子交换能力（CEC）通过乙酸铵交换法测量（Sumner and Miller, 1996）。采用氯仿熏蒸提取法测定土壤微生物量 C（MBC）、N（MBN）和 P（MBP）（Cao et al., 2022; Lu et al., 2022）。酸性磷酸酶（ACP）和碱性磷酸酶（ALP）的活性是通过测量在 37℃下与底物 p-硝基苯基磷酸盐在改良通用缓冲液（MUB, pH 6.5 用于检测 ACP 或 pH 11 用于检测 ALP）中培养 1h 后土壤中释放的 p-硝基苯酚的数量来确定的（Acosta-Martínez and Ali Tabatabai, 2011）。通过测量植酸钠水解释放的无机 P 的数量来评估土壤植酸酶的活性（Yadav and Tarafdar, 2003）。

3.1.3 结果

3.1.3.1 长期施用生物炭和氮肥对土壤磷组分的影响

图 3-1 显示了水稻季和玉米季土壤中各种磷组分的动态变化。可以看出，各个磷

组分在不同的生物炭和氮肥用量以及不同种植类型的土壤中都具有不同的动态变化。一般来说，树脂膜提取磷 H_2O-Pi 的含量在 $0\sim7.23mg/kg$ 之间。碳酸氢钠提取磷 $NaHCO_3-Pi$ 和 $NaHCO_3-Po$ 的含量分别为 $42.47\sim98.38mg/kg$ 和 $2.34\sim35.65mg/kg$。$NaHCO_3-P$ 的总含量在 $46.61\sim125.01mg/kg$ 之间。氢氧化钠提取磷 $NaOH-Pi$ 和 $NaOH-Po$ 的含量为 $32.61\sim82.05mg/kg$ 和 $12.04\sim46.26mg/kg$。$NaOH-P$ 的总浓度为 $48.90\sim120.63mg/kg$。稀盐酸提取无机磷 $DHCl-Pi$ 浓度为 $459.25\sim731.12mg/kg$。浓盐酸提取磷 $CHCl-Pi$ 和 $CHCl-Po$ 的含量分别为 $72.30\sim91.39mg/kg$ 和 $8.19\sim43.57mg/kg$。$CHCl-P$ 的总含量被计算为 $90.55\sim128.64mg/kg$。剩余闭蓄态磷 $Residual-P$ 含量为 $1015.03\sim1788.59mg/kg$。根据 H_2O-Pi 和 $NaHCO_3-P$ 含量计算的生物可利用不稳定磷 labile P 含量为 $46.61\sim128.04mg/kg$。由 $NaOH-P$、$DHCl-Pi$ 计算得中等不稳定性磷含量 moderately labile P 为 $522.10\sim851.74mg/kg$。由 $CHCl-P$ 和 $Residual-P$ 组成的稳定磷 non-labile P 为 $1120.86\sim1908.91mg/kg$。并且，三因素方差分析表明，生物炭用量、氮肥施用以及种植类型对各处理所有磷组分的总量之间没有产生显著的影响。

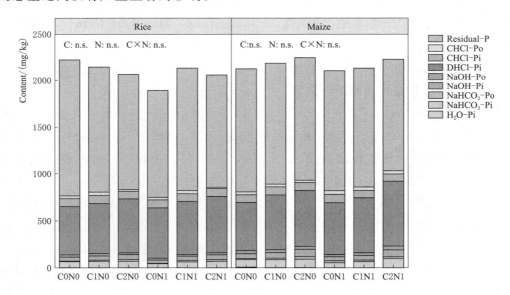

图 3-1 长期施用生物炭和氮肥在水稻季和玉米季土壤中磷组分的动态变化
注 数值表示各重复的平均值（$n=3$）。C 代表生物炭，N 代表氮肥，C×N 代表生物炭和氮肥的交互作用；n.s. 代表没有显著性差异（$P>0.05$）。

图 3-2 显示了水稻季和玉米季土壤中每个磷组分的相对丰度。H_2O-P、$NaHCO_3-P$、$NaOH-P$、$DHCl-P$、$CHCl-P$ 和 $Residual-P$ 占 P 馏分总和的比例分别为 $0\sim0.35\%$、$2.29\%\sim5.41\%$、$2.53\%\sim5.53\%$、$19.99\%\sim31.71\%$、$3.93\%\sim6.74\%$ 和 $53.20\%\sim69.69\%$。平均而言，H_2O-P、$NaHCO_3-P$、$NaOH-P$、$DHCl-P$、

CHCl-P 和 Residual-P 对磷部分的贡献分别为 0.05%、4.03%、3.63%、26.79%、5.31% 和 60.19%。此外，由 H_2O-P 和 $NaHCO_3$-P 组成的生物有效磷占 P 总量的 2.29%～5.41%。由 NaOH-P、DHCl-P、CHCl-P 和 Residual-P 组成的非生物可用磷（中等不稳定性磷和稳定磷之和）从 1720.92～2499.01mg/kg，其占 P 总量的相对丰度为 94.59%～97.70%。

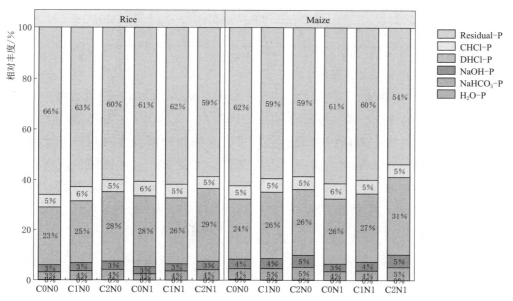

图 3-2　长期施用生物炭和氮肥在水稻季和玉米季土壤中各磷组分的相对丰度

表 3-1 列出了不同生物炭用量、是否施用氮肥以及种植类型的不同对土壤 P 组分的三因素方差分析结果。三因素方差分析表明，生物炭、氮肥和种植类型三因素对 $NaHCO_3$-Pi（$P<0.001$）、$NaHCO_3$-Po（$P<0.01$）、NaOH-Pi（$P<0.05$）和 CHCl-Pi（$P<0.01$）具有显著的交互作用。生物炭和氮肥对不稳定磷库以及中等不稳定磷库的 NaOH-P 部分具有显著的交互影响（$P<0.05$、0.01 或 0.001）。种植类型和氮肥对不稳定磷与中等不稳定磷的无机磷库具有显著的交互作用（$P<0.05$ 或 0.01）。此外，生物炭和种植类型对 NaOH-Po 和 CHCl-Po 具有显著的交互作用（$P<0.05$）。种植类型和氮肥以及生物炭和氮肥分别对 CHCl-Po 和 CHCl-Pi 具有显著的交互作用（$P<0.05$）。而 DHCl-Pi 部分只受生物炭、氮肥和种植类型单因素的影响（$P<0.05$、0.01 或 0.001）。

表 3-1　　生物炭、氮肥和种植类型对土壤磷组分影响的方差分析

项目	H_2O-Pi	$NaHCO_3$-Pi	$NaHCO_3$-Po	NaOH-Pi	NaOH-Po	DHCl-Pi	CHCl-Pi	CHCl-Po	Residual-P
F_A	8.44**	432***	20.6***	250***	51.4***	7.66*	0.03	14.6**	0.00
F_B	7.19**	239***	25.5***	202***	2.02	18.1***	0.37	13.1***	0.39

续表

项目	H_2O-Pi	$NaHCO_3-Pi$	$NaHCO_3-Po$	$NaOH-Pi$	$NaOH-Po$	$DHCl-Pi$	$CHCl-Pi$	$CHCl-Po$	$Residual-P$
F_C	20.3***	209***	1.00	36.7***	2.79	9.99**	2.13	2.20	1.61
F_{AB}	1.21	26.7***	2.76	42.6***	4.13*	1.51	0.32	5.54*	0.09
F_{AC}	8.44**	6.69*	0.18	6.33*	0.00	0.84	1.60	7.40*	0.23
F_{BC}	7.19**	112***	6.20**	5.06*	7.94**	1.29	4.02*	0.01	0.37
F_{ABC}	1.21	18.4***	7.41**	3.58*	1.62	1.68	6.89**	0.11	0.59

注　F_A＝不同的种植类型，F_B＝生物炭施用，F_C＝氮肥施用；*，**，***分别表示在 $P<0.05$、$P<0.01$ 和 $P<0.001$ 的差异显著性。

图 3-3 表述了生物炭、氮肥处理下水稻季和玉米季土壤中生物有效磷（H_2O-Pi 和 $NaHCO_3-P$）和非有效磷（$NaOH-P$、$DHCl-P$、$CHCl-P$ 和 $Residual-P$）的含量以及生物有效磷与非有效磷的比值。生物炭、氮肥和种植类型对生物有效磷含量具有显著的交互作用。在水稻季土壤中，不论是否添加氮肥，大量施用生物炭能够显著增加土壤中有效磷的含量，在相同的氮水平下，相对于不施生物炭的处理，施用生物炭的土壤有效磷含量分别增加了 9.17～16.98mg/kg 和 29.92～38.92mg/kg，增加占

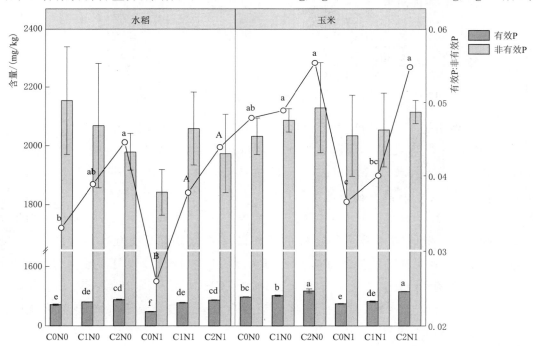

图 3-3　生物炭和氮肥处理下水稻季和玉米季土壤中
生物有效磷和非有效磷的含量以及二者的比值

注　数值表示平均值±标准误差（$n=3$），条形图和玉米季部分折线图的小写字母表示同一指标在不同生物炭和氮肥处理之间差异显著性（$P<0.05$）。水稻季部分的折线图的小写字母和大写字母分别表示不施氮肥和施用氮肥两种情况下生物炭处理之间的差异显著性（$P<0.05$）。

比 12.87%～23.83% 和 62.63%～81.46%。在玉米季土壤中，不论是否添加氮肥，大量施用生物炭能够显著增加土壤中有效磷的含量，在相同的氮水平下，相对于不施生物炭的处理，施用生物炭的土壤有效磷含量分别增加了 4.76～20.53mg/kg 和 7.86～41.41mg/kg，增加占比 4.90%～21.10% 和 10.57%～55.69%。在水稻季和玉米季土壤中，不施生物炭的情况下，添加氮肥使有效磷含量分别降低了 32.93% 和 23.57%，而生物炭的施用缓解了这一现象，在水稻季和玉米季土壤中，施用生物炭的处理中添加氮肥后，有效磷的含量基本没有显著变化。在两种种植类型情况下，相同的生物炭和氮肥处理，玉米季土壤中的有效磷含量显著高于水稻季土壤。

对于有效磷与非有效磷的比值，生物炭、氮肥和种植类型三因素对其没有显著的交互作用。在水稻季土壤中，生物炭是有效磷与非有效磷比值不同的主要影响因子，而在玉米季土壤中，生物炭和氮肥对有效磷与非有效磷的比值具有显著的交互作用（$P<0.001$）。在水稻季土壤中，无论是否添加氮肥，施用生物炭的处理中有效磷与非有效磷的比值高于不施生物炭的处理。而在玉米季土壤中，C0N1 和 C1N1 处理的有效磷与非有效磷的比值之间没有显著差异，但是两个处理的比值要显著低于其余处理，而其余处理之间的比值差异不显著。

3.1.3.2　土壤理化性质以及微生物因子对磷组分的相关性分析

图 3-4 显示了水稻季土壤中，土壤理化性质和微生物因子与土壤中各磷组分的 person 相关性。可以看出，$NaHCO_3-Pi$ 含量与 SOC 和 TP 表现出显著正相关（$P<0.05$），与氮磷比 N/P 显著负相关（$P<0.01$）。$NaHCO_3-Po$ 和 $NaOH-Pi$ 含量与 SOC、TC 和碳氮比 C/N 呈显著正相关（$P<0.01$ 或 0.05）。$NaOH-Po$ 含量与 pH 值和碳氮比 C/N 显著负相关（$P<0.01$ 或 0.05）。$DHCl-Pi$ 含量与 SOC、TC、TN 和碳氮比 C/N 显著正相关（$P<0.01$ 或 0.05）。$CHCl-Po$ 含量与 SOC、TC 和碳氮比 C/N 显著负相关（$P<0.05$）。其余 H_2O-Pi、$CHCl-Pi$ 和 $Residual-P$ 含量没有和土壤理化性质表现出显著的相关性。总的来说，土壤性质中，SOC 和碳氮比 C/N 和不稳定磷含量显著正相关（$P<0.01$ 或 0.05）。土壤氮磷比 N/P 和不稳定磷含量显著负相关（$P<0.05$）。相比之下，土壤微生物因子似乎对水稻季土壤中的磷组分影响程度小于非生物因子。对于微生物量指标，微生物生物量碳 MBC 和生物量氮 MBN 与 $NaHCO_3-Po$ 含量表现出显著负相关（$P<0.05$），同时微生物生物量氮 MBN 含量与 $DHCl-Pi$ 含量显著负相关。微生物生物量磷 MBP 与 $NaHCO_3-Po$、$NaOH-Pi$ 和 $DHCl-Pi$ 含量显著正相关（$P<0.05$），而与 $CHCl-Po$ 含量显著负相关（$P<0.01$）。另外，微生物生物量碳磷比 MBC/MBP 和生物量氮磷比 MBN/MBP 与 $NaHCO_3-Po$ 含量显著负相关（$P<0.05$）。微生物生物量碳磷比 MBC/MBP 与 $NaOH-Pi$ 含量显著负相关（$P<0.05$）。$DHCl-Pi$ 含量和微生物生物量碳氮比 MBC/MBN 显著正相关（$P<0.05$），和生物量碳磷比 MBC/MBP 与生物量氮磷比 MBN/MBP 显著负相关（$P<0.05$）。

CHCl－Po 含量与微生物量碳氮比 MBC/MBN 显著负相关（$P < 0.05$），和生物量碳磷比 MBC/MBP 与生物量氮磷比 MBN/MBP 显著正相关（$P < 0.01$）。对于磷酸酶活性，仅有酸性磷酸酶 ACP 活性与 $NaHCO_3$－Pi 含量显著负相关（$P < 0.05$）。同样，H_2O－Pi、CHCl－Pi 和 Residual－P 含量没有和土壤微生物因子表现出显著的相关性。此外，所有微生物因子对土壤不稳定磷含量都没有显著性影响（$P > 0.05$）。

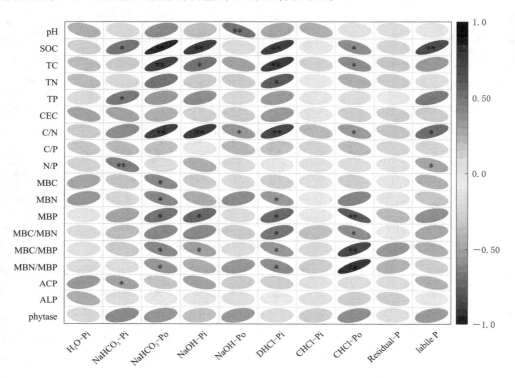

图 3－4　在水稻季土壤中，土壤理化性质和微生物因子与土壤磷组分的相关性分析
注：土壤理化性质和微生物因子与土壤磷组分的皮尔森相关性。颜色深浅表示相关的强度。
$* P < 0.05$；$* * P < 0.01$。

图 3－5 显示了玉米季土壤中，土壤理化性质和微生物因子与土壤中各磷组分的 person 相关性。可以看出，对于土壤非生物因子，土壤中 H_2O－Pi 含量主要受土壤 pH 值、土壤总氮 TN 以及土壤 CEC 的影响，分别表现出强的正相关（与 pH 值）与负相关（与 TN 和 CEC）（$P < 0.01$）。$NaHCO_3$－Pi 含量与 SOC、TC、碳氮比 C/N 和碳磷比 C/P 表现出显著正相关（$P < 0.05$ 或 0.01），与 CEC 显著负相关（$P < 0.05$）。$NaHCO_3$－Po 含量和 SOC、TN、碳磷比 C/P 和氮磷比 N/P 呈显著正相关（$P < 0.05$）。NaOH－Pi 含量与 SOC、TC、TN、碳氮比 C/N、碳磷比 C/P 和氮磷比 N/P 呈显著正相关（$P < 0.01$ 或 0.05）。NaOH－Po 含量与 SOC、TC 和碳氮比 C/N 显著正相关（$P < 0.05$）。DHCl－Pi 含量与 SOC、TC、TN、碳磷比 C/P 和氮磷比

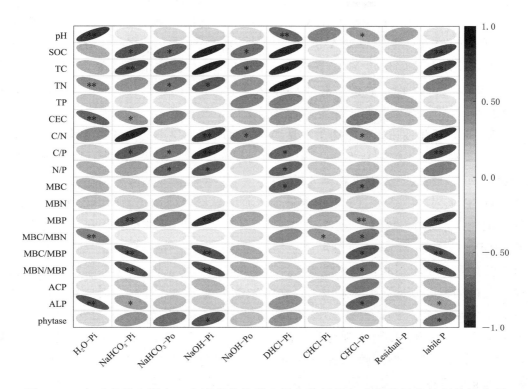

图 3-5　在玉米季土壤中，土壤理化性质和微生物因子与土壤磷组分的相关性分析

注：土壤理化性质和微生物因子与土壤磷组分的皮尔森相关性。颜色深浅表示相关的强度。

　　 $*P<0.05$；$**P<0.01$。

N/P 显著正相关（$P<0.01$ 或 0.05），而与土壤 pH 值显著负相关（$P<0.01$）。总的来说，在土壤非生物因子中，土壤不稳定磷的含量主要与 SOC、TC、碳氮比 C/P 和碳磷比 C/P 具备强相关性（$P<0.01$）。此外，所有微生物因子，相较于水稻季土壤，玉米季土壤的微生物因子与土壤磷组分关系更加密切。但是，同土壤非生物因子相比，磷组分受微生物因子的影响相对较少，基本上只有中等不稳定与不稳定的无机磷库受到影响。其中，H_2O-Pi 含量与微生物生物量碳氮比 MBC/MBN 和碱性磷酸酶 ALP 活性显著负相关（$P<0.01$）。$NaHCO_3$-Pi 含量与微生物生物量磷 MBP 显著正相关（$P<0.01$），与生物量碳磷比 MBC/MBP、生物量氮磷比 MBN/MBP 和碱性磷酸酶 ALP 活性显著负相关（$P<0.05$ 或 0.01）。NaOH-Pi 含量与微生物生物量磷 MBP 和植酸酶 phytase 活性显著正相关（$P<0.05$ 或 0.01），与生物量碳磷比 MBC/MBP 和生物量氮磷比 MBN/MBP 显著负相关（$P<0.01$）。除此之外，DHCl-Pi 含量与微生物生物量碳 MBC 显著正相关（$P<0.05$）。$NaHCO_3$-Po 和 NaOH-Po 含量与土壤微生物因子没有表现出显著相关性。另外，CHCl-Pi 含量和生物量碳氮比 MBC/MBN 表现出显著负相关（$P<0.05$），CHCl-Po 含量和微生物生物量磷 MBP 显著负

相关（$P < 0.01$），和生物量碳氮比 MBC/MBN、生物量碳磷比 MBC/MBP、生物量氮磷比 MBN/MBP 和碱性磷酸酶 ALP 活性呈显著正相关（$P < 0.05$）。总的来说，微生物因子中，微生物生物量磷 MBP 含量和植酸酶 phytase 活性显著提高了不稳定磷的含量（$P < 0.05$ 或 0.01），而微生物生物量碳磷比 MBC/MBP、生物量氮磷比 MBN/MBP 以及碱性磷酸酶活性与不稳定磷含量显著负相关（$P < 0.05$ 或 0.01）。

3.1.3.3 土壤理化性质、微生物生物量和磷矿化酶对土壤不稳定磷的影响

图 3-6 展示了土壤理化性质、微生物生物量和磷矿化酶等相关指标预测土壤不稳定磷含量的相对重要性。随机森林分析表明，对于水稻和玉米两种种植类型，在本研究考虑的 12 个因素中，对土壤不稳定磷含量有明显影响的因子数量和类型有所不同。具体来说，在水稻季土壤中，主要有 SOC、TP 和 CEC 三个非生物因子与微生物生物量磷 MBP 和植酸酶 phytase 活性两个生物因子显著影响不稳定磷的变化。我们的随机森林模型解释了土壤不稳定磷含量 48.44% 的变异，其中，土壤 SOC 是最重要的预测因子，且影响程度要远高于其余因子。在玉米季土壤中，共有 6 个因素对不稳定磷具有显著的影响，分别为碱性磷酸酶 ALP 活性、微生物生物量磷 MBP、TC、SOC、TN 和 pH 值，影响程度由高到低依次降低。随机森林模型解释了土壤不稳定磷含量 77.75% 的变异，而土壤碱性磷酸酶 ALP 活性是最重要的预测因子。玉米季土壤中，相对于数量较多的非生物因子，虽然微生物因子从影响因子数量上来说要低于非生物因子，但是显著影响不稳定性磷的微生物因素的重要性要略高。

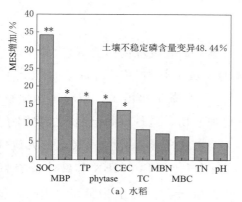
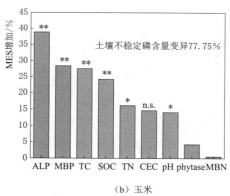

图 3-6 土壤理化性质、微生物生物量和磷矿化酶对土壤不稳定磷的相对重要性

注：土壤不稳定磷的主要预测因素。该图显示了土壤变量驱动因素对土壤不稳定磷的随机森林平均预测因子重要性（MSE 增加的百分比）。每个预测变量的显著性水平如下：* $P < 0.05$ 和 ** $P < 0.01$。

3.1.4 讨论

3.1.4.1 不同生物炭、氮肥和种植类型下土壤磷组分的动态变化

虽然土壤中的总磷可能很丰富，但大部分的 P 被固定在中度闭塞的 Pi 和顽固的 Pi

中，以大多数植物和微生物无法利用的形式存在（Tian et al.，2021；Wang et al.，2022a）。我们的研究发现，土壤中的钙结合磷和闭蓄态磷是土壤磷组分的主要组成部分，在总磷组分的相对占比高达85%，土壤有效磷含量占比相对较低，虽然在种植过程中添加了磷肥，但是并没有显著提高有效磷含量，施用于土壤的可溶性磷肥迅速结合于不同的土壤P组分（Cao et al.，2022）。虽然水稻季和玉米季土壤的总P没有明显差异（图3-1），但土壤中的P组分会受到土壤被淹没（水稻季土壤）或好氧（玉米季土壤）的影响。我们的研究发现，生物炭、氮肥和种植类型的变化对土壤中的各磷组分有显著的影响，特别是对不稳定磷部分，三因素都有显著的交互作用（图3-2，表3-1）。

此外，前人的研究表明，磷在土壤中的释放和吸收与土壤含水量密切相关，含水量是影响磷迁移率和可用性的关键因素，并可能导致磷动力学的变化（Luo et al.，2021）。土壤含水量的变化决定土壤中磷的形式，土壤含水量越高，土壤中溶解磷的比例越大，土壤磷有效性与土壤含水量呈正相关（Cheng et al.，2018；Li et al.，2021c）。但是在我们的研究中，在玉米季土壤中的不稳定磷含量相较于水稻季土壤要高5.82%～55.64%（图3-3）。这可能是由于在水稻季土壤中，土壤长期处于淹水条件下，微生物代谢较慢，土壤有机质分解速度较低，当种植玉米后，土壤转为有氧环境，微生物活性增强，加强了土壤有机质的分解，释放出来可溶性磷，从而增加了磷有效性（Xu et al.，2020）。另外，Buehler et al.（2002）报告说，微生物活动可能在Oxisol中的有机P组分的转化中发挥了重要作用。一些研究表明，微生物（如除磷菌、聚磷生物）在有氧条件下可以将土壤溶液中的Pi以聚磷酸盐的形式同化到细胞中（Xu et al.，2020），这防止有效磷转化为生物难以利用的磷组分，从而增加了有效磷的含量，我们观察到玉米季土壤中MBP含量高于水稻季土壤，这从侧面印证了这一观点（表3-5）。

在我们的研究中，与N0处理相比，在不施生物炭的情况下，长期施用氮肥使水稻季土壤和玉米季土壤中不稳定的P组分含量（labile P）分别显著下降32.93%和23.57%。这与之前的研究一致（Chen et al.，2018a；Fan et al.，2019；Mahmood et al.，2021）。这可能是由于添加氮肥后植物生物量产量的增加，吸收带走了土壤中的有效磷素（Liu et al.，2021）。此外，土壤中的不稳定磷能够转化为活性较低的其他组分。在水稻和玉米两种种植系统中，我们发现在添加氮肥的情况下，中度不稳定磷的DHCl-Pi含量的相对占比增加了（图3-2），这与其他研究的结果一致，有研究表明，DHCl-Pi随着氮肥的施用而显著增加（Chen et al.，2018a；Qaswar et al.，2021）。在我们的研究中，中度可利用DHCl-Pi组分的增加对氮肥的反应可能与易溶P组分和残留P的减少有关，由于氮肥使$NO_3^- - N$增加，这可使其逐渐转化为中度可利用Pi（Mahmood et al.，2021）。土壤Po对提高有效P（不稳定P）的贡献可能与最佳氮肥或其他增加土壤 Pi 的管理措施更相关（Ahmed et al.，2019）。在本研究中，$NaHCO_3$-Po 在水稻和玉米氮肥处理的土壤中都没有发生变化，这可能是由于 Pi 容易被吸附和沉淀，从而降低了其对植物的有效性（Mahmood et al.，2021）。残留的 P 通过与 Ca 和 Fe 形成的复合物构成不溶性 P（Zicker et al.，2018）。根据我们的发现，与中等不稳定 P 部分相比，残留 P 显示出相反的趋势，在水稻季和玉米季土壤中，不施生物炭的情况下，与 N0 处理相比，添加氮的处理中残留态磷分别减少了 21.88% 和 2.48%。我们的研究结果与 Fan 等（2018）的研究结果一致，他们指出氮肥通过减少残留 P 和增加可溶性 Pi 形式（如中等不稳定的 P 组分）来影响残留的 P 组分。本研究中记录的非可溶性 P 和残留组分的浓度变化表明，这些组分可能参与了长期的 P 循环。这一过程可能是由于长期施肥结果导致的土壤系统中不同过程的发生（González Jiménez et al.，2019）。

一般的研究认为，生物炭由于原料自身含有磷，能够增加土壤中磷的含量（Hossain et al.，2020），但是在我们的研究中，没有发现这一现象，添加生物炭后，土壤的磷组分之和并没有发生显著变化，这可能是由于生物炭中磷含量较低的缘故。生物炭的磷含量取决于热解温度和生物炭的原料类型（Hossain et al.，2020），我们使用的稻壳原料以及较低的热解温度导致生物炭中磷含量较低。但是，我们的研究发现，在施用生物炭后，土壤中的不稳定磷含量显著增加（图 3-3）。这与 Gao 等（2019）的研究一致，Meta 分析表明，农业表层土壤中的生物炭添加量使有效磷增加了 45%，MBP 增加了 48%。生物炭 C/N 比值被认为是影响两种反应变化的关键变量。根据元素化学计量学理论，预测应用相对较高的 C/N 生物炭可以提高微生物的氮需求，氮的动员和相对的氮限制（Cleveland and Liptzin，2007）。反过来，预测 N 稀缺的条件将降低微生物对 P 的需求，诱导微生物 P 的下降，并有助于 P 矿化和可利用 P 的净增加。因此，我们假设添加生物炭后，高的 C/N 比例将驱动土壤可利用 P 的增加（Gao et al.，2019）。另外，生物炭已被证明可以通过附着/吸附减少磷的淋失，从而改变土壤中磷的有效性（Hossain et al.，2020）。生物炭也可以通过土壤 pH 的变化以及随后对 P 与其他阳离子相互作用的影响，并通过阴离子交换和 P 沉淀增强保留（Atkinson et al.，2010）。因此，在本实验中，生物炭的吸附和土壤 pH 的改变也可能是土壤磷有效性的影响因子。

3.1.4.2　土壤生物和非生物因素对土壤磷组分的影响

研究表明，总磷和所有磷组分随着 SOC 含量的增加而增加，而不同可用性磷池对总磷的相对贡献保持稳定（Niederberger et al.，2019）。与其他研究一样（Perakis et al.，2017；Zederer and Talkner，2018），我们发现在矿质土壤中，SOC 和总有机 P 含量之间有很强的正相关关系（$r=0.71$）。与 Johnson 等（2003）的研究一致，我们发现无机 P 组分随着 SOC 含量的上升而增加。这种随 SOC 的增加可能是由较高的微生物周转率引起的，作为不稳定 P 的来源（Condron et al.，2005；Johnson et al.，2003）。此外，有研究表明，土壤有机碳与 P 竞争吸附点，因此对 P 的吸附有负面影响（McDowell and Sharpley，2001）。皮尔森相关分析表明，土壤碳氮比和不稳定磷含量显著正相关（$P < 0.05$ 或 0.01），土壤的碳氮比比值是土壤有机质降解的预测指标（Aitkenhead and McDowell，2000），土壤中不稳定磷含量的增加可能与土壤有机质的降解有关。另外，在玉米季土壤中土壤碳磷比与不稳定磷含量显著正相关，这与 Chen 等（2022）研究一致，较高的碳磷比能够增加微生物生物量磷的含量，从而提高磷的有效性。

微生物生物量对土壤养分循环过程的潜在影响早已得到认可（Brookes et al.，1984）。一个直接的原因是，土壤微生物生物量越多，微生物酶活性就越高（Lu et al.，2022）。但是，在水稻季土壤中，我们没有发现微生物量和水解酶活性和不稳定磷含量有显著的相关性，这可能是由于水稻季土壤处于长期稳定的状态，土壤中的微生物活性较低。而在玉米季土壤中，我们发现除去 SOC 以及碳氮比等非生物因子的影响，土壤微生物因子的作用也比较显著。皮尔森相关性分析表明，土壤微生物生物量磷 MBP 和不稳定磷显著正相关（$P < 0.01$）。微生物的新陈代谢也需要磷，因此，它们可能在调动低有效磷方面发挥重要作用，从而提高植物所需磷的有效性（Rana et al.，2020）。在微生物磷周转过程中，土壤微生物生物量可以释放简单的磷，因此它是不稳定磷的源和汇（Achat et al.，2012；Hu et al.，2016）。另外，我们发现植酸酶活性是水稻季土壤磷生物利用度的重要预测因子（图 3-6），并且植酸酶活性对玉米季土壤磷生物利用度有积极影响（图 3-5）。植酸盐，包括肌醇五磷酸和六磷酸的衍生物（Turner et al.，2002），约占土壤中有机磷总量的 10%～50%（Lu et al.，2022）。然而，植酸盐不能被植物直接用作 P 源，除非它们被微生物植酸酶矿化成生物可利用的无机 P（Lu et al.，2022）。由于作物残留物的保留，植酸在农业生态系统的土壤中比在自然生态系统的土壤中更容易积累，这就要求植酸酶在农业生态系统中比在自然生态系统中发挥更重要的作用，从植酸中释放生物可用的无机 P，以满足农业生态系统中作物的 P 需求（Lu et al.，2022；Menezes-Blackburn et al.，2013）。

随机森林分析发现，在两种不同的种植类型下，在本研究考虑的 12 个因素中，对土壤不稳定性磷含量有明显影响的因子数量和类型有所不同。在水稻季土壤中，主要有 SOC、TP 和 CEC 三个非生物因子和微生物生物量磷 MBP 和植酸酶 phytase 两个生物因子显著影响不稳定磷的变化，其中 SOC 是最重要的预测因子。而在玉米季土壤中，共有 6 个因素对不稳定磷含量具有显著的影响，分别为碱性磷酸酶 ALP 活性、微生物生物量磷 MBP、TC、SOC、TN 和 pH 值，影响程度由高到低依次降低。两种种植类型对不稳定磷的预测因子不同，可能是因为水稻季土壤中长时间的厌氧环境导致土壤微生物的稳定性增加和活力降低，这可能导致无法驱动土壤功能，土壤中磷有效性的变化主要由生物炭的添加导致的土壤性质的改变调控。而在玉米季土壤中，土壤环境由厌氧状态转变为有氧环境，微生物的活力增加，对磷的需求增加，并将活性磷固定到微生物体内，减少了土壤将活性磷吸附固定成难利用的磷的量，同时土壤结构的变化以及生物炭和氮肥添加造成的土壤性质的改变导致了不稳定磷含量的变化。

3.1.5 结论

（1）施用生物炭和氮肥对水旱两季土壤中磷组分总量没有显著影响，生物炭施用增加了土壤不稳定 P 和中等不稳定 P 的相对丰度。生物炭提高了不稳定 P 和中等不稳定 P（NaOH-Pi）含量，有利于减缓施氮造成的磷素有效性降低；玉米季土壤中不稳定 P 和中等不稳定 P（NaOH-Pi）含量高于水稻季土壤。旱作与生物炭有利于提高土壤中不稳定磷的含量；生物炭提高了有效 P 与非有效 P 的比值，有利于非有效 P 向有效 P 的转化。

（2）水稻季土壤中，生物炭和氮肥主要通过土壤理化性质（SOC、C/N 和 N/P）影响不稳定磷的含量；玉米季土壤中，生物炭和氮肥除了通过土壤理化性质（SOC、TC、C/N 和 C/P）外，微生物因子的变化（MBP、MBC/MBP、MBN/MBP、ALP 活性和 phytase 活性）也和不稳定磷含量显著相关。SOC、MBP、TP、phytase 和 CEC 是预测水稻季土壤中不稳定磷含量变化的因素，其中 SOC 含量为最重要的预测因子；ALP、MBP、TC、SOC、TN 和 pH 值是预测玉米季土壤中不稳定磷含量变化的因素，其中 ALP 活性是最重要的预测因子。

3.2 磷功能菌变化

3.2.1 微生物对土壤磷转化的影响

土壤微生物是土壤中磷转化的重要参与者与主要驱动因素。土壤微生物通过有机 P（Po）矿化和无机 P（Pi）增溶两个不同的过程将低生物有效性的不溶性的 P 形式（如磷脂和岩石磷酸盐）转化为易被利用的游离的正磷酸盐（Gao and DeLuca，2018）。土壤微生物对有机磷的矿化作用，为植物提供可利用的无机磷，被认为是未施肥/自然生态系统中土壤磷循环的关键过程（Rui et al.，2012）。由微生物和植物产生的土壤磷酸酶参与了 P 的矿化过程，有研究认为，大部分来自有机来源的可用 P 是由土壤微生物释放的，因为大部分磷酸酶可能是由微生物产生的（Sun et al.，2022）。由土壤微生物分泌的 P 相关酶，如酸性磷酸酶（ACP）、碱性磷酸酶（ALP）、植酸酶（Phytase）和无机焦磷酸酶（IP），在土壤 P 循环中特别重要（Bünemann，2015）。

这些与 P 有关的酶可以催化含 P 的有机化合物，促进正磷酸盐的释放，其活性极度反映了土壤有机磷的矿化效率和磷供给的潜在能力（Hou et al.，2015）。较高的土壤无机磷含量对土壤微生物和植物根系磷酸酶的分泌有较强的抑制作用，而低有效 P 含量和向土壤施用有机质可以激活磷酸酶活性（Cao et al.，2022）。微生物对有机 P 的矿化能力归因于其编码一系列磷酸酶的功能基因，如编码植酸酶的 BPP 基因和磷酸酶的 phoC 和 phoD（Siles et al.，2022；Wan et al.，2021）。此外，微生物可以从植物和微生物难以利用的无机磷库溶解磷，使其对植物和其他微生物具有生物利用性，从无机磷池（如磷灰石）中释放可用磷的增溶过程可以极大地提高土壤磷的可用性（Magallon-Servín et al.，2020）。微生物可以通过以下三种机制增溶 P：①通过产生质子来酸化土壤环境，加强岩石磷酸盐的溶解及其解吸反应（这取决于土壤本底 pH 值），然后从土壤的固相中释放出游离的正磷酸盐（Brucker et al.，2020）；②分泌低分子量的有机酸（如葡萄糖酸、草酸和柠檬酸），通过其羟基和羧基螯合与磷酸盐结合的阳离子，从而将岩石磷酸盐转化为可溶形式（Siles et al.，2022）；③释放外多糖和苷酸，它们都可以作为螯合剂发挥作用，从而溶解磷（Brucker et al.，2020）。在遗传水平上，溶磷的微生物代谢基础与编码醌蛋白葡萄糖脱氢酶［PQQGDH，包括葡萄糖脱氢酶（GDH）和辅助因子吡咯喹啉醌（PQQ）］的基因有关，这种酶控制着周质空间的酸化和葡萄糖的直接氧化途径（Bergkemper et al.，2016；Dai et al.，2020）。编码 GDH 的 gcd 基因和编码吡咯喹啉醌合成酶 C（催化 PQQ 生物合成的最后一步）的 pqqC 基因，通常被用作微生物群落的无机 P 溶解潜力的指标（Siles et al.，2022）。土壤微生物的自身周转影响土壤磷的变化，即自身对磷的固定和释放过程。土壤微生物吸收可用的 P 作为其自身生物量的一部分，这涉及 Po 的微生物合成和自由正磷酸盐的固定化（Sun et al.，2022）。微生物 P 的形式包括核酸（占微生物 P 总量的 30%～65%）、磷脂、酸溶性 Pi 和 Po 化合物（即磷酸酯、磷酸化辅酶，15%～20%）、多磷酸盐以及藻酸（只有革兰氏阳性菌）（Jones and Oburger，2011），并且微生物量中的总磷浓度（MBP），细菌为 $15.0～29.3g/kg$，真菌为 $6.3～14.5g/kg$，远远高于植物的 P 浓度（Sun et al.，2022）。微生物量磷对土壤磷的可利用性具有重要意义，受外在环境的影响（比如干湿交替以及冻融循环等）容易释放到土壤中增加水溶性磷的含量，提高磷的可用性（Gao et al.，2021；Turner and Haygarth，2001）。

3.2.2 土壤 DNA 提取、定量 PCR 和高通量测序

根据产品说明书，使用土壤 FastDNA Spin 试剂盒（MP Bio，USA）提取土壤 DNA。基因组 DNA 的质量和浓度通过 1%琼脂糖凝胶电泳和 NanoDrop ND-2000 分光光度计（Thermo Scientific，USA）进行评估。

使用 ABI 7500 实时荧光定量 PCR 系统（Applied Biosystems，Germany）和

SYBR Premix Ex Taq 试剂盒（Takara，Japan）定量分析 BPP、gcd、pqqC、phoC 和 phoD 基因拷贝数，扩增各组基因的引物均来自于先前文献（表 3-1）。PCR 反应体系（共 25μL）包括：1μL 模板、0.5μL 各引物（正向引物和反向引物）、12.5μL SYBR® Premix Ex Taq（2×）（Tli RnaseH Plus）、0.5μL ROX Reference Dye Ⅱ（50×）（Takara，Japan）和 10μL dd H$_2$O。所有荧光定量 PCR 反应的条件为：95℃，5min 预变性后，95℃，30s、55℃，30s、72℃，30s 共 30 个循环。最后 1 轮循环完成后再 72℃延伸 10min。此外，还生成了熔融曲线以确保反应的扩增特异性。标准曲线是通过对克隆的质粒进行 10 倍的连续稀释来制备的，并根据标准曲线表示每克干土的基因拷贝数。

参考表 3-2，使用引物对分别对 phoD 和 phoC 基因进行 PCR 扩增。PCR 产物用于构建微生物多样性测序文库，在北京奥维森基因科技有限公司使用 Illumina Miseq PE300 高通量测序平台进行 Paired - end 测序。参考之前的方法（Dong et al.，2022b），将筛选合格的数据以 97%的相似度聚类为操作分类单位（OTU），使用核糖体数据库项目（RDP）的分类工具，根据 SILVA128 数据库，设置 70%的置信度阈值，将所有序列分为不同的分类组。

表 3-2　　　　　　　　　　　　每个基因的引物和参与功能过程

引　物	基因	功能过程	参考文献
BPP - Fw GACGCAGCCGAYGAYCCNGCNITNTGG	BPP	Phytic acid mineralization	（Huang et al.，2009）
BPP - Rv CAGGSCGCANRTCIACRTTRTT			
gcd - Fw CAGGGCTGGGTCGCCAACC	gcd	P solubilization	（Gao and DeLuca，2018）
gcd - Rv CATGGCATCGAGCATGCTCC			
pqqC - Fw AACCGCTTCTACTACCAG	pqqC	P solubilization	（Bi et al.，2020）
pqqC - Rv GCGAACAGCTCGGTCAG			
phoC - Fw CGGCTCCTATCCGTCCGG	phoC	P mineralization	（Fraser et al.，2017）
phoC - Rv CAACATCGCTTTGCCAGTG			
phoD - Fw TGGGAYGATCAYGARGT	phoD	P mineralization	（Ragot Sabine et al.，2015）

3.2.3　生物炭、氮肥和种植类型对磷矿化和增溶相关功能基因的影响

表 3-3 显示了生物炭、氮肥和种植类型对参与磷矿化和增溶过程相关功能基因的影响的三因素方差分析结果。三因素方差分析结果表明，生物炭、氮肥和种植类型对参与磷矿化的 BPP 基因（$P<0.05$）和 phoD 基因（$P<0.001$）以及参与磷增溶过程的 pqqC 基因（$P<0.05$）具有显著的交互作用。其余 phoC 和 gcd 基因不受生物炭、氮肥和种植类型三因素的交互影响（$P>0.05$）。

表 3 - 3　　生物炭、氮肥和种植类型对磷矿化和增溶功能基因的方差分析

项目	BPP	phoC	phoD	gcd	pqqC
F_A	4.96*	161***	25.2***	22.0***	121***
F_B	0.62	4.68*	7.20**	0.00	2.57
F_C	11.6**	0.08	3.55	4.21	0.06
F_{AB}	16.3***	0.96	9.51**	1.58	0.58
F_{AC}	30.4***	0.02	3.12	2.67	0.33
F_{BC}	7.02**	0.82	2.89	4.24*	8.85**
F_{ABC}	5.06*	0.19	14.9***	1.21	3.66*

注　F_A=不同的种植类型，F_B=生物炭施用，F_C=氮肥施用；*，**，*** 分别表示在 $P<0.05$，$P<0.01$ 和 $P<0.001$ 的差异显著性。

　　土壤的功能基因拷贝数的 log 值列于表 3-4，根据表 3-4，水稻季土壤中 BPP 基因拷贝数 log 值在 2.17～2.96 之间，生物炭和氮肥对 BPP 的拷贝数具有显著的交互作用（$P<0.05$），在不添加氮肥的情况下，施用生物炭使 BPP 拷贝数有下降的趋势，在添加氮肥的情况下，是否施用生物炭对 BPP 基因拷贝数没有显著影响，在不添加生物炭和氮肥的 C0N0 处理中，BPP 的拷贝数最高；在生物炭用量相同的处理中，是否添加氮肥对 BPP 的拷贝数影响不显著。在玉米季土壤中，BPP 基因拷贝数 log 值在 2.35～2.72 之间，生物炭和氮肥对 BPP 的拷贝数具有显著的交互作用（$P<0.001$），无论是否施加氮肥，在同等的氮水平下，大量施用生物炭显著增加了 BPP 的基因拷贝数。少量生物炭和氮肥配施同样提高了 BPP 的拷贝数，但在不施氮肥的情况下，施用生物炭的处理 BPP 基因拷贝数没有明显变化。水稻季土壤中 phoC 的基因拷贝数 log 值在 5.48～5.71 之间，生物炭和氮肥之间不存在显著的交互作用影响 phoC 的拷贝数。在玉米季土壤中，phoC 的基因拷贝数 log 值在 4.61～5.03 之间，受生物炭和氮肥交互作用的影响（$P<0.05$），所有处理，无论是否添加氮肥，相较于不施生物炭，施用生物炭都显著降低了 phoC 的基因拷贝数，但是不同生物炭施用量的处理之间差异不显著。水稻季土壤中 phoD 的基因拷贝数 log 值在 5.54～6.24 之间，受生物炭和氮肥交互作用的影响（$P<0.01$），在不添加氮肥的情况下，施用生物炭对 phoD 的基因拷贝数没有显著的影响，在添加氮肥的处理中，施用生物炭使 phoD 拷贝数有降低的趋势，并且施用大量生物炭的 C2N1 处理的 phoD 拷贝数显著低于不施生物炭。在不施生物炭的处理中，添加氮肥显著增加了 phoD 的拷贝数。在玉米季土壤中，phoD 的基因拷贝数 log 值在 5.94～6.21 之间，同样也受生物炭和氮肥的交互作用影响（$P<0.01$），在不添加氮肥的处理中，施用生物炭显著降低了 phoD 的基因拷贝数，在添加氮肥的处理中，施用生物炭没有显著影响 phoD 的基因拷贝数，但是大量施用生物炭的 C2N1 处理 phoD 拷贝数显著高于少量施用生物炭的 C1N1 处理，在不施用生物炭的

情况下，添加氮肥显著降低了 phoD 的基因拷贝数。水稻季土壤中的 gcd 的基因拷贝数 log 值在 4.05～4.48 之间，生物炭和氮肥对 gcd 基因拷贝数没有显著的交互作用。在玉米季土壤中，gcd 基因拷贝数 log 值在 3.91～4.24 之间，受生物炭和氮肥交互作用的影响（$P<0.001$），在不添加氮肥的情况下，少量添加生物炭显著降低了 gcd 的基因拷贝数，但是在添加氮肥的情况下，少量施用生物炭显著增加了 gcd 的基因拷贝数。水稻季土壤中 pqqC 的基因拷贝数 log 值在 2.67～3.67 之间，受生物炭和氮肥交互作用的影响（$P<0.05$），在不添加氮肥的情况下，施用生物炭对 pqqC 拷贝数没有显著影响，但是在添加氮肥的情况下，随着生物炭的添加 pqqC 拷贝数有增加的趋势。在玉米季土壤中，pqqC 基因拷贝数 log 值在 4.00～4.29 之间，受生物炭和氮肥的交互影响（$P<0.001$），但是只有大量施用生物炭和氮肥的 C2N1 处理中的 pqqC 拷贝数显著高于其他处理，其他处理之间差异不显著。

表 3-4　水稻季和玉米季土壤中生物炭和氮肥对编码磷矿化和增溶的功能基因的影响

项目		BPP log（copies g^{-1}）	phoC log（copies g^{-1}）	phoD log（copies g^{-1}）	gcd log（copies g^{-1}）	pqqC log（copies g^{-1}）
水稻	C0N0	2.96±0.22a	5.71±0.35	5.64±0.09b	4.13±0.18	3.45±0.13ab
	C1N0	2.76±0.03ab	5.48±0.03	5.95±0.06ab	4.05±0.24	3.11±0.19ab
	C2N0	2.22±0.09bc	5.56±0.04	5.69±0.11b	4.43±0.09	3.07±0.14ab
	C0N1	2.18±0.15c	5.64±0.02	6.24±0.13a	4.47±0.09	2.67±0.22b
	C1N1	2.26±0.04bc	5.64±0.11	5.95±0.11ab	4.48±0.08	3.08±0.28ab
	C2N1	2.17±0.01c	5.55±0.09	5.54±0.06b	4.37±0.14	3.67±0.20a
玉米	C0N0	2.44±0.03B	5.03±0.00A	6.21±0.05A	4.12±0.01AB	4.08±0.03B
	C1N0	2.35±0.02B	4.66±0.01B	5.96±0.02C	3.92±0.00C	4.12±0.04B
	C2N0	2.66±0.05A	4.61±0.02B	5.96±0.05C	4.00±0.05BC	4.03±0.04B
	C0N1	2.36±0.04B	4.92±0.06A	6.05±0.01BC	3.97±0.01BC	4.02±0.03B
	C1N1	2.67±0.01A	4.72±0.03B	5.94±0.02C	4.24±0.03A	4.00±0.03B
	C2N1	2.72±0.04A	4.70±0.03B	6.15±0.01AB	3.91±0.08C	4.29±0.01A

注　数值表示平均值±标准误差（$n=3$），同列小写字母和大写字母分别表示同一指标在水稻季土壤和玉米季土壤中生物炭和氮肥处理之间交互作用的差异显著性（$P<0.05$）。

3.2.4　水稻季和玉米季土壤中磷矿化和增溶功能基因对土壤不稳定磷的影响

图 3-7 展示了磷矿化相关的 BPP、phoC 和 phoD 基因，磷增溶相关的 gcd 和 pqqC 基因预测土壤不稳定磷含量的相对重要性。随机森林分析表明，对于水稻和玉米两种种植类型，在本研究考虑的 5 个功能基因中，对土壤不稳定性磷含量有明显影响的基因种类有所不同。具体来说，在水稻季土壤中，phoD 基因的丰度是显著预测土壤

中不稳定磷含量变化的重要因子。我们的随机森林模型解释了土壤不稳定磷含量的6.56%的变异。而在玉米季土壤中，phoC 丰度是显著预测土壤中不稳定磷含量的重要因子，随机森林模型解释了土壤不稳定磷含量 30.50%的变异。

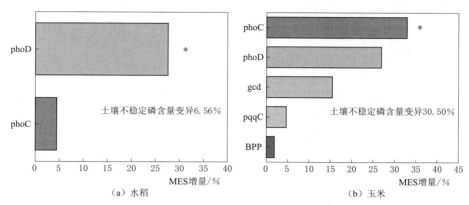

图 3-7　磷矿化和增溶功能基因对土壤不稳定磷的相对重要性

注：土壤不稳定磷的主要预测因素。该图显示了土壤磷功能基因对土壤不稳定磷的随机森林平均预测因子重要性（MSE 增加的百分比）。每个预测变量的显著性水平如下：＊$P<0.05$ 和 ＊＊$P<0.01$。

3.2.5　水稻季土壤中编码 phoD 的功能微生物丰富度和多样性变化以及与磷组分的相关性分析

图 3-8 展示了水稻季土壤中施用生物炭和氮肥对编码 phoD 的功能微生物丰富度和多样性的影响。由图 3-8 可知，对于 Chao 1 指数、observed_species、PD_whole_tree 指数和 Shannon 指数，生物炭和氮肥不存在显著的交互作用（$P>0.05$），不同生物炭的用量也不存在显著影响（$P>0.05$），只有 observed_species 受氮肥添加的显著

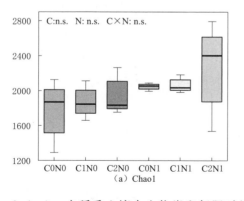
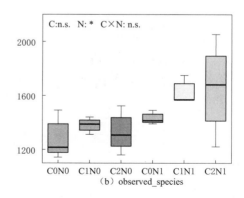

图 3-8（一）　水稻季土壤中生物炭和氮肥对编码 phoD 的功能微生物丰富度和多样性的影响

注：数值表示平均值±标准误差（$n=3$），图片分别表示 Chao1 指数、OUT 观测数、谱系多样性和香农多样性指数。C 代表生物炭，N 代表氮肥，C×N 代表生物炭和氮肥的交互作用；＊代表显著性差异（$P<0.05$）；n.s. 代表没有显著性差异（$P>0.05$）。

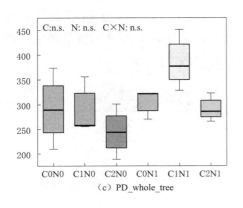
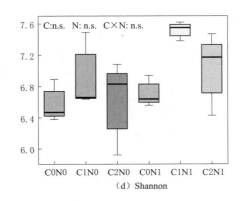

图 3-8（二）　水稻季土壤中生物炭和氮肥对编码 phoD 的功能微生物丰富度和多样性的影响

注：数值表示平均值±标准误差（$n=3$），图片分别表示 Chao1 指数、OUT 观测数、谱系多样性和香农多样性指数。C 代表生物炭，N 代表氮肥，C×N 代表生物炭和氮肥的交互作用；* 代表显著性差异（$P<0.05$）；n.s. 代表没有显著性差异（$P>0.05$）。

影响（$P<0.5$）。功能微生物 Chao1 指数为 1290.04～2793.24，observed_species 为 1143～2054，PD_whole_tree 指数为 188.52～451.53，Shannon 指数为 5.92～7.62。

　　我们进行了皮尔逊相关性分析，以确定水稻季土壤中某些编码 phoD 的分类群与土壤各磷组分之间的关系。我们选取了科水平上，与土壤磷组分有显著相关关系的部分类群，并进行了可视化（图 3-9）。由图 3-9 可知，在科水平上，土壤不稳定磷 labile P 含量与巴氏球藻科 Bathycoccaceae（平均丰度＝0.0002%，$P<0.05$）、伯克氏菌科 Burkholderiaceae（平均丰度＝0.3616%，$P<0.05$）和克里斯滕森菌科 Christensenellaceae（平均丰度＝0.0016%，$P<0.01$）显著负相关。类诺卡氏菌科 Nocardioidaceae（平均丰度＝0.3969%，$P<0.01$）和类芽孢杆菌科 Paenibacillaceae（平均丰度＝0.0129%，$P<0.05$）与土壤不稳定磷 labile P 含量显著正相关。此外，H_2O-Pi 含量与姜氏菌科 Jiangellaceae（平均丰度＝0.1645%，$P<0.01$）、芽胞杆菌科 Bacillaceae（平均丰度＝0.6086%，$P<0.01$）、等球菌科 Isosphaeraceae（平均丰度＝0.0039%，$P<0.01$）和伪诺卡氏菌科 Pseudonocardiaceae（平均丰度＝1.1911%，$P<0.01$）显著正相关。

3.2.6　玉米季土壤中编码 phoC 的功能微生物丰富度和多样性变化以及与磷组分的相关性分析

　　图 3-10 展示了玉米季土壤中施用生物炭和氮肥对编码 phoC 的功能微生物丰富度和多样性的影响。由图 3-10 可知，对于 Chao 1 指数、observed_species、PD_whole_tree 指数和 Shannon 指数，生物炭和氮肥不存在显著的交互作用（$P>0.05$），不同生物炭的用量也不存在显著影响（$P>0.05$）。功能微生物 Chao1 指数为 211.16～

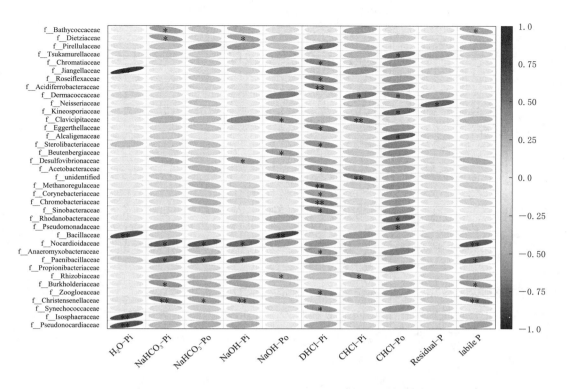

图 3-9　水稻季土壤中编码 phoD 的功能微生物物种分类与磷组分的关系

注：科水平上编码 phoD 的功能微生物与土壤磷组分的皮尔森相关性。颜色深浅表示相关的强度。
＊P＜0.05；＊＊P＜0.01。

984.72，observed_species 为 172~797，PD_whole_tree 指数为 44.19~226.55，Shan-
non 指数为 3.09~5.5。

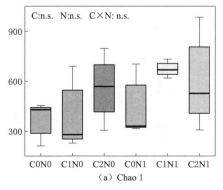

(a) Chao 1

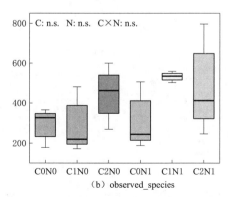

(b) observed_species

图 3-10（一）　玉米季土壤中生物炭和氮肥对编码 phoC 的功能微生物丰富度和多样性的影响

注：数值表示平均值±标准误差（n＝3），图片分别表示 Chao 1 指数、OUT 观测数、谱系多样性
和香农多样性指数。C 代表生物炭，N 代表氮肥，C×N 代表生物炭和氮肥的交互作用；n. s.
代表没有显著性差异（P＞0.05）。

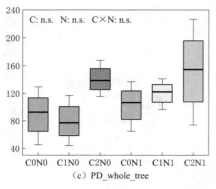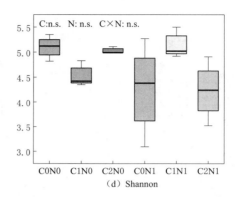

（c）PD_whole_tree　　　　　　　　　（d）Shannon

图 3-10（二）　玉米季土壤中生物炭和氮肥对编码 phoC 的功能微生物丰富度和多样性的影响

注：数值表示平均值±标准误差（n＝3），图片分别表示 Chao 1 指数、OUT 观测数、谱系
多样性和香农多样性指数。C 代表生物炭，N 代表氮肥，C×N 代表生物炭和氮肥的交
互作用；n. s. 代表没有显著性差异（P＞0.05）。

　　我们进行了皮尔逊相关性分析，以确定玉米季土壤中某些编码 phoC 的分类群与
土壤各磷组分之间的关系。我们选取在科水平上，将物种分类与土壤磷组分进行相关
性分析，并进行了可视化（图 3-11）。由图 3-11 可知，在科水平上，土壤不稳定磷

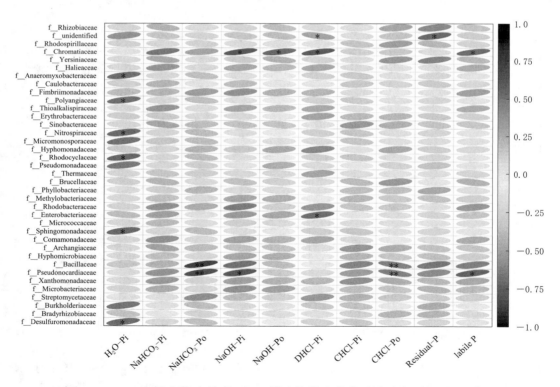

图 3-11　玉米季土壤中编码 phoC 的功能微生物物种分类与磷组分的关系

注：科水平上编码 phoC 的功能微生物与土壤磷组分的皮尔森相关性。颜色深浅表示相关的强度。
＊表示 P＜0.05；＊＊表示 P＜0.01。

labile P 含量与着色菌科 Chromatiaceae（平均丰度＝0.0305％，$P<0.05$）和伪诺卡氏菌科 Pseudonocardiaceae（平均丰度＝0.0015％，$P<0.05$）显著正相关。此外，H_2O-Pi 含量与厌氧黏菌科 Anaeromyxobacteraceae（平均丰度＝0.0001％，$P<0.05$）、多囊菌科 Polyangiaceae（平均丰度＝0.0002％，$P<0.05$）、硝化螺旋菌科 Nitrospiraceae（平均丰度＝0.0102％，$P<0.05$）、红环菌科 Rhodocyclaceae（平均丰度＝0.0300％，$P<0.05$）、鞘脂单胞菌科 Sphingomonadaceae（平均丰度＝0.0013％，$P<0.05$）和除硫单胞菌科 Desulfuromonadaceae（平均丰度＝0.0007％，$P<0.05$）显著正相关。其中，进一步通过 LEFse 分析发现，在科水平上着色菌科 Chromatiaceae 是 C2N0 处理的生物标志物（图 3-12）。

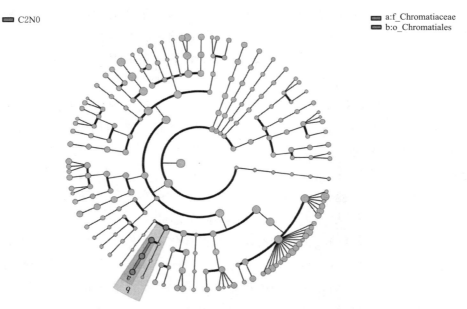

图 3-12　玉米季土壤中受生物炭和氮肥投入影响的生物标志物的系统发育图
注：从内到外的圆圈表示从界到种的细菌分类级别；每个圆圈的直径与给定分类群的相对丰度成正比。$P<0.05$。

3.2.7　微生物功能基因与功能微生物对土壤磷有效性的影响

据报道，磷酸盐增溶微生物（PSM）可以增溶其他植物无法获得的土壤无机 P。因此，它们被广泛认为是促进植物吸收 P 的一种方式，认为它们增溶的土壤 P 超过了自身的需求，然后可供植物使用（Jakobsen et al.，2005；Richardson，2001）。在本研究中，土壤磷增溶的相关基因并不能作为显著影响土壤不稳定磷含量变化的预测因子（图 3-7）。大多数报告 PSM 对植物生长有"积极作用"的研究都是在受控条件下进行的，而田间实验更多的是未能证明有积极的反应（Fernández et al.，2007；Meyer et al.，2017；Raymond et al.，2018）。Raymond et al.（2021）认为，在田间条件下，PSM 不能动员足够的 P 来改变作物的营养环境。因此，目前的概念，即 PSM "为植物"增殖 P，应该被修改。尽管 PSM 有能力溶解 P 以满足其自身的需要，但随后是微生物生物量的周转，在较长的时间内向植物提供 P。因此，现有的 PSM 功能概念不太可能提供一个可靠的策略来增加作物的 P 营养。需要进一步的机制了解，以确定如何操纵作为整个土壤群落组成部分的 PSM 的 P 动员，使其对植物 P 营养更加有效。

编码 P 矿化酶的微生物功能基因是相应微生物矿化有机不溶性 P 化合物的内在能力的反映（Rodriguez et al.，2006），而在特定时间点检测微生物 P 矿化酶的活性只能提供其编码基因在时间上的单一快照，而这通常容易受到外在因素的影响（Zaheer et al.，2009）。因此，深入了解微生物在对土壤 P 生物利用率的影响的一个重要步骤是探索这些功能基因的相对丰度在多大程度上可以影响土壤 P 生物利用率。

在本研究中，碱性磷酸酶的编码基因 phoD 的丰度是水稻季土壤中 P 生物利用率的重要预测因子，但是我们发现在玉米季土壤中，酸性磷酸酶的编码基因 phoC 的丰度是土壤中 P 生物利用率的重要预测因子（图 3-7）。这一模式与我们观察到的现象不一致，即植酸酶活性是水稻季土壤中 P 生物利用率的重要预测因子，而碱性磷酸酶活性是玉米季土壤的预测因子。土壤中磷酸酶基因的产生与磷矿化率之间缺乏关系，部分原因是磷酸酶是一种组成酶而不是诱导酶，可以吸附在黏土和有机物颗粒上（Tabatabai，1994）。这导致磷酸酶在土壤中普遍存在，因此基因丰度和酶活性之间缺乏明确的联系并不特别令人惊讶（Nannipieri et al.，2002）。

尽管携带磷酸酶基因的细菌在分类学上是多样化的，但一些 OTU（或组）可能高度参与磷酸单酯酶的合成（Fraser et al.，2015；Wei et al.，2019）。这表明不仅必须考虑磷酸酶基因丰度，还必须考虑磷酸酶编码细菌群落组成的变化。在水稻季土壤中，我们并没有发现在施用生物炭和氮肥后对土壤中编码 phoD 基因的微生物丰富度和多样性产生显著影响（图 3-8）。虽然通过皮尔森相关性发现类诺卡氏菌科 Nocardioidaceae（平均丰度＝0.3969%，$P<0.01$）和类芽孢杆菌科 Paenibacillaceae（平均丰度＝0.0129%，$P<0.05$）与土壤不稳定磷 labile P 含量显著正相关。但是，进一步的 LEFse 分析并没有在不同的处理中发现显著的差异。相较于功能微生物种类与结构，水稻季土壤中不同处理之间磷有效性的不同更多可能是由功能基因的丰度直接决定的。在玉米季土壤中，施用生物炭和氮肥后对土壤编码 phoC 基因的微生物丰富度和多样性同样没有产生显著影响（图 3-10），土壤不稳定磷 labile P 含量与着色菌科 Chromatiaceae（平均丰度＝0.0305%，$P<0.05$）和伪诺卡氏菌科 Pseudonocardiaceae（平均丰度＝0.0015%，$P<0.05$）显著正相关。但是与水稻季土壤不同的是，LEFse 分析的进一步研究结果显示，玉米季土壤在不添加氮肥的情况下，大量施用生物炭的处理中，着色菌科 Chromatiaceae 显著富集（图 3-12），这表明在富碳和贫氮的条件下（即相对高

的 C/N），可能优先选择携带 phoC 的特定细菌。据报道，酸性磷酸酶 ACP 活性和 Po 与着色菌科 Chromatiaceae 之间也存在正相关关系，着色菌科 Chromatiaceae 的成员可以将有机质呼吸与沉积物中硫酸盐或 Fe^{3+} 的还原和磷的释放结合在起来（Campos et al.，2021）。尽管它们仅占本文中携带 phoC 的细菌群落总数的 0.03%。然而，一个物种的丰度并不是其对群落贡献的最佳决定因素；相反，稀有类群在许多生物地球化学过程中的重要性已被证明，包括硝化、反硝化和甲烷生成（Banerjee et al.，2018；Chen et al.，2020；Nannipieri et al.，2020）。

3.2.8　结论

水旱两季土壤中，磷增溶的相关基因丰度不能预测不稳定磷含量的变化，水稻季土壤中，磷矿化的 phoD 基因是土壤有效磷变化的预测因子，而在玉米季土壤中，phoC 显著影响了土壤磷有效性的变异；但是水旱土壤中，生物炭和氮肥对分别编码 phoD 和 phoC 的功能微生物丰富度和多样性没有显著影响。在科水平上，虽然水稻季土壤中有部分物种和不稳定磷含量之间表现出显著的相关性，但是各生物炭和氮肥处理之间并没有显著的物种差异；而在玉米季土壤中，在富碳和贫氮的条件下（即相对高的 C/N），可能优先选择携带 phoC 基因并同不稳定磷含量显著正相关的着色菌科 Chromatiaceae。

第 4 章

生 物 炭 与 作 物 生 长

4.1 生物炭对水稻的影响

4.1.1 背景

在农业系统中，无机氮（N）肥料的广泛施用显著提高了作物产量，但同时也造成了环境问题。生物炭是一种经过生物质残渣热处理后得到的含碳物质（Alburquerque et al.，2013），代表一种潜在的可持续选择，在不影响产量的情况下减少氮肥施用（Laird et al.，2010；Lehmann et al.，2011）。生物炭的应用可以提高农业系统的可持续性（Blanco-Canqui，2017；Jiang et al.，2020），这是由于其增加了土壤孔隙度，降低土壤容重；顽固性碳含量高，有利于土壤固碳；较高的阳离子交换容量（CEC）有助于减少 N 淋溶和氮氧化物（N_2O）排放；以及土壤肥力和作物产量的改善（Dai et al.，2020；Liu et al.，2020；Sohi et al.，2010）。生物炭改良剂还可以增强根系，调节根系形态，从而促进养分吸收和作物产量提高（Olmo and Villar，2018；Prendergast-Miller et al.，2014；Xiang et al.，2017）。然而，了解添加生物炭对全生育期根系和地上部生长动态、氮淋失以及根系形态变化的影响机制至关重要。

施用生物炭对作物茎和根生长的影响差异很大（Jeffery et al.，2011；Olmo et al.，2018；Prendergast-Miller et al.，2014）；例如，受土壤养分含量的影响（Clough et al.，2013；Van Zwieten et al.，2009）。在肥沃土壤中，存在明显的正生物炭效应，而在低肥力土壤中则不存在（Noguera et al.，2010）。其他研究表明，生物炭显著促进植物生长，并使矿物施肥的粮食产量增加一倍（Steiner et al.，2007），氮施肥增加了根系长度（Prendergast-Miller et al.，2011）。然而，一些研究报告称，无论施氮量如何，添加生物炭都能提高作物产量和根系生长（Backer et al.，2017）。

生物炭对作物生长的影响因生长阶段的不同而不同。例如，由于与生物炭高 CEC 相关的土壤养分有效性增加，生物炭增加了早期营养生长和开花之间的根系生物量和根系发育，随后提高了粮食产量（Backer et al.，2017；Xiang et al.，2017），从而通过提高养分利用效率来降低养分淋失的风险。对玉米各生育期生长动态的研究表明，苗期根系发育加快可有效提高地上生物量（Li et al.，2016；Zhang et al.，2019），孕穗期根系活力高，促进养分积累，提高籽粒产量（Li et al.，2018）。然而，对于生物炭与养分输入之间的相互作用对植物生长和氮淋溶的影响，特别是各个生长阶段根系和茎叶生长的潜在同步性，目前还缺乏系统的研究。

已知对土壤施用生物炭或氮肥会影响土壤结构和养分有效性（Jiang et al.，2020；Luo et al.，2018），因此可能会影响根形态（Olmo et al.，2018；Xiang et al.，2017）。例如，增加比根长度（SRL：单位质量的根长；Backer et al.，2017；Olmo et al.，2018；Xiang et al.，2017）是最常报道的生物炭施用对土壤的影响，但增加或减少了根直径（RD；Amendola et al.，2017；Sun et al.，2020；Xiang et al.，2017）增加或减少根组织密度（RTD；根质量：单位根体积上的根质量；Brennan et al.，2014；Bruun et al.，2014；Olmo et al.，2015）也有报道。理论上，如果将根系看作一个圆柱体，不考虑根形的变异性，根据方程 $SRL=4/(\pi \times RD^2 \times RTD)$，SRL 与 RD 和 RTD 成反比（Joana Bergmann et al.，2020），这意味着 SRL 随着 RD 或 RTD 的减小而增大。这些相互矛盾的结果表明，施用生物炭对根系形态性状的影响可能是复杂和多变的，取决于植物种类和土壤条件。

在营养贫瘠的土壤环境中，植物根系可以通过改变根系性状，如提高根冠比和 SRL，降低 RTD，从而增加吸收面积，提高养分获取效率，同时降低根系建设成本（Lambers et al.，2006；White et al.，2013）。相比之下，在营养丰富的土壤环境中，植物种类一般会增加 RD，降低 SRL（Wang et al.，2018），也会减少细根周转，延长根系寿命（Burton et al.，2000）。此外，施用氮肥可以增加水稻根系生物量和根系沉积，从而稳定土壤团聚体（Luo et al.，2018）。鉴于生物炭和氮肥的施用都对根系形态有显著影响，揭示长期施用生物炭和氮肥对根系形态性状的影响可能会提高我们对作物有效利用土壤养分的机制的理解。

水稻是世界上近一半人口的主食，2021—2022 年全球水稻产量预计为每年 1.61 亿 t，种植面积 5.03 亿 ha（Chauhan，2017）。中国作为世界上最大的水稻生产国，用世界上约 1/5 的稻田供应了世界上约 1/3 的水稻（Frolking et al.，2002）。为了获得如此高的粮食产量，稻田施用了大量的氮肥（Peng et al.，2015），加剧了氮淋失的风险（Liu et al.，2012）。水稻根系对不同土壤氮供应的响应已有研究（Ju et al.，2015；Xu et al.，2018），但长期施用生物炭配施氮肥是否会影响水稻根系在不同生育期的生长和形态性状，从而协同减少土壤氮淋失，促进地上部生长，目前尚不清楚。

为了解决这些问题，我们通过监测西北地区水稻生育期的生长动态，研究了长期施用生物炭和氮肥对水稻茎和根系生长、根系形态、土壤氮淋失和土壤性质以及籽粒产量的影响。本研究旨在回答以下问题：①施用生物炭和氮肥是否对水稻不同生育期的茎和根系生长有协同调节作用；②根系形态性状对不同生物炭和氮肥供应的响应；

③长期施用生物炭和氮肥是否能减少氮淋失并提高水稻产量。

4.1.2 材料方法

4.1.2.1 试验样地和实验设计

本试验在宁夏回族自治区青铜峡市叶盛镇宁夏正鑫源现代农业发展集团有限公司试验田进行。本区属温带大陆性季风气候带，年平均气温 8.9℃，年平均降水量 192.9mm。土壤被归类为人为冲积层。2017 年表层土壤（0～20cm）总有机碳（TOC）为 12.7g/kg，总氮（N）和总磷（P）分别为 0.94 和 0.60g/kg。土壤速效氮、磷和钾含量分别为 82、22 和 122mg/kg。土壤在水中的 pH 值为 8.56，容重为 1.56g/cm³。

长期田间试验包括两种生物炭速率（B0，不提供生物炭；B+，生物炭供应 9t/ha）和两种氮肥施用量（N0，不供应 N；N+，自 2012 年以来 300kg N/hm）。采用全因子随机完全区组设计，每组 4 个重复。共建立 16 个样地（每样 13m×5m）。每个地块在土壤表面以下 130cm 深的地方用塑料膜隔开，防止相邻地块之间的水分互换。每个地块用等量的水灌溉（约 14500m³/ha）。

土壤表面施尿素（46% N）；300kg N/hm² 的 50% 在移栽前（5 月 25 日）施基肥，30% 在分蘖期（6 月 9 日）施，剩余 20% 在拔节期（即茎伸长期，6 月 24 日）施用。土壤表面还施用双过磷酸钙和氯化钾作基肥移栽前以 90kg P₂O₅/hm² 和 90kg K₂O/hm² 施用。

生物炭以小麦秸秆为原料，由山东新能源公司提供，在 240～360℃高温下热解生产。生物炭的 C、N、P 和 K 总含量（w/w）分别为 66%、0.49%、0.1% 和 1.6%，pH 值（H₂O）为 7.78。生物炭与基肥一起撒播于土壤表面，并于 5 月犁耕至约 15cm 深时纳入土壤。为了保持一致性，在没有生物炭处理的地块上也进行了耕作。

水稻（宁靖43）于 5 月 1 日在苗床上播种。5 月 29 日插秧，9 月 29 日收获。不同地块和年份的作物管理是一致的。

4.1.2.2 土壤采集与分析

如 W. J. Riley（2001）所述，在 2017 年和 2018 年水稻生长期间，用于淋滤计算的土壤水样是从蒸渗仪中收集的。4 个 PPR（聚丙烯）平衡张力蒸渗仪（0.19m²）安装在每个地块所需的深度（土壤表面以下 20、60 和 100cm）。土壤渗滤液样品用 100mL 塑料注射器采集，转移到塑料管中，4℃保存后分析。5 月（受精后 1 天）采样 1 次，6 月（受精后 1、4、7、10 天）采样 7 次，7 月（每 10 天）采样 4 次，8 月（每 15 天）采样 2 次，作物生长期共采样 14 次。采用连续流动技术（TRACS 2000 系统，Ran 和 Luebbe）测定土壤渗滤液中硝酸盐和铵的浓度。

2017 年，从每个地块的两条对角线上收集 5 个土壤样品（0～20cm），并汇集成一个复合样品。土壤子样在−20℃下冷冻，用于测量土壤有效氮和土壤 pH 值，剩余土壤风干，用于测量土壤其他性质。土壤容重用 100cm³ 圆筒测量。

采用全碳分析仪（MULTIN/C 2100）测定土壤 TOC 含量。土壤全氮含量采用凯氏定氮法测定（Bao，2000）。用 HClO₄ 消解后分光光度法测定土壤全磷。土壤速效氮（kcl 可萃取铵和硝酸盐）的测定采用连续流动分析仪（AutoAnalyzer 3；Bran & Luebbe）。土壤有效磷（nahco3 可萃取磷）采用 Olsen - P 法测定（Sims，2000）。采用乙酸铵萃取后原子吸收分光光度法测定土壤有效钾。电位法测定土壤 pH 值（1∶2.5，土∶水）。

4.1.2.3　水稻生长和根系性状测定

研究了不同生育期水稻幼苗生长、氮素吸收、根系生长和形态性状的变化。在分蘖期、拔节期、孕穗期和灌浆期，人工从每个地块对角线上的五个 0.25m² 的区域收获水稻。对于根部取样，挖出一个土壤块（长 0.5m×宽 0.5m×深 0.5m）；95% 以上的水稻根系集中在 0～0.4m（Kondo et al.，2000）。水稻茎在 80℃ 烘箱干燥至恒定重量，然后称重、细磨、筛分，并使用与土壤全氮相同的方法分析总氮含量。

新鲜的水稻根样品在自来水下清洗，在水中进行最小重叠，然后在 Epson Expression 10000 XL 台式扫描仪（分辨率为 300dpi）上扫描。使用 WinRHIZO 软件（Regent Instruments）分析根系图像，得到平均 RD、体积和总长度。根样品在 80℃ 烤箱干燥至恒定重量并称重。SRL 的计算方法为根的总长度除以干质量。RTD 计算为根干质量与根体积的比值。此外，在 2017 年水稻成熟时，从每个地块对角线上的 5 个 1m² 的面积人工收获稻谷，在 80℃ 下烘干至恒重，并称重以确定水稻产量。

4.1.2.4　数据分析

采用双向重复测量方差分析（ANOVA）方法，采用 SPSS 23.0（SPSS Inc.）软件，连续 2 个季节，研究氮肥和生物炭施用及其交互作用对全生育期地上部参数（如地上部生物量和 N 积累量）、根系生长（如根系生物量和长度）以及根/地上部生物量比的影响。在给定的生长阶段，采用独立样本 t 检验，确定 2017 年和 2018 年相同施氮量下两种生物炭处理的茎部和根系生长存在显著差异。在此基础上，采用独立样本 t 检验，确定相同施氮量的两种生物炭处理和相同施氮量的两种生物炭处理在特定生育期根系形态性状（RD、SRL 和 RTD）的差异是否显著。

采用双因素方差分析（Two - way ANOVA）和事后 Tukey HSD 试验（post hoc Tukey HSD test）研究了施氮和生物炭对土壤理化性质（0～20cm）的影响；当相互作用不显著时，我们仅用独立样本 t 检验检验各主效应两个水平之间的差异。此外，还进行了独立样本 t 检验，以检验在给定采样日期，不同生物炭供应速率之间 N 形态浸出的差异。所有图表均使用 R 3.6.1 版本绘制。

4.1.3 结果

4.1.3.1 水稻生长和根系性状的变化

连续两个季节施氮量和生物炭量对水稻全生育期地上、地下生物量均有显著影响（表 4-1）。然而，在生育期，氮肥和生物炭的施用对水稻茎部和根系的生长有不同的影响（图 4-1）。考虑到 2017 年和 2018 年嫩枝和根系的生长模式相似，这里仅以 2017 年作物生长为例，在添加氮肥或生物炭后，随着时间的推移，嫩枝生长持续增加 [图 4-1 (a)、(b)]，而根系生长在拔节期和孕穗期达到峰值 [图 4-1 (e)~(h)]。虽然 N+ 处理对地上部生物量和地上部氮积累的增加幅度大于 N0 处理，但在整个生育期，施生物炭处理比不施生物炭处理的增加幅度更大 [图 4-1 (a)~(d)]。

表 4-1 两个生长季节不同氮肥和生物炭处理的茎、根生长的重复测量方差分析结果（**P** 值）

处 理		嫩枝生物量	嫩枝氮积累量	根生物量	根长	根枝比
以 2017 年作物生长为例	氮肥（N）	<0.001	<0.001	<0.001	<0.001	0.008
	生物炭（B）	<0.001	<0.001	0.036	0.744	0.003
	氮肥×生物炭（N×B）	0.159	0.031	0.998	0.007	<0.001
以 2018 年作物生长为例	氮肥（N）	<0.001	<0.001	<0.001	<0.001	0.001
	生物炭（B）	<0.001	<0.001	0.004	<0.001	0.016
	氮肥×生物炭（N×B）	<0.001	0.011	0.099	0.009	0.004

施用氮肥后，根系生物量和长度显著增加，但与生物炭用量无关，尽管不同生长阶段对生物炭用量的响应不同 [图 4-1 (f)、(h)]。除孕穗期外，施用生物炭后根系生物量和长度均有增加 [图 4-1 (e)、(g)]。相比之下，在中期（拔节期和孕穗期）添加生物炭和氮肥后，根系生物量显著减少（减少 55%），而根系长度无显著变化 [图 4-1 (f)、(h)]。未施氮肥时生物炭显著提高灌浆期根冠比 [图 4-1 (i)]，但施氮肥显著降低灌浆期根冠比 [图 4-1 (j)]。

氮肥和生物炭供应对不同生育期根系形态性状的影响存在差异（图 4-2）。例如，2017 年，在不添加生物炭的情况下，氮肥显著提高了 RD，降低了 SRL。施用生物炭后，SRL 在分蘖期显著降低，拔节期和孕穗期显著升高，而 RTD 在分蘖期显著升高，在其他三个阶段均显著降低。不施氮肥的生物炭显著提高了分蘖期和灌浆期的 RD，降低了 RTD，降低了拔节期和灌浆期的 SRL（图 4-2）。而施氮肥的生物炭显著降低了拔节期和孕穗期的 RD，提高了 SRL [图 4-2 (b)、(d)]。

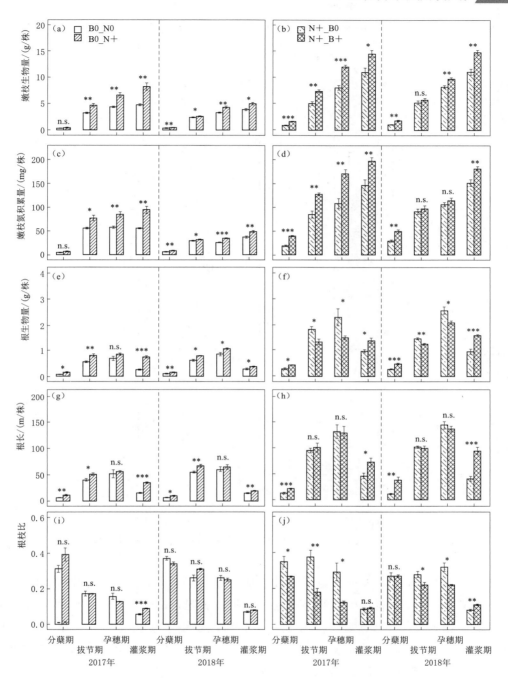

图 4-1　2017 年和 2018 年不同生物炭用量和施氮量对
水稻不同生育期茎部和根系生长的影响

图 4-1 中，N0_B0 表示无生物炭和无氮肥处理，N0_B+ 表示无生物炭和无氮肥处理；N+_B0 表示不施用生物炭加氮肥处理，N+_B+ 表示施用生物炭加氮肥处理。用独立样本 t 检验，用星号表示生育阶段，表示在相同施氮量下，不同生物炭处理间

差异显著。＊＊＊表示 P＜措施，＊＊表示 P＜0.01，＊表示 P≤0。n.s. 代表没有显著性差异（P＝0.05）α＝0.05，数值为平均值±SE(n＝4)。

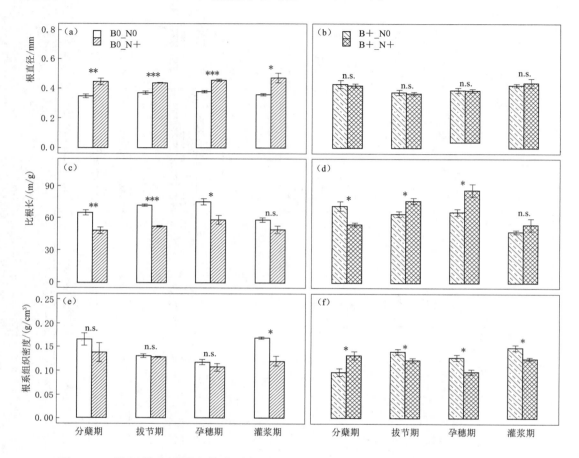

图 4-2　施氮量和不同生物炭添加量对 2017 年不同生育期根直径 [(a)、(b)]、
比根长 [(c)、(d)] 和根系组织密度 [(e)、(f)] 的影响

图 4-2 中，B0_N0 表示不施氮肥且不加生物炭处理，B0_N＋表示不加生物炭处理下施氮肥；B＋_N0 表示生物炭添加处理下不施氮肥，B＋_N＋表示生物炭添加处理下施氮肥。用独立样本 t 检验，星号表示生长阶段，表示在相同生物炭率下，氮肥处理之间存在显著差异。＊＊＊表示 P＜0.001，＊＊表示 P＜0.01，＊表示 P≤0.05。n. s. 代表没有显著性差异（P＝0.05），意味着±SE(n＝4)。

4.1.3.2　土壤性质与氮淋溶

长期施用氮肥或生物炭对表层土壤（0~20cm）全氮、全磷和 pH 值无显著影响，但对 TOC、速效养分和土壤容重有显著影响（图 4-3）。例如，不考虑氮肥的添加，生物炭的供应显著增加了（40%）TOC 含量 [图 4-3 (a)]。与其他处理相比，氮肥和生物炭联合施用显著提高了土壤有效氮（8%）[图 4-3 (b)]。在添加生物炭的处理下，土壤有效磷含量显著提高［不施氮和施氮分别提高33％和48％；图4-3（c）］。仅添加生物炭后，土壤有效钾显著增加（51％）［图4-3（d）］。与未施用氮肥和/或生物炭的对照相比，长期施用氮肥和/或生物炭显著降低了土壤容重（降低10％～12％）［图4-3（e）］。

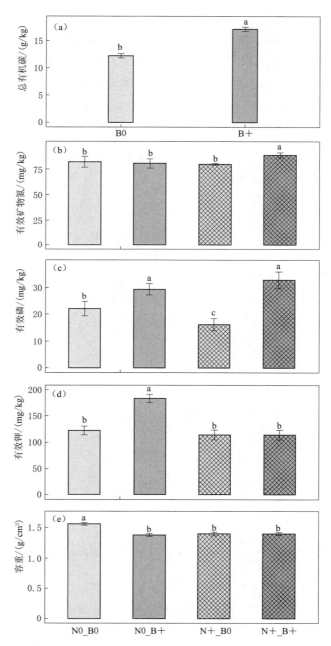

图4-3　生物炭和氮肥处理对2017年表层土壤（0～20cm）总有机碳（TOC）（a）、有效矿物氮（铵+硝态氮）（b）、有效磷（c）、有效钾（d）和容重（e）的影响

图 4-3 中，N0_B0 表示无生物炭和无氮肥处理，N0_B＋表示无生物炭和无氮肥处理；N＋_B0 为不施用生物炭加氮肥处理，N＋_B＋为施用生物炭加氮肥处理。除 TOC 外，其余土壤性状均受氮肥与生物炭交互作用的显著影响（$P \leqslant 0.05$，表 4-2）。不同小写字母表示处理间差异显著（$P = 0.05$）。数值为平均值±SE：在（a）中 $n = 8$，在其他图中 $n = 4$。

在两个生长季节，施氮处理渗滤液中硝铵浓度的季节动态变化明显，土壤深度变化明显（图 4-4）。分蘖期和拔节期是氮素浸出的高峰，铵态氮浸出最为明显。施用生物炭有降低氮素浸出的趋势，分蘖期和拔节期表现得尤为明显。以 2017 年分蘖期为例，渗滤液中硝酸盐浓度在 20cm 和 60cm 深度处最大降幅超过 65％，在 100cm 深度处下降至 37％，而各土层渗滤液中铵浓度最大降幅超过 90％（图 4-4）。

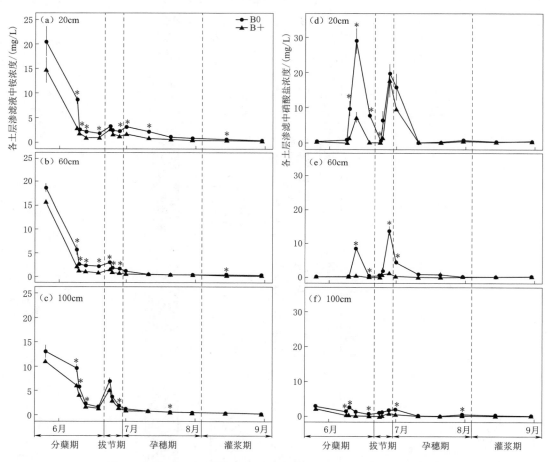

图 4-4　2017 年添加生物炭后不同生长阶段渗滤液中土壤
N [$NO_3 - N$(a)～(c) 和 $NH_4^+ - N$(d)～(f)]沿剖面变化

图 4-4 中，施氮处理的 B0（未控制生物炭）和 B＋（三角形，施用生物炭）数据。采用独立样本 t 检验，采样日期处的星号表示生物炭处理之间的显著差异在 $\alpha = 0.05$。

数值为平均值±SE（n＝4）。

4.1.3.3　水稻产量

连续两个生长季，施氮和生物炭对水稻产量均有显著影响（$P \leqslant 0.007$），但仅2017年互作显著（表4－2）。与未施氮对照相比，施氮和生物炭均有增产的趋势。特别是在两个季节均施用氮肥后，水稻产量提高了2倍。

表4－2　施氮和生物炭对 2017 年和 2018 年水稻产量（t/hm²）的影响

处　理	n	2017 年	2018 年	显著性检验
N0－B0	4	4.25±0.06c		
N0－B+	4	4.44±0.04c		
N+－B0	4	8.30±0.10b		
N+－B+	4	9.04±0.15a		
N0	8		4.49±0.08	＊＊＊
N+	8		8.92±0.09	
B0	8		6.56±0.98	＊＊
B+	8		6.85±1.01	
		p value		
N		＜0.001	＜0.001	
B		0.002	0.007	
N×B		0.025	0.385	

4.1.4　讨论

4.1.4.1　生物炭和氮肥在整个生育期都能改善茎和根的发育

生物炭可以提高植物的生产力，特别是当与肥料一起使用时（Backer et al.，2017；Nan et al.，2020）。在 2017 年氮肥处理中，施用生物炭对水稻全生育期生物量和氮素积累均有促进作用［图4－1（b）、（d）］。根系生物量和总根长呈现不同的动态变化。施用生物炭对分蘖期和灌浆期根系生物量和长度均有促进作用［图4－1（f）、（h）］。早期根系发育是获取土壤资源的关键（Li et al.，2018；Zhang et al.，2019）（图4－1）。有趣的是，在拔节和孕穗期，施用氮肥和生物炭处理的根系生物量低于仅施用氮肥的处理［图4－1（f）］。这一发现与之前的元分析研究不一致，这些研究表明生物炭的应用得到了改善（He et al.，2020；Xiang et al.，2017）或对根系生物量没有影响（Biederman and Harpole，2013）。因此，生物炭的应用可能不是描述地下过程和响应的最重要因素（Song et al.，2020）。除籽粒灌浆期外，全生育期氮肥加生物炭处理的根冠比均低于单施氮肥处理［图4－1（j）］。这一发现表明，当土壤处于肥沃土壤中时，作物倾向于将更多的资源分配给地上生长（Poorter et al.，2012）。

与根系生物量相比，两种生物炭施氮处理拔节和孕穗期根系长度无显著差异［图 4－1（h）］；这可能导致在施用生物炭和氮肥的处理中，在这些生长中期 RD 较小，SRL 较高［图 4－2（b）、（d）］。生物炭处理增加了细根的生长（Sun et al.，2020），也提高了根系活性，以有效吸收 N 并减少 N 的淋滤（Cao et al.，2019）。此外，长期施用生物炭提高了土壤磷有效性（Gao et al.，2019）［图 4－3（c）］，土壤容重降低［图 4－3（e）］（Blanco－Canqui，2017）。这些良好的土壤条件将使细根更容易穿透土壤，从而有效地（低能源投资）挖掘土壤中的有效磷。随着水稻进入生殖期，氮肥处理的根系生物量和长度仅显著下降，但施用生物炭降低了根系死亡率，并在灌浆时保持了根系生物量/长度［图 4－1（e）、（g）］。这可能有利于生殖生长阶段的养分吸收以及最终产量（Li et al.，2018）（表 4－1）。

在不施氮肥的环境下，除分蘖期［图 4－1（a）］外，施用生物炭促进了茎部生长［图 4－1（e）、（g）］；除孕穗期外，整个生育期，施用生物炭促进了根系生长（生物量和长度）［图 4－1（e）、（g）］。研究发现，生物炭可以直接提供少量养分，也可以间接改变土壤养分含量，促进根系生长（Ding et al.，2010；Prendergast－Miller et al.，2014）。在本研究中，连续 7 年施用生物炭后，与未施用生物炭的处理相比，土壤有效氮、磷和 TOC 含量显著提高，土壤容重显著降低（图 4－3）。因此，无生物炭处理的水稻植株暴露在相对较低的养分有效性和较高的土壤压实应力条件下（图 4－3）。这可能是无生物炭处理水稻分蘖期 RD 明显较小，RTD 较高的原因［图 4－2（a）、（e）］，这可以节省整个根系成本投资，更容易远距离探索土壤养分（McCormack et al.，2015；S. A. MATERECHERA，1991）。

我们发现，生物炭对水稻幼苗和根系生长的影响并不总是同步的，主要取决于土壤养分环境和植物生长阶段（图 4－1）（Biederman and Harpole，2013）。在本研究中，一个一致的根系生长模式是生物炭（无论施氮量如何）在生长早期促进根系生长，在生长后期延缓根系衰老，这表明长期施用生物炭可能提供了有利于最大化根系功能的土壤条件。尽管根系形态特征在不同处理和生长阶段有所不同（图 4－2），但它们的调整在植物适应长期生物炭和氮素施用引起的复杂土壤环境变化方面也发挥了重要作用（Blanco－Canqui，2017；El－Naggar et al.，2019）。

4.1.4.2　添加生物炭提高了水稻产量，改变了土壤性质和氮淋失

生物炭处理土壤中作物产量的提高已被广泛报道（Ali et al.，2020；Biederman and Harpole，2013；Jeffery et al.，2011）同样，在目前的研究中，添加生物炭后，水稻产量出现了小幅但显著的提高，而不考虑氮肥（表 4－1）。越来越多的证据表明，长期施用生物炭可以通过改变土壤物理条件、提高土壤肥力和减少氮淋失来提高作物产量（Biederman and Harpole，2013；Blanco－Canqui，2017）。施用于土壤的生物炭的多孔结构会影响土壤物理性质（Ali et al.，2020；Lu et al.，2014）。在本研究中，

相对于未添加生物炭和氮肥的土壤，长期施用生物炭和/或氮肥显著降低了表层土壤（0～20cm）的容重（10%～12%）[图4-3（e）]。此前的研究也证实了类似的结果（Glab et al.，2016；Li et al.，2016；Omondi et al.，2016）。低土壤容重通过降低机械阻力，有利于根系在土壤中的生长增殖（Bruun et al.，2014）。

添加生物炭可以改善土壤肥力（Gao et al.，2019；Johannes Lehmann et al.，2003；Xiang et al.，2017；Yuan et al.，2019）。在本研究中，我们发现，与添加N肥无关，施用生物炭导致土壤TOC显著增加[图4-3（b）]。这一发现证实了生物炭在促进土壤中碳储存方面的作用（Joseph，2009；Lehmann，2007）。此外，生物炭与氮肥配施显著提高了土壤有效氮，单独施用生物炭提高了土壤钾含量，生物炭提高了施用和不施用氮肥的土壤磷有效性（图4-3）。此外，生物炭和氮肥配施显著提高了土壤有效氮，单独施用生物炭提高了土壤钾含量，生物炭提高了施用和不施用氮肥的土壤磷有效性（图4-3）。这些生物炭效应可能有助于向作物提供养分。一般而言，土壤速效养分的增加可能与生物炭特性有关。生物炭的大表面积和负表面电荷（Bird et al.，2008；Cheng et al.，2008）增加了土壤的CEC并增强了养分保留（El-Naggar et al.，2019）。此外，生物炭作为C源刺激微生物活动，以改善养分循环（Gao and DeLuca，2018；Gomez et al.，2014；Zhang et al.，2018）。

施用生物炭可以提高土壤的持水能力、微生物量、离子交换和土壤净氮矿化来降低硝态氮和铵态氮（Clough et al.，2013；Ding et al.，2010；Liu et al.，2019；Major et al.，2009；Xu et al.，2016）。在本研究中，生物炭降低了氮素淋失，但影响大小取决于生育期和土壤深度（图4-4，图4-2）。不同深度土壤淋滤液中硝态氮浓度相似较高，但铵态氮浓度随土壤深度增加而显著降低，表明硝态氮淋失是该生态系统的主要问题。硝酸盐易溶于水，在土壤（$10～10m^2/s$）中的扩散系数与在水溶液（Tinker & Nye，2000）中的扩散系数接近。相比之下，铵容易吸附在土壤中带负电荷的黏土矿物上。生物炭比土壤高得多的CEC可能是渗滤液（Clough et al.，2013）中铵浓度降低的主要原因。

生物炭通过改变土壤物理、化学和水力特性降低N淋失的机制在之前的综述（Clough et al.，2013；Major等，2009）中已经讨论过。基于我们的研究结果，我们认为生物炭添加土壤中增强的植物-土壤相互作用对理解N淋溶具有重要意义。在本研究中，添加生物炭后N素淋失量的降低主要在分蘖期和拔节期（图4-4，图4-2）。在这些生育期，生物炭的施用增加了根长和根系吸收面积[分蘖；图4-1（d）]，降低了RD，增加了SRL（拔节；图4-2），表明提高了根系活力和养分吸收速率（Hodge，2006）。的确，这些根系变化有效促进了水稻氮素积累和N肥料利用率（图4-1）。此外，根系沿剖面分布对拦截和吸收硝态氮以降低其淋溶（林奇，2019）具有重要意义。虽然生物炭施入表层土壤（0～20cm），但其对N淋失的影响可延伸至深层土壤（图 4 - 4，图 4 - 2）。因此，表征长期施用生物炭条件下根系在土壤剖面（如 0～100cm）中垂直分布的变化，阐明根 - 土 - 微生物相互作用在养分淋溶中的作用，可能会加深我们对生物炭效应的理解。

4.1.5 结论

本研究表明，施用生物炭提高了水稻全生育期地上部生物量和氮素积累量，增加了籽粒产量，尤其是与氮肥配施时。配施氮肥条件下，生物质炭在生育前期促进根系生长，生育中期降低根系生物量但维持低 RD 和高 SRL 的根长，生育后期延缓根系衰老。不施氮肥时，生物质炭在前期也促进了根系生长，在生长后期维持了较强的根系生长。此外，施用生物炭降低了耕层土壤容重，提高了土壤 TOC 和速效 P 含量，且与氮肥用量无关。氮肥与生物炭配施提高了土壤速效 N 含量，降低了 N 淋失。综上所述，施用生物炭可以通过改善根系发育动态和土壤性质来提高作物产量。

参 考 文 献

Alburquerque, J. A., Salazar, P., Barrón, V., et al. (2013). Enhanced wheat yield by biochar addition under different mineral fertilization levels [J]. Agronomy for Sustainable Development, 33 (3): 475 - 484.

Ali, I., He, L., Ullah, S., et al. (2020). Biochar addition coupled with nitrogen fertilization impacts on soil quality, crop productivity, and nitrogen uptake under double - cropping system. Food and Energy Security, 9.

Amendola, C., Montagnoli, A., Terzaghi, M., et al. (2017). Shortterm effects of biochar on grapevine fine root dynamics and arbuscular mycorrhizae production [J]. Agriculture, Ecosystems and Environment, 239: 236 - 245.

Backer, R. G. M., Saeed, W., Seguin, P., et al. (2017). Root traits and nitrogen fertilizer recovery efficiency of corn grown in biochar - amended soil under greenhouse conditions [J]. Plant and Soil, 415 (1 - 2): 465 - 477.

Bergmann, J., Weigelt, A., van der Plas, F., et al. (2020). The fungal collaboration gradient dominates the root economics space in plants [J]. Science Advances, 6 (27): 3756.

Biederman, L. A., Harpole, W. S. (2013). Biochar and its effects on plant productivity and nutrient cycling: A meta - analysis [J]. GCB Bioenergy, 5 (2): 202 - 214.

Bird, M. I., Ascough, P. L., Young, I. M., et al. (2008). X - ray microtomographic imaging of charcoal [J]. Journal of Archaeological Science, 35 (10): 2698 - 2706.

Blanco - Canqui, H. (2017). Biochar and soil physical properties [J]. Soil Science Society of America Journal, 81 (4): 687 - 711.

Brennan, A., Jiménez, E. M., Puschenreiter, M., et al. (2014). Effects of biochar amendment on root traits and contaminant availability of maize plants in a copper and arsenic impacted soil [J]. Plant and Soil, 379 (1 – 2): 351 – 360.

Bruun, E. W., Petersen, C. T., Hansen, E., et al. (2014). Biochar amendment to coarse sandy subsoil improves root growth and increases water retention [J]. Soil Use and Management, 30 (1): 109 – 118.

Burton, A. J., Pregitzer, K. S., Hendrick, R. L. (2000). Relationships between fine root dynamics and nitrogen availability in Michigan northern hardwood forests [J]. Oecologia, 125 (3): 389 – 399.

Cao, H., Ning, L., Xun, M. I., et al. (2019). Biochar can increase nitrogen use efficiency of Malus hupehensis by modulating nitrate reduction of soil and root [J]. Applied Soil Ecology, 135: 25 – 32.

Chauhan, B. S., Jabran, K., Mahajan, G. (2017). Rice production worldwide. Rice production worldwide. Springer International Publishing.

Cheng, C. H., Lehmann, J., Engelhard, M. H. (2008). Natural oxidation of black carbon in soils: Changes in molecular form and surface charge along a climosequence [J]. Geochimica et Cosmochimica Acta, 72 (6): 1598 – 1610.

Clough, T., Condron, L., Kammann, C., Müller, C. (2013). A review of biochar and soil nitrogen dynamics [J]. Agronomy, 3 (2): 275 – 293.

Dai, Y., Zheng, H., Jiang, Z., Xing, B. (2020). Combined effects of biochar properties and soil conditions on plant growth: A metanalysis [J]. Science of the Total Environment, 713, 136635.

Ding, Y., Liu, Y., Liu, S., et al. (2016). Biochar to improve soil fertility. A review [J]. Agronomy for Sustainable Development, 36 (2): 36.

Ding, Y., Liu, Y. X., Wu, W. X., et al. (2010). Evaluation of biochar effects on nitrogen retention and leaching in multi – layered soil columns [J]. Water, Air, and Soil Pollution, 213 (1 – 4): 47 – 55.

El – Naggar, A., Lee, S. S., Rinklebe, J., et al. (2019). Biochar application to low fertility soils: A review of current status, and future prospects [J]. Geoderma, 337: 536 – 554.

Frolking, S., Qiu, J., Boles, S. et al. (2002). Combining remote sensing and ground census data to develop new maps of the distribution of rice agriculture in China [J]. Global Biogeochemical Cycles, 16 (4): 1 – 10.

Gao, S., DeLuca, T. H. (2018). Wood biochar impacts soil phosphorus dynamics and microbial communities in organically – managed croplands [J]. Soil Biology and Biochemistry, 126: 144 – 150.

Gao, S., DeLuca, T. H., Cleveland, C. C. (2019). Biochar additions alter phosphorus and nitrogen availability in agricultural ecosystems: A meta – analysis [J]. Science of the Total Environment, 654: 463 – 472.

Glab, T., Palmowska, J., Zaleski, T., Gondek, K. (2016). Effect of biochar application on soil hydrological properties and physical quality of sandy soil [J]. Geoderma, 281: 11 – 20.

Gomez, J. D., Denef, K., Stewart, C. E., et al. (2014). Biochar addition rate influences soil microbial abundance and activity in temperate soils [J]. European Journal of Soil Science, 65 (1): 28 – 39.

He, Y., Yao, Y., Ji, Y., et al. (2020). Biochar amendment boosts photosynthesis and biomass in C3 but not C4 plants: A global synthesis [J]. GCB Bioenergy, 12 (8): 605 – 617.

Hodge, A. (2006). Plastic plants and patchy soils [J]. Journal of Experimental Botany, 57 (2): 401 – 411.

Jeffery, S., Verheijen, F. G. A., van der Velde, M., Bastos, A. C. (2011). A quantitative review of the effects of biochar application to soils on crop productivity using meta – analysis [J]. Agriculture, Ecosystems and Environment, 144 (1): 175 – 187.

Jiang, Z., Lian, F., Wang, Z., et al. (2020). The role of biochars in sustainable crop production and soil resiliency [J]. Journal of Experimental Botany, 71 (2): 520 – 542.

Ju, C., Buresh, R. J., Wang, Z., et al. (2015). Root and shoot traits for rice varieties with higher grain yield and higher nitrogen use efficiency at lower nitrogen rates application [J]. Field Crops Research, 175, 47 – 55.

Kondo, M., Murty, M. V. R., Aragones, D. V. (2000). Characteristics of root growth and water uptake from soil in upland rice and maize under water stress [J]. Soil Science and Plant Nutrition, 46 (3): 721 – 732.

Laird, D., Fleming, P., Wang, B., et al. (2010). Biochar impact on nutrient leaching from a Midwestern agricultural soil [J]. Geoderma, 158 (3 – 4): 436 – 442.

Lambers, H., Shane, M. W., Cramer, M. D., et al. (2006). Root structure and functioning for efficient acquisition of phosphorus: Matching morphological and physiological traits [J]. Annals of Botany, 98 (4): 693 – 713.

Lehmann, J. (2007). A handful of carbon [J]. Nature, 447 (7141): 143 – 144.

Lehmann, J., Da Silva, J. P., Steiner, C., et al. (2003). Nutrient availability and leaching in an archaeological Anthrosol and a Ferralsol of the Central Amazon basin: Fertilizer, manure and charcoal amendments [J]. Plant and Soil, 249 (2): 343 – 357.

Lehmann, J., Joseph, S. (2015). Biochar for environmental management: An introduction. Earthscan.

Lehmann, J., Rillig, M. C., Thies, J., et al. (2011). Biochar effects on soil biota – A review [J]. Soil Biology and Biochemistry, 43 (9): 1812 – 1836.

Li, H., Wang, X., Brooker, R. W., et al. (2019). Root competition resulting from spatial variation in nutrient distribution elicits decreasing maize yield at high planting density [J]. Plant and Soil, 439 (1 – 2): 219 – 232.

Li, H. B. H., Wang, X., Rengel, Z., et al. (2016). Root over – production in heterogeneous nutrient environment has no negative effects on Zea mays, shoot growth in the field [J]. Plant and Soil, 409 (1 – 2): 405 – 417.

Liu, H., Li, H., Zhang, A., et al. (2020). Inhibited effect of biochar application on N$_2$O emissions is amount and time – dependent by regulating denitrification in a wheat – maize rotation system in North China [J]. Science of the Total Environment, 721: 137636.

Liu, Q., Liu, B., Zhang, Y., et al. (2019). Biochar application as a tool to decrease soil nitrogen losses (NH$_3$ volatilization, N$_2$O emissions, and N leaching) from croplands: Options and mitigation strength in a global perspective [J]. Global Change Biology, 25 (6): 2077 – 2093.

Liu, X., Qu, J., Li, L., et al. (2012). Can biochar amendment be an ecological engineering technology to depress N$_2$O emission in rice paddies? A cross site field experiment from South China [J]. Ecological Engineering, 42: 168 – 173.

Liu, Z., Dugan, B., Masiello, C. A., et al. (2016). Impacts of biochar concentration and particle size on hydraulic conductivity and DOC leaching of biochar – sand mixtures [J]. Journal of Hydrology, 533: 461 – 472.

Lu, S. G., Sun, F. F., Zong, Y. T. (2014). Effect of rice husk biochar and coal fly ash on some physical properties of expansive clayey soil (Vertisol) [J]. Catena, 114: 37 – 44.

Luo, Y. U., Zhu, Z., Liu, S., et al. (2019). Nitrogen fertilization increases rice rhizodeposition and its stabilization in soil aggregates and the humus fraction [J]. Plant and Soil, 445 (1 – 2): 125 – 135.

Lynch, J. P. (2019). Root phenotypes for improved nutrient capture: An underexploited opportunity for global agriculture [J]. New Phytologist, 223 (2): 548 – 564.

Major, J., Steiner, C., Downie, A., et al. (2009). Biochar effects on nutrient leaching. In J. Lehmann & S. Joseph (Eds.), Biochar for environmental management: Science and technology (271 – 287). Earthscan Publications Ltd. ISBN: 9781844076581.

Materechera, S. A., Dexter, A. R., Alston, A. M. (1991). Penetration of very strong soils by seedling roots of different plant species [J]. Plant and Soil, 135 (1): 31 – 41.

McCormack, M. L., Dickie, I. A., Eissenstat, D. M., et al. (2015). Redefining fine roots improves understanding of below – ground contributions to terrestrial biosphere processes [J]. New Phytologist, 207 (3): 505 – 518.

Nan, Q., Wang, C., Wang, H., et al. (2020). Biochar drives microbially – mediated rice production by increasing soil carbon [J]. Journal of Hazardous Materials, 387: 121680.

Noguera, D., Rondón, M., Laossi, K. R., et al. (2010). Contrasted effect of biochar and earthworms on rice growth and resource allocation in different soils [J]. Soil Biology and Biochemistry, 42 (7): 1017 – 1027.

Olmo, M., Villar, R. (2019). Changes in root traits explain the variability of biochar effects on fruit production in eight agronomic species [J]. Organic Agriculture, 9 (1): 139 – 153.

Olmo, M., Villar, R., Salazar, P., et al. (2016). Changes in soil nutrient availability explain biochar's impact on wheat root development [J]. Plant and Soil, 399 (1 – 2): 333 – 343.

Omondi, M. O., Xia, X., Nahayo, A., et al. (2016). Quantification of biochar effects on soil hydrological properties using meta – analysis of literature data [J]. Geoderma, 274: 28 – 34.

Peng, S., Tang, Q., Zou, Y. (2009). Current status and challenges of rice production in China [J]. Plant Production Science, 12 (1): 3 – 8.

Poorter, H., Niklas, K. J., Reich, P. B., et al. (2012). Biomass allocation to leaves, stems and roots: Meta – analyses of interspecific variation and environmental control [J]. New Phytologist, 193 (1): 30 – 50.

Prendergast – Miller, M. T., Duvall, M., Sohi, S. P. (2011). Localisation of nitrate in the rhizosphere of biochar – amended soils [J]. Soil Biology and Biochemistry, 43 (11): 2243 – 2246.

Prendergast – Miller, M. T., Duvall, M., Sohi, S. P. (2014). Biocharroot interactions are mediated by biochar nutrient content and impacts on soil nutrient availability [J]. European Journal of Soil Science, 65 (1): 173 – 185.

Riley, W. J., Ortiz – Monasterio, I., Matson, P. A. (2001). Nitrogen leaching and soil nitrate, nitrite, and ammonium levels under irrigated wheat in Northern Mexico [J]. Nutrient Cycling in Agroecosystems, 61 (3): 223 – 236.

Sims, J. T. (2000). Soil test phosphorus: Olsen P. In G. M. Pierzynski (Ed.), Methods of phosphorous analysis for soils, sediments, residuals, and waters, Southern Cooperative Series Bulletin No. 396 (pp. 20 – 21). Raleigh, NC: North Carolina State University.

Sohi, S. P., Krull, E., Lopez – Capel, E., et al. (2010). A review of biochar and its use and function in soil. In Advances in agronomy (Vol. 105, pp. 47 – 82). Academic Press.

Song, X., Razavi, B. S., Ludwig, B., et al. (2020). Combined biochar and nitrogen application stimulates enzyme activity and root plasticity [J]. Science of the Total Environment, 735: 139393.

Steiner, C., Teixeira, W. G., Lehmann, J., et al. (2007). Long term effects of manure, charcoal and mineral fertilization on crop production and fertility on a highly weathered Central Amazonian upland soil [J]. Plant and Soil, 291 (1 – 2): 275 – 290.

Sun, C., Wang, D., Shen, X., et al. (2020). Effects of biochar, compost and straw input on root exudation of maize (Zea mays L.): From function to morphology [J]. Agriculture, Ecosystems and Environment, 297 (April), 106952.

Tinker, P. B., Nye, P. H. (2000). Solute movement in the rhizosphere. Oxford University Press.

Van Zwieten, L., Kimber, S., Morris, S., et al. (2010). Effects of biochar from slow pyrolysis of papermill waste on agronomic performance and soil fertility [J]. Plant and Soil, 327 (1): 235 – 246.

Wang, Y., Zhang, T., Wang, R., et al. (2018). Recent advances in auxin research in rice and their implications for crop improvement [J]. Journal of Experimental Botany, 69 (2): 255 – 263.

White, P. J., George, T. S., Gregory, P. J., et al. (2013). Matching roots to their environment [J]. Annals of Botany, 112 (2): 207 – 222.

Xiang, Y., Deng, Q., Duan, H., et al. (2017). Effects of biochar application on root traits: A meta – analysis [J]. GCB Bioenergy, 9 (10): 1563 – 1572.

Xu, G., Lu, D., Wang, H., et al. (2018). Morphological and physiological traits of rice roots and their relationships to yield and nitrogen utilization as influenced by irrigation regime and nitrogen rate [J]. Agricultural Water Management, 203: 385 – 394.

Xu，N．，Tan，G．，Wang，H．，et al.（2016）．Effect of biochar additions to soil on nitrogen leaching，microbial biomass and bacterial community structure［J］．European Journal of Soil Biology，74：1－8．

Yuan，P．，Wang，J．，Pan，Y．，et al.（2019）．Review of biochar for the management of contaminated soil：Preparation，application and prospect［J］．Science of the Total Environment，659：473－490．

Zhang，D．，Wang，Y．，Tang，X．，et al.（2019）．Early priority effects of occupying a nutrient patch do not influence final maize growth in intensive cropping systems［J］．Plant and Soil，442（1－2）：285－298．

Zhang，L．，Jing，Y．，Xiang，Y．，et al.（2018）．Responses of soil microbial community structure changes and activities to biochar addition：A meta－analysis［J］．Science of the Total Environment，643：926－935．

4.2　生物炭对小麦-玉米生长的影响

4.2.1　背景

生物炭作为一种稳定的富碳物质，在农业生产（Chen et al.，2019；Egamberdieva et al.，2020）中可作为改良剂改善土壤环境，促进作物生长。这些效应归因于降低了土壤容重，增加了土壤持水量和孔隙度（Hossain et al.，2020；Zhang et al.，2021），提高了养分有效性和微生物生物量，降低了土壤 pH 值，增强了土壤多功能性（Dong et al.，2022），改变了土壤微生物群落结构，提高了亮氨酸氨基肽酶（Sun et al.，2022）的活性。施用生物炭还可以增加作物总根长、表面积和根系活跃吸收面积，有助于提高（Schmidt et al.，2021；Sui et al.，2022；Yu et al.，2019）作物产量。根系内生真菌提高植物对恶劣环境的抗性，从而间接提高作物产量（Poveda et al.，2021；Rana et al.，2019）。然而，关于生物炭如何影响作物根系生长发育以及根系内生真菌的丰度和多样性缺乏系统研究。

根系形态（长度和直径）的变化是植物适应不良环境的主要策略，对养分吸收（Wang et al.，2020）也很重要。施用生物炭显著增加了根长（0.8～1.4 倍）和表面积（1.2～1.8 倍），改善了土壤性质和有益微生物（Xu et al.，2021；Xu et al.，2016）的丰度。前期研究发现，与对照（Liu et al.，2020）相比，施用 9t/ha 生物炭提高了（1.2～1.5 倍）分蘖期和拔节期水稻根系生长，延缓了灌浆期水稻根系死亡 2.2 倍。施用生物炭增加了根系直径（0.9～1.2 倍）、组织密度（0.8～1.3 倍）和比根长（0.7～0.9 倍）（Xiu et al.，2021）。较小的根直径、较低的根组织密度和较高的比根长均有利于植物对养分的吸收，提高植物对生物和非生物胁迫（（Borden et al.，2019；Lukac，2012）的耐受性。但根系越细，寿命越短。细根具有较高的周转率，导致植物光合产物在稳定良性的环境（Zakaria et al.，2020）中被大量消耗。因此，可以通过增加根系直径和组织密度（Abiven et al.，2015）来实现较长的根系寿命。前人的荟萃分析表明，生物炭增加了（Xiang et al.，2017）作物的根直径（增加9.9%）、总根长（增加52%）和总表面积（增加39%），但缺乏不同生育期根系性状对生物炭响应的研究。

根系内生真菌可能为植物带来诸多益处，如促进植物养分吸收、提高植物对恶劣环境的抗性（pH 值、盐、温度等胁迫）、提高作物产量（Nasif et al.，2022；Potshangbam et al.，2017）等。内生真菌产生激素、抗菌化合物和许多生物活性代谢产物来增加生物量，并利用自身的水解酶和代谢酶来促进植物对养分的获取、生长和产量（Lee，2013；Mosaddeghi et al.，2021）。植物根系中的优势真菌为子囊菌门和担子菌门（Potshangbam et al.，2017；Zhang et al.，2019），可增加营养物质的吸收和植物抗性（尤其是子囊菌门）（Sarkar et al.，2021）。在作物生长的早期阶段，子囊菌主要负责吸收营养物质和产生特定化合物来提高植物对不良环境的抗性（Wei et al.，2016）。相比之下，担子菌具有多样化的功能。担子菌的主要功能是根系分解（Sarkar et al.，2021），但在烟草和拟南芥中也可能具有特定的养分吸收功能，将吸收的氮素转运到地上部分（Sherameti et al.，2005）。

目前，根系内生真菌的主要研究热点是丛枝菌根真菌（AMF）和深色有隔真菌（DSE）的分离鉴定及其对植物生长的影响。小麦不同生育期根系性状与 AMF 在氮素利用效率（Yang et al.，2022）上存在时间互补性。迄今为止，仅有少量研究关注了生物质炭添加对与植物根系相关的子囊菌门和担子菌门（Chen et al.，2013）丰度的影响。鲜有研究试图表征生物炭对内生真菌群落结构的影响及其与不同生长阶段根系生长的协同关系。内生真菌是否影响作物生长和产量也需要系统研究。

为分析生物质炭施用对作物产量的影响，研究了生物质炭添加下小麦和玉米轮作不同生育期根系性状和根系内生真菌的变化。本研究旨在探讨：①生物质炭施用如何改变开花期和灌浆期小麦和玉米的根系生长和形态特征；②生物质炭的添加是否改变了根系内生真菌的多样性和相对丰度；③作物根系与其内生真菌之间是否存在协同增产效应。

4.2.2 材料方法

4.2.2.1 试验样地和实验设计

本研究在北京市顺义区中国农业科学院农业环境与可持续发展研究所试验基地进行。研究区土壤为冲积物，属暖温带半干旱气候区，平均气温 10～12℃，年平均降水量 644mm。试验前（0～20cm）表层土壤有机质含量为 13.2g/kg，碱解氮含量为 26.6mg/kg，速效磷和速效钾含量分别为 34.3mg/kg 和 106mg/kg，土壤 pH 值为 8.54。

试验于 2016 年开始，采用小麦-玉米轮作体系，设 3 个处理：对照、BC4.5（生物炭施用量为 4.5 t/hm²）和 BC9（生物炭施用量为 9 t/hm²）。本试验所用生物炭由棉花秸秆在 600℃下不完全燃烧 2~8 h 制成。其基本性质为：全 N 4.88g/kg，全 P 0.83g/kg，全 K 16.0g/kg，pH（水）8.67，密度 0.30g/cm，C 含量 73%（质量百分比）。每年在翻耕前与基肥一起施入土壤表层，翻耕（Sun et al.，2021）与土壤（0~20cm）混匀。试验采用完全随机区组设计，3 次重复。每个小区面积 15m×6m，小区间隔 1m。

小麦（晋麦 22、冬小麦）于 2019 年 11 月 6 日播种，2020 年 6 月收获。施肥量为尿素（N，46%），分 2 次施用，施用量为 315kg/ha。过磷酸钙（P，20%）和硫酸钾（K，52%）分别施入 118kg P/ha 和 50kg K/ha。

玉米（鲁宁 184）于 2020 年 6 月 27 日采用播种机播种，密度为 75000 粒/ha，于 2020 年 9 月收获。氮肥（尿素）施用量为 255Nkg/ha，基肥与拔节期追肥比例为 6∶4。过磷酸钙（P，20%）和硫酸钾（K，52%）分别作为基肥施入 20kg P/ha 和 50kg K/ha。灌溉、除草和喷药措施为该区标准。

4.2.2.2 地上部养分和产量测定

在玉米开花期和灌浆期采集地上部分植株。在 105℃下烘干 30min，然后在 75℃下烘干至恒重（Backer 等，2017），测定总生物量。将烘干的样品研磨成粉末（≤0.25mm），采用 $H_2SO_4-H_2O_2$ 消煮法（Li et al.，2021）测定 N、P 含量。在小麦和玉米成熟期，从每个小区随机选取 4m² 收获植株用于产量计算。

4.2.2.3 土壤采集与测定

在小麦灌浆期、玉米开花期和灌浆期采集土壤（0~20cm），测定理化性质。去除可见和可识别的作物根、残体和石块后，土壤过筛（2mm）。新鲜土壤用于测定硝态氮和铵态氮。风干土用于测定土壤 pH 值。土壤硝态氮（NO_3^--N）和铵态氮（NH_4^+-N）采用 $CaCl_2$ 浸提法，使用（自动分析仪 3，德国 SEAL 公司）（Mulvaney et al.，1996）流动分析仪测定。土壤 pH 值采用电位法测定。土壤微生物生物量碳（MBC）和氮（MBN）采用氯仿熏蒸浸提法测定，于 −4℃保存，采用 Multi N/C 3000 分析仪（Vance et al.，1987）测定。土壤容重采用重量法（Toková et al.，2020）测定。

4.2.2.4 根系采集与测量

在土壤采集（小麦灌浆期，玉米开花期和灌浆期）时采集作物根系。将根系样品分为两部分，一部分用于测定根系性状，另一部分用于测定根系内生真菌的多样性和相对丰度。采用整体法评估整个小麦和玉米根系。从每个样地（Vanhees et al.，2020）中挖出一个土壤整体［小麦为 60cm（深）×20cm（长）×20cm（宽），玉米为 60cm（深）×30cm（长）×30cm（宽）］。我们用自来水冲洗土壤，然后用蒸馏水冲洗。小麦根系分为一级根和二级根，玉米根系样品根据根系生长发育位置（Pellerin，1999）分为 3 类（初生根、次生根和气生根）。

对于根部内生真菌的评估，用滤纸轻轻吸干根表面，用 1%（体积百分数）次氯酸钠溶液浸泡 50s，无菌水冲洗 3 次，再用 75％（体积百分数）乙醇溶液浸泡 1min，无菌水冲洗 3 次，消毒表面。最后，用滤纸吸干根系，剪成 0.5cm×0.5cm 的根段（0.3g），置于无菌袋中，−80℃保存，用于基因 DNA 提取、PCR 扩增、荧光定量，并在 Illumina Mi Seq 平台上进行根系内生真菌 ITS1 区测序。

此外，另一部分根系用蒸馏水冲洗干净，置于透明的浅（2～3cm）托盘中，用 Epson 数字扫描仪扫描。利用根系分析软件 WinRHIZO（Pro 2005c，瑞金仪器公司）分析各径级（Xiao et al.，2016）根系的直径（RD）和长度（RL）。然后，将各径级根系用滤纸包裹，在 65℃下烘干（48h）至恒重后称量根系生物量（RB）。计算比根长（SRL）作为根系总长度。

4.2.2.5 高通量测序

采用 Illumina Mi Seq 平台进行双端测序。采用 QIIME（V1.8.0）软件对数据进行过滤、拼接和去除嵌合体。根据不小于 97％的相似度将高质量序列聚类为 OTU，选取每一类中最长的序列作为代表序列。采用 RDP-分类器（使用 Version 2.2）数据库对 OTU 进行物种注释分析。不符合这些标准的 OTU 被归类为"未鉴定分类单元"。基于物种注释结果，计算各门的相对丰度。Mothur 软件（Version 1.31.2）计算内生真菌的 α 多样性指数（Shannon 指数）：

$$Shannon = -\sum n_i/N \ln(n_i/N)$$

式中：n_i 为每个分类阶元所包含的序列数；N 为所有序列数之和。

4.2.2.6 网络分析

使用 R 语言（Version 4.1.2）在 OTU 水平上建立网络分析，揭示内生真菌之间以及根系性状与内生真菌之间的潜在相互作用。为便于不同水平根系相同处理的比较，选取其共有 OTU 的 80％进行网络分析。分析前去除相对丰度小于 10000 的节点和孤立节点（无度点）。采用 Pearson 相关性（$r \geqslant 0.6$，$P < 0.05$）表示个体节点之间的关系。计算整个网络的平均度、平均路径长度和模块度及其连通性。将这些结果导入 Gephi 平台（Version 0.9.5），然后通过 Fruchterman 赖因戈尔特算法进行可视化。

4.2.2.7 数据分析

采用单因素方差分析（ANOVA）和 Tukey 检验评估小麦和玉米根系性状、土壤理化性质、地上生物量和养分含量以及内生真菌 α-多样性的差异。采用 t 检验分析同一处理不同生育期之间 RL、RB 和 SRL 的差异。

相对丰度用于比较所有根内生真菌的门。采用网络分析方法，探究特定生物炭处理中不同根系内生真菌在门水平上如何相互作用，以及根系性状与根系内生真菌之间是否存在联系。采用冗余分析（RDA）探讨环境因子与冬小麦根系性状及产量的关系。在玉米中，通过主成分分析（PCA）探究哪些根系性状或根系内生真菌对产量起主要作用。通过热图证明了根系性状、环境因素和根系内生真菌与产量之间的具体显著相关性。采用 Pearson 相关性分析探究生物炭处理与根系的关系。

4.2.3 结果

4.2.3.1 生物炭对土壤理化性质的影响

生物炭添加对小麦季和玉米季土壤 pH 值、铵态氮含量和微生物量碳无显著影响。但与对照相比，高量生物炭处理（BC9）中小麦季和玉米季土壤容重分别降低了 18% 和 13%，硝态氮含量分别增加了 24% 和 47%（表 4 - 3）。

表 4 - 3   不同生物炭处理对小麦季和玉米季土壤基础理化性质的影响

农作物	处理	pH 值（水）	BD /(g/cm³)	$NO_3^- - N$ /(mg/g)	$NH_4^+ - N$ /(mg/g)	MBC /(μg/g)	MBN /(μg/g)
小麦	Control	8.00±0.08a	1.23±0.03a	19.4±0.4b	22.5±0.3a	143±19a	45.4±1.5a
	BC4.5	8.01±0.01a	1.04±0.04b	22.9±1.1a	20.6±0.3a	159±21a	47.8±2.2a
	BC9	7.99±0.02a	1.01±0.01b	24.1±0.8a	20.1±1.6a	171±15a	46.6±2.2a
玉米	Control	8.62±0.11a	1.42±0.12a	20.7±1.3b	19.7±1.1a	321±36a	65.4±0.7c
	BC4.5	8.68±0.09a	1.24±0.07ab	27.3±1.0a	17.3±1.4a	399±24a	71.7±1.1b
	BC9	8.69±0.10a	1.27±0.12b	30.5±1.0a	17.6±1.3a	403±14a	75.8±1.4a

注　各列、各作物小写字母表示处理间差异显著（$P < 0.05$）。生物炭处理为对照 0（t/hm²）、BC4.5（4.5t/hm²）和 BC9（9t/hm²）。$NO_3^- - N$ 和 $NH_4^+ - N$ 分别为土壤硝态氮和铵态氮；MBC 和 MBN 分别为微生物生物量碳和氮；BD，土壤容重。

4.2.3.2 生物炭对根系生长和形态及籽粒产量的影响

对于小麦，添加生物炭使 RL 增加 35%～82%，RB 增加 61%～115%［图 4 - 5（a）］。而 SRL［图 4 - 5（a）］、RD 和 RTD［图 4 - 5（a）、(b)］未见明显变化。生物炭添加显著提高了小麦次生根的 RL 和 RB，但对主根无显著影响（表 4 - 4）。

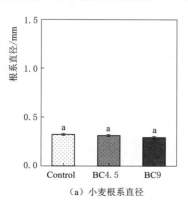
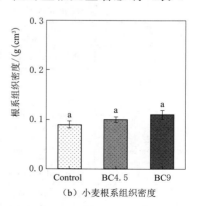

(a) 小麦根系直径　　　　　　(b) 小麦根系组织密度

图 4 - 5（一）　生物炭添加对小麦和玉米根系的影响
注：小写字母表示各处理间差异显著（$P < 0.05$）。

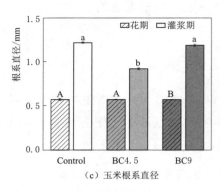
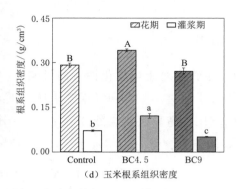

（c）玉米根系直径　　　　　　　　　（d）玉米根系组织密度

图 4-5（二） 生物炭添加对小麦和玉米根系的影响

注：小写字母表示各处理间差异显著（$P<0.05$）。

表 4-4　　　　生物炭对小麦和玉米灌浆期根系性状及产量的影响

农作物	Root traits	Root type	Control	BC4.5	BC9
小麦	RL/(m/plant)	Primary root	3.5±0.2a	3.6±0.1a	3.6±0.3a
		Secondary roots	14.2±1.08c	20.4±2.18b	28.6±1.35a
	RB/(g/plant)	Primary roots	0.011±0.001a	0.009±0.001a	0.008±0.001a
		Secondary roots	0.12±0.007c	0.2±0.005b	0.28±0.006a
	SRL/(m/g)	Primary roots	332±45.5a	403±41.5a	455±29.9a
		Secondary roots	120±17.2a	103±10.3a	104±6.8a
	RD/(mm/plant)	Primary roots	0.20±0.01a	0.22±0.02a	0.21±0.01a
		Secondary roots	0.36±0.006a	0.35±0.006a	0.34±0.012a
	RTD/(g/cm³)	Primary roots	0.10±0.01a	0.07±0.02a	0.06±0.01a
		Secondary roots	0.08±0.01a	0.10±0.01a	0.11±0.01a
	Yield/(t/hm²)		5.82±0.12c	6.84±0.06b	7.45±0.06a
玉米	RL/(m/plant)	Primary roots	7.8±0.3b	14.9±0.5a	6.2±0.2c
		Secondary roots	14.7±1.1ab	10.7±1.3b	15.7±1.3a
		Aerial roots	74.4±9.9b	95.0±4.2b	183.4±22.2a
	RB/(g/plant)	Primary roots	0.2±0.0b	0.3±0.0a	0.1±0.0b
		Secondary roots	1.1±0.1a	1.2±0.1a	1.1±0.1a
		Aerial roots	6.7±0.6b	7.8±0.9ab	10.5±1.0a
	SRL/(m/g)	Primary roots	44±2.6a	54±5.9a	44±2.3a
		Secondary roots	14±2.7a	9±0.2b	15±0.5a
		Aerial roots	11±0.6b	13±1.2b	17±0.5a

农作物	Root traits	Root type	Control	BC4.5	BC9
玉米	RD/(mm/plant)	Primary roots	0.64±0.01a	0.58±0.01c	0.62±0.01b
		Secondary roots	0.96±0.01a	0.74±0.01b	0.77±0.01b
		Aerial roots	1.33±0.01a	0.99±0.01c	1.24±0.02b
	RTD/(g/cm³)	Primary roots	0.07±0.00a	0.007±0.01a	0.08±0.01a
		Secondary roots	0.10±0.01c	0.27±0.00a	0.14±0.00b
		Aerial roots	0.07±0.01ab	0.11±0.01a	0.05±0.01b
	Yield/(t/hm²)		7.33±0.20b	7.6±0.32b	8.8±0.11a

注：对于各参数和根系类型，小写字母表示各处理间差异显著（$P<0.05$）。生物炭处理为对照（0t/ha）、BC4.5（4.5t/ha）和 BC9（9t/ha）。RL—根长；RD—根直径；RTD—根系组织密度；SRL—比根长；RB—根系生物量。

为了进一步研究生物炭添加对作物根系的影响，在玉米开花期和灌浆期分别取样。在开花期，与对照相比，BC9 处理中添加生物炭使 RL 增加 60%，RB 增加 39%，而 SRL 在 BC4.5 中表现为降低，在 BC9 中表现为增加。在玉米灌浆期，生物质炭添加对总 RL 和 RB 的影响与开花期相似，而 SRL 仅在对照和 BC9 处理之间增加。对照和 BC4.5 处理的总 RL 显著（$P<0.05$）低于灌浆期，而 BC9 处理的总 RL 没有变化。开花期与灌浆期相比，RB 仅在 BC4.5 处理下降 32%，SRL 在 BC9 处理上升 17%。

与对照相比，地上部玉米根系的 RL、RB 和 SRL 增加，但在 BC4.5 下没有发现影响。相比之下，BC9 下 RL 增加了 111%，RB 增加了 48%，SRL 增加了 43%（表 4-3）；生物炭添加后气生根直径减小，根组织密度随生物炭添加量的增加先增大后减小（表 4-3）。主根 RL 和 RB 从对照到 BC4.5 表现为增加，BC9 表现为降低，而 SRL 和 RTD 在添加生物炭后无显著变化（表 4-3）。对于次生根，RL 和 SRL 在 BC9 处理下最高，RD 在 BC 处理下降低，RTD 随生物炭用量增加先升高后降低，RB 变化不明显（表 4-3）。

生物炭添加也引起了地上生物量和养分含量的一些变化（表 4-4）。在玉米中，与对照（开花期降低 25%，灌浆期降低 43%）相比，BC9 处理显著提高了地上部生物量和氮含量（$P<0.05$）。磷含量显著增加（$P<0.05$）（在 BC9 中仅在开花期与对照相比提高了 26%）。此外，灌浆期地上部生物量较开花期显著增加。开花期至灌浆期氮素积累量增加 26%～55%，磷素积累量增加 101%～171%（表 4-4）。在作物产量方面，生物炭（BC9）使小麦增产 28%，玉米增产 20%（表 4-3）。

4.2.3.3　生物炭对根系内生真菌的影响

最优势真菌门为子囊菌纲和担子菌纲，其相对丰度占总真菌门的 57%～85%（图 4-7）。随着生物炭添加，开花期根系内生真菌多样性增加（$P<0.05$）。BC 处理后子

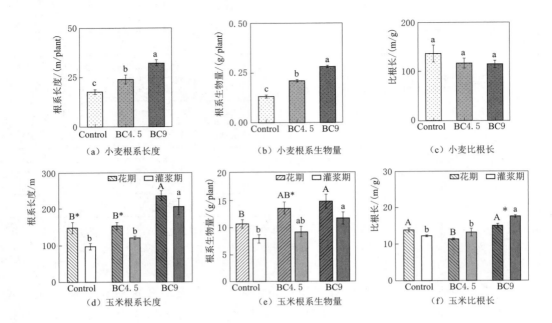

图 4-6 生物炭添加对小麦灌浆期和玉米开花灌浆期根系长度、
根系生物量和比根长的影响

注：(a)～(c) 中，小写字母表示处理间差异显著（$P<0.05$）。(d)～(f) 中，大写字母和小写
字母分别表示玉米开花期和灌浆期各处理间的差异（$P<0.05$），* 表示各处理两生育期间
的显著性差异。生物炭处理为对照（0t/hm²）、BC4.5（4.5t/hm²）和 BC9（9t/hm²）。

囊菌纲的相对丰度为 37%～68%，担子菌纲的相对丰度为 0.9%～3.7%，其余门在开
花期大多为球囊菌门（0.5%～0.9%）［图 4-7 (a)］。

添加生物炭后，灌浆期玉米气生根内生真菌 Shannon 指数显著增加（$P<0.05$），
次生根 Shannon 指数显著降低（$P<0.05$），主根 Shannon 指数无显著变化［图 4-
7 (b)］。在玉米灌浆期，各根系类型中的优势真菌类群均为子囊菌纲，但添加生物炭
后各根系类型中的相对丰度发生了改变。与对照相比，子囊菌纲在 BC4.5 条件下玉米
气生根中的相对丰度增加了 12%，在主根和次根中的相对丰度没有变化。在 BC9 条件
下，子囊菌纲在气生根中的相对丰度降低了 45%，而在主根和次根中没有变化［图 4-
7 (b)］。

在 BC4.5 下，担子菌门的相对丰度仅在次生根中降低（$P<0.05$），在主根和气生
根中保持不变。与对照相比，BC9 中担子菌门的相对丰度在次生根和气生根中分别增
加了 55% 和 364%，但在主根中没有检测到显著的处理差异［图 4-7 (b)］。

与玉米开花期相比，子囊菌门的相对丰度在灌浆期增加，但在 BC9 处理的气生根
中降低（$P<0.05$）。相比之下，担子菌门的相对丰度在 BC9 的次生根和气生根中显著
增加（图 4-7）。

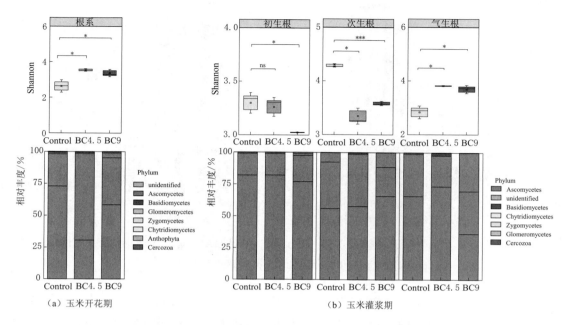

图 4-7　生物炭对玉米开花期和灌浆期根系内生真菌多样性和相对丰度的影响
注：各处理间根系内生真菌多样性差异（$P < 0.05$），$n = 3$。生物炭处理为对照（0t/hm²）、BC4.5（4.5t/hm²）和 BC9（9t/hm²）。

在玉米开花期，添加生物炭后属外瓶霉属和柄孢壳菌属的相对丰度增加了（分别增加 2.6～4.0 倍和 4.5～4.7 倍）；在灌浆期，与对照相比，气生根中外瓶霉属和 Verticillium 属的丰度在 BC4.5 中增加，在 BC9 中降低，而 Fusarium 属的相对丰度随生物炭用量的增加先降低后增加。生物炭施用导致的次生根中内生真菌属的相对丰度变化与气生根相似，原生根中外瓶霉属和光黑壳属减少，柄孢壳菌属增加（图 4-8）。

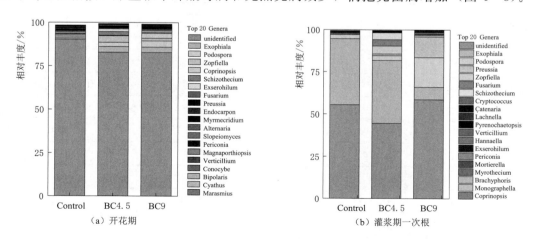

图 4-8（一）　生物炭添加对玉米开花期、灌浆期一次根、灌浆期二次根和灌浆期气生根内生真菌相对丰度的影响

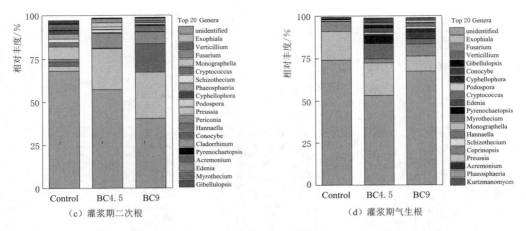

图 4-8（二） 生物炭添加对玉米开花期、灌浆期一次根、灌浆期二次根和
灌浆期气生根内生真菌相对丰度的影响

在玉米灌浆期，随着生物炭的添加，网络中的核心类群由担子菌门转变为子囊菌门 [图 4-9（a）]。与对照相比，生物炭处理下根系内生真菌网络中的节点、边和平均路径长度没有明显变化，模块度均大于 0.45（表 4-5）。根系性状与内生真菌之间存在一定的关系 [图 4-9（b）]。随着生物炭的添加，RL 与子囊菌的相关性由正转负。在网络结构中，节点数和平均路径长度随生物炭用量的增加先增加后减少，边数减少，平均度先减少后增加，模块度小于 0.45（表 4-5）。

表 4-5　　　不同生物炭处理对玉米根系内生真菌网络结构拓扑指数和
根系与内生真菌共生网络结构拓扑指数的影响

处　理	Control	BC4.5	BC9
节点	106	117	103
度	221	167	215
平均度	4.17	2.86	4.18
平均路径长度	2.98	2.77	3.44
模块化	0.68	0.87	0.68
处　理	Control	BC4.5	BC9
节点	157	170	156
度	295	287	283
平均度	3.76	3.38	3.63
平均路径长度	2.83	2.98	2.86
模块化	0.33	0.39	0.36

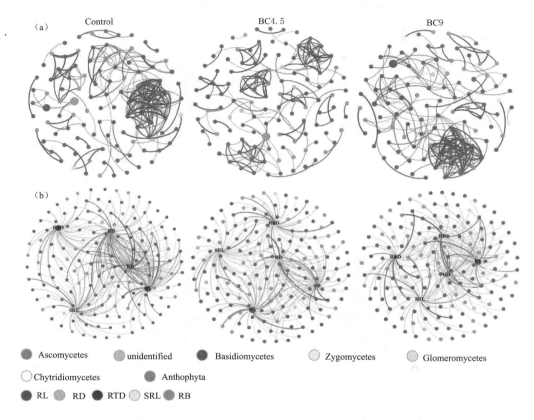

图 4 - 9   不同生物炭处理下生物炭对玉米根系内生真菌（a）网络结构的影响及根系
性状与根系内生真菌（b）的互作关系

注：线条的粗细代表相关性的强弱。RL—根长；RD—根直径；RTD—根系组织密度；SRL—比根长；
RB—根系生物量。

4.2.3.4   土壤理化性质、根系内生真菌、根系性状与产量的关系

冗余分析和 Person 相关分析表明，小麦产量与土壤 RB、RL 和硝态氮含量呈显著正相关（$P<0.05$），与土壤容重和铵态氮含量呈显著负相关（$P<0.05$）［图 4 - 10（a）］。玉米的 RL、RB 和 SRL 与担子菌门的相对丰度显著正相关（$P<0.05$），与子囊菌门的相对丰度显著负相关（$P<0.05$）。玉米产量与 RL、RB 和 SRL 以及担子菌门和接合菌门的相对丰度显著正相关［图 4 - 10（b）］，与子囊菌门的相对丰度显著负相关。

4.2.4   讨论

4.2.4.1   生物炭添加对根系性状及产量的影响

较高的生物炭用量（BC9）显著（$P<0.05$）增加了 RL 和 RB（图 4 - 5）。生物炭可以改善土壤环境（例如，降低土壤容重，增加土壤孔隙度），从而减少根系的机械阻

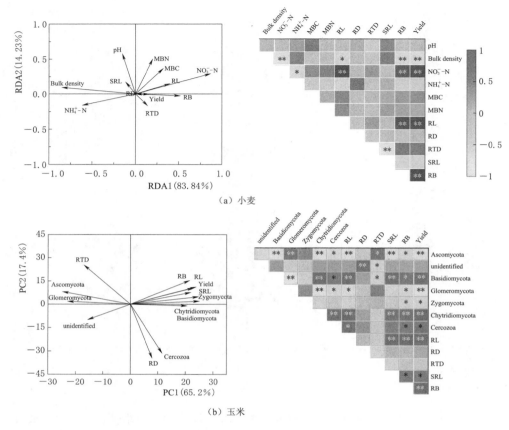

（a）小麦

（b）玉米

图 4 - 10　小麦和玉米灌浆期土壤理化性质、根系性状和根系内
生真菌与籽粒产量的冗余分析和相关性分析

碍，增加根系长度（Song et al.，2020；Toková et al.，2020）。此外，生物炭能够增加土壤含水量，为根系生长提供养分（Liu et al.，2021；Wu et al.，2022；Xiao et al.，2016）（图 4 - 5，表 4 - 3）。本研究中，从开花期到灌浆期，对照和 BC4.5 处理显著降低了（21%～34%）的根长，而 BC9 处理降低不显著 ［图 4 - 5（b）］，表明施用生物炭可以延缓玉米根系（Li et al.，2017；Liu et al.，2020；Sui et al.，2022）的衰老。产生这种生物炭效应的原因可能是：①改善了土壤物理性质，从而提高了根系活力（Toková et al.，2020；Xiu et al.，2021）；②增加土壤中有益微生物的丰度，提高作物抗性，抑制病原菌，保证根系正常生长（Nan et al.，2020；Wang et al.，2021；Zhang et al.，2022）；③为根系生长（Jiang et al.，2020）提供营养物质（例如，氮和磷）。灌浆期小麦次生根约占根长的 67%，玉米气生根约占根长的 82%（表4 - 3）。因此，推测生物炭延缓根系衰老的作用主要体现在根系而非初生（He et al.，2020）。

维持或提高土壤基础地力可以改善作物生育后期的营养获得，提高作物产量（Pastor-Pastor et al.，2018；Sparks and Benfey，2017）。在本研究中，生物炭施用影响了玉米的 SRL 和 RTD 等根系性状，但对小麦没有影响。与对照和 BC4.5 处理相比，BC9 处理显著提高了玉米开花期和灌浆期的 SRL，这主要归因于较低的 RTD。高 SRL 根系具有较强的养分获取能力和较低的构建成本（McCormack et al.，2012）。然而，开花期 BC4.5 处理的玉米根系 SRL 低于对照，主要是由于 BC4.5 处理的 RTD 较高。这些结果表明，BC4.5 处理为提高玉米的 RTD 提供了适宜的土壤条件，使根系寿命延长，周转率降低（McCormack et al.，2012）。然而，开花期 BC4.5 处理的玉米根系 SRL 低于对照，主要是由于 BC4.5 处理的 RTD 较高。这些结果表明，BC4.5 处理为提高玉米 RTD 提供了适宜的土壤条件，使根系寿命更长，周转率（麦科马克等，2012）更低。前人的研究也发现生物炭施用对根系形态性状有不同的影响，这可以用不同生物炭施用量下不同的土壤条件和随时间变化的（Backer et al.，2017；Olmo and Villar，2018；Sun et al.，2020）来解释。然而，其潜在的生理机制需要进一步地详细研究。

此外，生物炭可以提高地上部植株养分积累量（N 和 P）和作物产量，尤其是在高剂量生物炭施用下。施用生物炭还可以延缓叶片衰老，增加有益菌的丰度，抑制病原菌（Liu et al.，2022；Nan et al.，2020；Yan et al.，2022）的生长。生育后期延缓根系和叶片衰老可促进养分获取和叶片光合作用，从而延长灌浆期，促进籽粒养分积累，提高作物产量。研究表明，生育后期增施氮肥可增产 1.3%～10%，可见（Chen et al.，2011；Xia et al.，2017）后期养分积累的重要性。所以，产量的形成与根系吸收养分的能力有很强的联系。

4.2.4.2　生物炭对根系内生真菌的影响

本研究中玉米根系主要内生真菌为子囊菌门（Ascomycetes）和担子菌门（Basidiomycetes），相对丰度占根系总内生真菌门的 57%～85%，与 Newsham（2011）一致。我们发现子囊菌门的高相对丰度可能与玉米（Aranjuelo et al.，2013）开花期根系对 N、P 的高吸收有关。这是因为子囊菌不仅能促进根系对养分的吸收，还能提高植物对胁迫环境（如盐度、Cd 和 Pb 毒性、热等）（Sarkar et al.，2021）的抗性。然而，添加生物炭可能会干扰子囊菌的丰度和功能（Chen et al.，2013；Warnock et al.，2010）。本研究中，在玉米灌浆期，气生根中子囊菌门的相对丰度显著降低（$P < 0.05$），担子菌门的相对丰度增加。造成这一结果的原因可能是这两个优势真菌门都具有营养吸收功能，但担子菌门也是分解者，因此可能在生长后期丰度增加（Sarkar et al.，2021；Sherameti et al.，2005）。然而，需要多年的数据来证实。

生物炭使网络模块中的核心真菌类群由担子菌纲变为子囊菌纲，但对根系内生真菌网络中的节点和边无显著影响；因此，生物炭施用量的增加并没有升级网络结构的复杂性，只改变了核心真菌（Gao et al.，2022）。虽然担子菌纲在 BC9 处理中丰度增加，具有一定的养分吸收能力，但其核心真菌门为子囊菌纲。因此，两个优势真菌门（子囊菌纲和担子菌纲）可能存在功能互补，子囊菌纲更有利于玉米生育后期根系发育和养分循环。

在本研究中，根系内生真菌与根系性状的关系随生物炭施用量的变化而变化。根系和内生真菌的生长模式可能由植物生长的养分需求决定。在另一项研究中，随着时间的推移，根系和内生真菌对氮素的吸收存在互补关系，即氮素主要在开花前期由根系获取，在开花后由内生真菌（Yang et al.，2022）获取。因此，在生长后期，整合根系和根系内生菌的养分吸收功能有利于植株的生长和产量。此外，土壤环境的理化性质，如生物炭施用引起的土壤容重降低和土壤含水量增加，也会影响根系的生长，从而间接影响根系内生真菌（Comas et al.，2010；Correa et al.，2019）。在本研究中，部分根系内生菌的丰度与作物产量相关。其他研究表明，根系内生真菌可以：①消减利用宿主营养物质（Chadha et al.，2014）的真菌病原体；②促进溶磷菌（Upson et al.，2009）；③为根系提供营养物质；④提高作物对恶劣环境的抗性，从而延缓根系衰老，提高作物产量（Hagh－Doust et al.，2022）。

总之，生物炭增加了作物根系长度，延缓了根系衰老，改变了根系内生真菌的网络结构。在未来的研究中，将增加取样次数，通过测定功能基因的表达来表征根系衰老，并阐明控制养分获取策略的相互作用，如根系分泌物组分与根系发育之间的协调。

4.2.5　结论

生物炭改善土壤理化性质，促进作物根系生长，延缓根系衰老，增加作物地上部养分积累，从而提高产量。随着生物炭施用量的增加，子囊菌门相对丰度降低，担子菌门相对丰度增加，这与籽粒产量增加有关。随着生物质炭用量的增加，根系内生真菌网络结构中的核心类群由担子菌门向子囊菌门转变，表明生物质炭用量增加对籽粒产量的积极影响可能与作物根系内生真菌核心类群的变化有关。我们将继续这一研究领域，我们未来的研究将延伸到作物生理机制来解释根系衰老的原因。

参 考 文 献

ABIVEN，S.，Hund，A.，Martinsen，et al，2015. Biochar amendment increases maize root surface areas and branching：a shovelomics study in Zambia ［J］. Plant and Soil，395：45 – 55.

Aranjuelo，I.，Cabrera – Bosquet，L.，Araus，J. L.，et al，2013. Carbon and nitrogen partitioning during the post – anthesis period is conditioned by N fertilisation and sink strength in three cereals ［J］. Plant Biology，15：135 – 143.

Backer，R. G. M.，Saeed，W.，Seguin，P.，et al，2017. Root traits and nitrogen fertilizer recovery efficiency of corn grown in biochar – amended soil under greenhouse conditions ［J］.

Plant and Soil, 415: 465 − 477.

Borden, K. A., Thomas, S. C., Isaac, M. E., 2019. Variation in fine root traits reveals nutri-ent − specific acquisition strategies in agroforestry systems [J]. Plant and Soil, 453: 139 − 151.

Chadha, N., Mishra, M., Prasad, R., et al, 2014. Root Endophytic Fungi: Research Up-date [J]. Journal of Biology and Life Science, 5: 135 − 158.

Chen, J., Liu, X., Zheng, J., et al, 2013. Biochar soil amendment increased bacterial but decreased fungal gene abundance with shifts in community structure in a slightly acid rice paddy from Southwest China [J]. Applied Soil Ecology, 71: 33 − 44.

Chen, W., Meng, J., Han, X., et al, 2019. Past, present, and future of biochar [J]. Bio-char, 1: 75 − 87.

Chen, X. P., Cui, Z. L., Vitousek, P. M., et al, 2011. Integrated soil − crop system manage-ment for food security [J]. Proceedings of the National Academy of Sciences, 108: 6399 − 6404.

Comas, L. H., Bauerle, T. L., Eissenstat, D. M., 2010. Biological and environmental factors controlling root dynamics and function: effects of root ageing and soil moisture [J]. Austral-ian Journal of Grape and Wine Research, 16: 131 − 137.

Correa, J., Postma, J. A., Watt, M., et al, 2019. Soil compaction and the architectural plasticity of root systems [J]. Journal of Experimental Botany, 70: 6019 − 6034.

Dong, Z., Li, H., Xiao, J., et al, 2022. Soil multifunctionality of paddy field is explained by soil pH rather than microbial diversity after 8 − years of repeated applications of biochar and ni-trogen fertilizer [J]. Science of The Total Environment, 853: 158620.

Egamberdieva, D., Zoghi, Z., Nazarov, K., et al, 2020. Plant growth response of broad bean (Vicia faba L.) to biochar amendment of loamy sand soil under irrigated and drought con-ditions [J]. Environmental Sustainability, 3: 319 − 324.

Gao, C., Xu, L., Montoya, L., et al, 2022. Co − occurrence networks reveal more complexi-ty than community composition in resistance and resilience of microbial communities [J]. Na-ture Communications, 13: 3867.

Hagh − Doust, N., Färkkilä, S. M. A., Hosseyni Moghaddam, M. S., et al, 2022. Symbiotic fungi as biotechnological tools: Methodological challenges and relative benefits in agriculture and forestry [J]. Fungal Biology Reviews, 42: 34 − 55.

He, Y., Yao, Y., Ji, Y., et al, 2020. Biochar amendment boosts photosynthesis and bio-mass in C3 but not C4plants: A global synthesis [J]. Global Change Biology Bioenergy, 12: 605 − 617.

Hossain, M. Z., Bahar, M. M., Sarkar, B., et al, 2020. Biochar and its importance on nutri-ent dynamics in soil and plant [J]. Biochar, 2: 379 − 420.

Jiang, Z., Lian, F., Wang, Z., et al, 2020. The role of biochars in sustainable crop produc-tion and soil resiliency [J]. Journal of Experimental Botany, 71: 520 − 542.

Lee, A. L. K. a. I. − J., 2013. Endophytic Penicillium funiculosum LHL06 secretes gibberellin that reprograms Glycine max L. growth during copper stress [J]. BMC Plant Biology,

13：86.

Li，H.，Hu，B.，Chu，C.，2017. Nitrogen use efficiency in crops：lessons from Arabidopsis and rice [J]. Journal of Experimental Botany，68：2477 – 2488.

Li，Q W.，Liang，J F.，Zhang，X Y.，et al，2021. Biochar addition affects root morphology and nitrogen uptake capacity in common reed (Phragmites australis) [J]. Science of The Total Environment，766：144381.

Liu，B.，Li，H.，Li，H.，et al，2020. Long – term biochar application promotes rice productivity by regulating root dynamic development and reducing nitrogen leaching [J]. Global Change Biology Bioenergy，13：257 – 268.

Liu，X.，Ma，Y.，Manevski，K.，et al，2022. Biochar and alternate wetting – drying cycles improving rhizosphere soil nutrients availability and tobacco growth by altering root growth strategy in Ferralsol and Anthrosol [J]. Science of the Total Environment，806：150513.

Liu，X.，Wei，Z.，Ma，Y.，et al，2021. Effects of biochar amendment and reduced irrigation on growth，physiology，water – use efficiency and nutrients uptake of tobacco (Nicotiana tabacum L.) on two different soil types [J]. Science of The Total Environment，770：144769.

Lukac，M.，2012. Fine Root Turnover, Measuring Roots, pp. 363 – 373.

McCormack，M.，Adams，T. S.，Smithwick，E. A. H.，et al，2012. Predicting fine root lifespan from plant functional traits in temperate trees [J]. New Phytologist，195：823 – 831.

Mosaddeghi，M. R.，Hosseini，F.，Hajabbasi，M. A.，et al，2021. Epichloë spp. and Serendipita indica endophytic fungi：Functions in plant – soil relations [J]. Advances in Agronomy：59 – 113.

Mulvaney R，Sparks D，P. A.，Helmke P，et al，1996. Extraction of exchangeable ammonium and nitrate and nitrite，methods of soil analysis：chemical methods. American Society of Agronomy，Inc.，Madison，Wisconsin，USA，pp. 1129 – 1139.

Nan，Q.，Wang，C.，Wang，H.，et al，2020. Biochar drives microbially – mediated rice production by increasing soil carbon [J]. Journal of Hazardous Materials，387：121680.

Nasif，S. O.，Siddique，A. B.，Siddique，A. B.，et al，2022. Prospects of endophytic fungi as a natural resource for the sustainability of crop production in the modern era of changing climate [J]. Symbiosis，89：1 – 25.

Newsham，K. K.，2011. A meta – analysis of plant responses to dark septate root endophytes [J]. New Phytologist，190：783 – 793.

Olmo，M.，Villar，R.，2018. Changes in root traits explain the variability of biochar effects on fruit production in eight agronomic species [J]. Organic Agriculture，9：139 – 153.

Pastor – Pastor，A.，Vilela，A. E.，González – Paleo，L.，2018. The root of the problem of perennials domestication：is selection for yield changing key root system traits required for ecological sustainability? [J] Plant and Soil，435：161 – 174.

Pellerin，A. M. a. S.，1999. Maize root system growth and development as influenced by phosphorus deficiency [J]. Journal of Experimental Botany：487 – 497.

Potshangbam，M.，，S. I. D.，Strobel，D. S. a. G. A.，2017. Functional Characterization of Endophytic Fungal Community Associated with Oryza sativa L. and Zea mays L. Frontiers in Microbiology 8，325.

Poveda，J.，Eugui，D.，Abril – Urías，P.，Velasco，P.，2021. Endophytic fungi as direct plant growth promoters for sustainable agricultural production [J]. Symbiosis，85：1 – 19.

Rana，K. L.，Kour，D.，Sheikh，I.，et al，2019. Biodiversity of Endophytic Fungi from Diverse Niches and Their Biotechnological Applications，In：Singh，B. P.（Ed.），Advances in Endophytic Fungal Research：Present Status and Future Challenges. Springer International Publishing，Cham，pp. 105 – 144.

Sarkar，S.，El – Esawi，M. A.，et al，2021. Fungal Endophyte：An Interactive Endosymbiont With the Capability of Modulating Host Physiology in Myriad Ways [J]. Frontiers in Plant Science，12：701 – 800.

Schmidt，H. P.，Kammann，C.，Hagemann，N.，et al，2021. Biochar in agriculture – A systematic review of 26 global meta – analyses [J]. Global Change Biology Bioenergy，13：1708 – 1730.

Sheramett，I.，Shahollari，B.，Venus，Y.，et al，2005. The endophytic fungus Piriformospora indica stimulates the expression of nitrate reductase and the starch – degrading enzyme glucan – water dikinase in tobacco and Arabidopsis roots through a homeodomain transcription factor that binds to a conserved motif in their promoters [J]. Journal of Biological Chemistry，280：26241 – 26247.

Song，X.，Razavi，B. S.，Ludwig，B.，et al，2020. Combined biochar and nitrogen application stimulates enzyme activity and root plasticity [J]. Science of the Total Environment，735：139393.

Sparks，E. E.，Benfey，P. N.，2017. The contribution of root systems to plant nutrient acquisition，Plant Macronutrient Use Efficiency，pp. 83 – 92.

Sui，Y.，Wang，Y.，Xiao，W.，et al，2022. Proper Biochar Increases Maize Fine Roots and Yield via Altering Rhizosphere Bacterial Communities under Plastic Film Mulching. Agronomy 13.

Sun，C.，Wang，D.，Shen，X.，et al，2020. Effects of biochar，compost and straw input on root exudation of maize（Zea mays L.）：From function to morphology. Agriculture，Ecosystems & Environment 297.

Sun，J.，Li，H.，Wang，Y.，et al，2022. Biochar and nitrogen fertilizer promote rice yield by altering soil enzyme activity and microbial community structure. Global Change Biology Bioenergy.

Sun，J.，Li，H.，Zhang，D.，et al，2021. Long – term biochar application governs the molecular compositions and decomposition of organic matter in paddy soil [J]. Global Change Biology Bioenergy，13：1939 – 1953.

Toková，L.，Igaz，D.，Horák，J.，et al，2020. Effect of Biochar Application and Re – Application on Soil Bulk Density，Porosity，Saturated Hydraulic Conductivity，Water Content and Soil Water Availability in a Silty Loam Haplic Luvisol. Agronomy 10.

Upson，R.，Read，D. J.，Newsham，K. K.，2009. Nitrogen form influences the response of Deschampsia antarctica to dark septate root endophytes [J]. Mycorrhiza，20：1 – 11.

Vance，E. D.，Brookes，P. C.，Jenkinson，D. S.，1987. An extraction method for measuring soil microbial biomass C [J]. Soil Biology and Biochemistry, 19: 703 – 707.

Vanhees, D. J., Loades, K. W., Bengough, A. G., et al, 2020. Root anatomical traits contribute to deeper rooting of maize under compacted field conditions [J]. Journal of Experimental Botany, 71: 4243 – 4257.

Wang, C., Chen, D., Shen, J., et al, 2021. Biochar alters soil microbial communities and potential functions 3 – 4 years after amendment in a double rice cropping system. Agriculture, Ecosystems & Environment 311.

Wang, X. – X., Li, H., Chu, Q., et al, 2020. Mycorrhizal impacts on root trait plasticity of six maize varieties along a phosphorus supply gradient [J]. Plant and Soil, 448: 71 – 86.

Warnock, D. D., Mummey, D. L., McBride, B., et al, 2010. Influences of non – herbaceous biochar on arbuscular mycorrhizal fungal abundances in roots and soils: Results from growth – chamber and field experiments [J]. Applied Soil Ecology, 46: 450 – 456.

Wei, Y. F., Li, T., Li, L. F., et al, 2016. Functional and transcript analysis of a novel metal transporter gene EpNramp from a dark septate endophyte (Exophiala pisciphila) [J]. Ecotoxicology and Environmental Safety, 124: 363 – 368.

Wu, D., Zhang, W., Xiu, L., et al, 2022. Soybean Yield Response of Biochar – Regulated Soil Properties and Root Growth Strategy. Agronomy 12.

Xia, L., Lam, S. K., Chen, D., et al, 2017. Can knowledge – based N management produce more staple grain with lower greenhouse gas emission and reactive nitrogen pollution? A meta – analysis [J]. Global Change Biology, 23: 1917 – 1925.

Xiang, Y., Deng, Q., Duan, H., et al, 2017. Effects of biochar application on root traits: a meta – analysis [J]. Global Change Biology Bioenergy, 9: 1563 – 1572.

Xiao, Q., Zhu, L. – X., Zhang, H. – P., 2016. Soil amendment with biochar increases maize yields in a semi – arid region by improving soil quality and root growth. Crop and Pasture Science 67.

Xiu, L., Zhang, W., Wu, D., et al, 2021. Biochar can improve biological nitrogen fixation by altering the root growth strategy of soybean in Albic soil [J]. Science of The Total Environment, 773: 144564.

Xu, H., Cai, A., Wu, D., et al, 2021. Effects of biochar application on crop productivity, soil carbon sequestration, and global warming potential controlled by biochar C: N ratio and soil pH: A global meta – analysis. Soil and Tillage Research 213.

Xu, N., Tan, G., Wang, H., et al, 2016. Effect of biochar additions to soil on nitrogen leaching, microbial biomass and bacterial community structure [J]. European Journal of Soil Biology, 74: 1 – 8.

Yan, S., Zhang, S., Yan, P., et al, 2022. Effect of biochar application method and amount on the soil quality and maize yield in Mollisols of Northeast China. Biochar 4.

Yang, H., Fang, C., Li, Y., et al, 2022. Temporal complementarity between roots and mycorrhizal fungi drives wheat nitrogen use efficiency [J]. New Phytologist, 236: 1168 – 1181.

Yu, H., Zou, W., Chen, J., et al, 2019. Biochar amendment improves crop production in problem soils: A review [J]. Journal of Environmental Management, 232: 8 – 21.

Zakaria, N. I., Ismail, M. R., Awang, Y., et al, 2020. Effect of Root Restriction on the

Growth，Photosynthesis Rate，and Source and Sink Relationship of Chilli（Capsicum annuum L.）Grown in Soilless Culture. BioMed Research International 2020，2706937.

Zhang，J.，Luo，S.，Ma，L.，et al，2019. Fungal community composition in sodic soils subjected to long - term rice cultivation［J］. Archives of Agronomy and Soil Science，66：1410 - 1423.

Zhang，M.，Riaz，M.，Xia，H.，et al，2022. Four - year biochar study：Positive response of acidic soil microenvironment and citrus growth to biochar under potassium deficiency conditions. Science of the Total Environment 813，152515.

Zhang，Y.，Wang，J.，Feng，Y.，2021. The effects of biochar addition on soil physicochemical properties：A review. Catena 202.

第 5 章

生 物 炭 与 土 壤 功 能

5.1　生物炭与土壤微生物

5.1.1　背景

中国集约化农业地区氮肥的过量投入造成了许多环境问题（Ju et al.，2009；Zhang et al.，2013）。目前，生物炭和氮肥联合施用被认为是降低环境风险、提高土壤肥力和作物产量的最有效和可持续的农业做法之一（Ibrahim et al.，2020；Liao et al.，2016；Sekaran et al.，2020）。生物炭具有高芳香族和多孔结构，可以改变土壤的化学物理性质和酶活性，改善土壤养分保留，并为土壤微生物提供栖息地（Lehmann et al.，2011；Liu et al.，2021）。土壤微生物通过改变土壤微生态环境，介导土壤酶参与养分循环，进而影响产量（Lehmann et al.，2011）。虽然有研究表明施用生物炭后对土壤微生物群落、土壤酶活性和作物产量的变化（Amoakwah et al.，2022；Kuzyakov et al.，2009；Li et al.，2022；Pokharel et al.，2020），到目前为止，这些研究都没有阐明长期施用生物炭下土壤微生物、酶活性和产量增加之间的关系。

土壤微生物的丰度和活性是土壤质量的重要指标（Li et al.，2021）。细胞外酶使微生物能够从土壤中存在的复杂生物分子中获得能量，为土壤生态系统中的生物地球化学循环提供驱动力（Lopes et al.，2021）。因此，土壤酶和土壤微生物在土壤有机质分解、养分释放和维持产量方面发挥着不可或缺的作用。

生物炭的应用可通过改变土壤理化性质和养分循环影响微生物群落（Anderson et al.，2011；Lehmann et al.，2011；Wagg et al.，2014；Zheng et al.，2019）。例如，施用生物炭 1 年期间，土壤有机碳（SOC）含量增加，细菌丰度增加（Tian et al.，2019）。同样，荟萃分析表明，无论是短期实验室培养（≤90 天）还是田间研究（1～3 年）表明，生物炭都持续提高了许多土壤的一些理化性质（如土壤 pH、总氮和阳离子交换能力），并改变了微生物参数（如微生物丰度和群落结构）（Ameloot，De Neve，et al.，2013；Ameloot，Graber，et al.，2013；Gul et al.，2015；Lehmann et al.，2011；McCormack et al.，2013）。然而，目前尚不清楚长期重复添加生物炭是如何改变土壤微生物群落结构，最终改变作物产量。

土壤酶活性通过参与土壤有机质分解和养分循环影响土壤肥力和作物产量（Lehmann et al.，2011）。生物炭具有较大的比表面积，有助于改善土壤性质和土壤酶活性（Abbas et al.，2018；Zhang et al.，2021）。荟萃分析表明，生物炭显著提高了脲酶和碱性磷酸酶的活性（Pokharel et al.，2020）。然而，土壤是一种多相介质，酶活性直接或间接地受到各种土壤条件的影响（Meena and Rao，2021）。因此，一些研究表明，施用生物炭对酶活性和作物产量的影响很大程度上取决于土壤条件（Czimczik and Masiello，2007；Lammirato et al.，2011；Pokharel et al.，2020）。

生物炭介导的土壤理化性质的变化和微生物群落结构的变化在旱地和稻田中有所不同（Gul et al.，2015）。大多数已发表的研究是关于在旱地条件下施用生物炭的影响，例如 Yu 等（2018）的研究表明施用生物炭和氮肥增加了大豆田土壤微生物生物量，但没有改变微生物群落结构。Xu 等（2020）的荟萃分析发现，革兰氏阳性菌、革兰氏阴性菌和总磷脂脂肪酸（PLFA）在施用生物炭后没有显著变化。此外，Ibrahim 等（2020）发现，生物炭与肥料的相互作用降低了黄壤中的细菌多样性。由于稻田和旱地中形成与植物根系相关的微生物群落的环境因素存在巨大差异，因此需要对长期施用生物炭对稻田的影响特征进行更多的研究。在淹水水稻土壤中，存在好氧和缺氧区，这与特定微生物群的选择有关，它们具有好氧、厌氧或兼性代谢（Breidenbach et al.，2016；Brune et al.，2000）。短期生物炭改性可以降低酸性水稻土壤中的真菌数量并增加细菌数量（Chen et al.，2016）。其他研究证实，短期施用生物炭可以通过改善微生物丰度、群落结构和酶活性来提高作物产量（Ali et al.，2020；Kannan et al.，2021）。然而，长期重复施用生物炭对水稻微生物群落结构的影响以及微生物群落各组分部分与产量之间的关系尚不明确。

本研究的主要目的是回答三个问题：①长期重复添加生物炭和氮肥如何为微生物创造新的栖息地并改变土壤环境，进而导致微生物丰度、群落结构和活性的变化；②改变酶活性；③这些土壤指标的变化是否与水稻产量有关。

5.1.2 材料和方法

5.1.2.1 试验材料

试验位于宁夏回族自治区青铜峡市叶升镇地三村正鑫现代农业公司试验田，东经$106°11'35''$，北纬$38°07'26''$。该区为温带大陆性气候，平均海拔为 1100m，年平均雨量在 192.9mm 左右，年平均气温在 9.4℃ 左右。主要土壤类型为灌淤土，土壤质地包括黏土 18.25%，壤土 53.76% 和砂土 27.99%。耕层（0～20cm）土壤有机质含量为 16.1g/kg，总氮含量为 1.08g/kg，土壤容重为 1.33g/cm³。

试验开展于 2012 年，设置了 2 个施碳量水平（0 和 13.5t/hm²）和 2 个氮水平（0

和 $300kg/hm^2$），试验采用完全随机区组设计，每组 3 个重复。试验选用水稻品种为宁粳 43 号，于 4 月 28 日育秧，5 月 29 日插秧，9 月 28 日收获。地块间距为 1.5m，地块面积为 $13m \times 5m$。施氮量为尿素（N，46%），施氮量为 $150kg/hm^2$。以双过磷酸钙（P，20%）和氯化钾（K，50%）为基肥，施量为 $39.3kg/hm^2$ 和 $74.5kg/hm^2$，在移栽水稻前与生物炭一次性均匀撒施后旋耕，旋耕深度为 20cm 左右并于秧苗期和拔节期各追施氮肥一次，分别为 $90kg/hm^2$ 和 $60kg/hm^2$。试验所用生物炭见第 2 章。

5.1.2.2 土壤样品

2019 年 10 月在水稻成熟时，采用 5 点取样法按照对角线在每个小区采集（0~20cm）作为试验样品，每组采集 3 个重复，共计 18 个土样。采集完成后所有土样放在保温箱中运送到实验室。每个土壤样品均被分为 3 份：第一份过 2mm 筛风干后用于测定土壤理化性质；第二份保存于 4℃，用于测定土壤酶分析和磷脂脂肪酸；第三份保存于 −80℃，用于测定微生物。

5.1.2.3 土壤理化分析

土壤有机碳采用重铬酸钾-外加热法测定；土壤总氮含量采用凯氏定氮法（Bao，2000）测定；土壤全磷采用硝酸、高氯酸、氢氟酸消解（钼锑抗比色法）；土壤速效磷采用 0.5mol/L 碳酸氢钠提取（钼锑抗比色法）；土壤速效钾采用火焰光度法测定；土壤全氮采用硫酸-催化剂消解（水杨酸钠比色法）；硝态氮（$NO_3^- - N$）和铵态氮（$NH_4^+ - N$）用连续流动分析仪测定；土壤微生物生物量碳（MBC）和土壤微生物生物量氮（MBN）采用氯仿熏蒸直接萃取法（Beck et al.，1997）提取。

5.1.2.4 土壤酶活性的测定

土壤酶活性参照 Jing 等（2016）的方法测定包括 $\alpha - 1,4 -$ 葡萄糖苷酶（AG）、$\beta - 1,4 -$ 葡萄糖苷酶（BG）、$\beta - D -$ 纤维素生物水解酶（CB）、$\beta - 1,4 -$ 木糖糖苷酶（BX）、$\beta - 1,4 - N -$ 乙酰葡萄糖苷酶（NAG）和亮氨酸氨基肽酶（LAP）六种水解酶，以及多酚氧化酶（PPO）和过氧化物酶（PER）两种氧化酶活性。具体方法如下：取 2.75 g 新鲜土壤，加入 100mL 50mM Tris 缓冲液（pH 为 8.0），用磁力搅拌器搅拌 2min 使其均匀化。对于水解酶，待溶液澄清后用移液器取 $200\mu L$ 土壤泥浆移于 96 孔微孔板，并加入 $50\mu L$ 200 mM 伞形酮（MUB）作为底物测定水解酶活性，微平板置于暗环境下经过 25℃恒温培养 4h 后，用多功能酶标仪（Spectra Max M5，Molecular Devices，Sunny）在 365 nm 激发和 450 nm 发射条件下测定水解酶的荧光度。对于氧化酶，待溶液澄清后用移液器取 $150\mu L$ 土壤泥浆移于 96 孔微孔板，并加入 $50\mu L$ 5 mM 乙二胺四乙酸二钠和 $50\mu L$ 25 mM L-二羟苯丙氨酸（DOPA）为底物标示氧化酶活性。微平板置于暗环境下经过 25℃恒温培养 3h 后，用多功能酶标仪（Spectra Max M5，Molecular Devices，Sunny）在 450 nm 发射条件下测定氧化酶的吸光度。

5.1.2.5 磷脂脂肪酸（PLFA）的测定

磷脂脂肪酸的测定方法是基于 Frostegård 等（1993）和 Buyer 和 Sasser（2012）的方

法进行改进的。主要步骤如下：称取 8 g 冰冻干燥的土壤和氯仿：甲醇：柠檬酸盐（1：2：0.8）混合，固像萃取柱分离磷脂部分，磷脂部分经甲醇分解后生成脂肪酸甲脂，再用气相色谱仪分析脂肪酸组成和含量。以 PLFA 19：0 为内标物进行计算（Wu et al.，2009）。磷脂脂肪酸根据文献分为 5 类（Buyer and Sasser，2012；Frostegård et al.，1993；Dominchin et al.，2021；Moore - Kucera and Dick，2008），列于表 5-1。

表 5-1　　　　　　　　　　　　　　磷脂脂肪酸分类

细菌	i15：0、a15：0、i16：0、i17：0、a17：0、cy17：0、16：1ω7c、17：1ω8c、17：1ω9c、18：0、18：1ω5c、18：1ω7c 和 cy19：0
革兰氏阳性细菌	i15：0、a15：0、i16：0、i17：0 和 a17：0
革兰氏阴性细菌	cy17：0、16：1ω7c、17：1ω9c、18：1ω5c 和 18：1ω7c
放线菌	10Me16：0、10Me17：0 和 10Me18：0
真菌	16：3ω6c、18：1ω9c、18：2ω6c 和 9c

5.1.2.6　提取 DNA

使用 PowerSoil DNA 分离试剂盒（MoBio Laboratories）提取土壤 DNA。分别用 1％琼脂糖凝胶和 NanoDrop 分光光度计（Thermo Scientific）检查基因组 DNA 的纯度和质量。

5.1.2.7　聚合酶链式反应扩增（PCR）

使用正向引物 338F（5′- ACTCCTACGGGAGGCAGCAG - 3′）和反向引物 806R（5′- GGACTACHVGGGTWTCTAAT - 3′）对细菌 16S rRNA 基因高变 V3 - V4 区进行聚合酶链反应（PCR）扩增。对于真菌，使用正向引物 ITS1（5′- CTTG-GTCATTTAGAGGAAGTAA - 3′）和反向引物 ITS2（5′- TGCGTTCTTCATCGAT-GC - 3′）对 ITS1 区域进行 PCR 扩增（Wang et al.，2020）。PCR 在 Mastercycler Gradient（Eppendorf，Germany）上进行，反应体积为 $25\mu L$，包括 $12.5\mu L$ 2x Taq PCR MasterMix、$3\mu L$ BSA（$2ng/\mu L$）、$1\mu L$ 正向引物（$5\mu L$）、$1\mu L$ 反向引物（$5\mu L$）、$2\mu L$ 模板 DNA 和 $5.5\mu L$ ddH$_2$O。循环参数为 95℃ 5 min，循环 28 次，分别为 95℃ 45 s、55℃ 50 s 和 72℃ 45 s，最后在 72℃延伸 10 min。PCR 产物用 Agencourt AMPure XP Kit 纯化（Dennis et al.，2013）。每个样本 3 个重复。将同一样本的 PCR 产物混合后使用 2％琼脂糖凝胶回收 PCR 产物，利用 AxyPrep DNA Gel Extraction Kit（Axygen Biosciences，Union City，CA，USA）进行回收产物纯化，2％琼脂糖凝胶电泳检测，并用 Quantus™ Fluorometer（Promega，USA）对回收产物进行检测定量。

5.1.2.8　高通量测序

PCR 产物用于构建微生物多样性测序文库，在北京奥维森基因科技有限公司使用

Illumina Miseq PE300 高通量测序平台进行 Paired-end 测序。测序原始序列上传至NCBI 的 SRA 数据库。

5.1.2.9　测序分析

下机数据使用 QIIME（version 1.8.0）对原始测序 reads 进行修剪，质量评分阈值在 10 bp 滑动窗口内高于 20，最小长度为 230 bp。使用 FLASH 组装成对的端读。利用 UCHIME 算法将 reads 与 Gold Database 进行比较，检测嵌合体序列。去除嵌合体后，利用 Vsearch（v2.7.1）软件的 usparse 算法，以 97% 的相似度聚类为操作分类单元（operational taxonomic units，OTUs）。通过核糖体数据库项目分类器工具选择细菌和真菌每个 OTU 的代表性序列并进行分类，置信度阈值为 70%。

5.1.2.10　统计分析

采用双因素方差分析法（Two-way ANOVA）分析生物炭、氮肥及其交互作用对土壤理化性质、酶活性、磷脂脂肪酸和土壤微生物 α 多样性的影响。利用 OTU 分析方法计算样本的丰富度和多样性，包括 Chao1 和 Shannon 多样性指数。采用 Pearson 相关分析方法，探讨：①相对微生物丰度与土壤性质和酶活性的关系；②产量与土壤性质、酶活性和微生物类群相对丰度的关系。采用随机森林分析方法对水稻产量的关键预测因子进行了评价。所有的统计分析使用 R 版本 3.5.1 和 IBM SPSS 版本25.0 进行。

5.1.3　结果

5.1.3.1　土壤理化性质与水稻产量

添加生物炭对有机碳、全氮、AP 和 AK 有显著影响［图 5-1（a）］。与 B0 相比，施用生物炭显著提高了有机碳、全氮、AP 和 AK 含量，分别提高了 45%、6.3%、60% 和 53%［图 5-1（a）~（d）］。此外，与 N0 相比，施用氮肥显著增加了 TN 含量约 8.8%［图 5-1（b）］。在所有处理中总磷约 0.6g/kg，硝态氮 0.16mg/kg，铵态氮 0.81mg/kg，各处理间差异不显著。相比之下，生物炭和氮肥的交互作用显著影响 MBC 和 MBN［图 5-1（e）和（f）］。在 N0 处理下，添加生物炭后 MBC 和 MBN 均显著增加，而在氮肥处理中，添加生物炭使 MBC 和 MBN 保持不变降低［图 5-1（e）和（f）］。在 N0 处理下，生物炭处理对水稻产量没有影响，但在施氮处理下水稻产量显著增加［图 5-1（g）］。

5.1.3.2　土壤酶活性

添加生物炭对 PPO 有显著影响［图 5-2（b）］。与 B0 相比，施用生物炭显著提高了 PPO 活性约 31%［图 5-2（b）］。施用氮肥对水稻 AG 和 BX 活性有显著影响。与 N0 相比，施用氮肥显著提高了 AG 活性约 82%［图 5-2（c）］，但显著降低了 BX 活性约 18%［图 5-2（f）］。

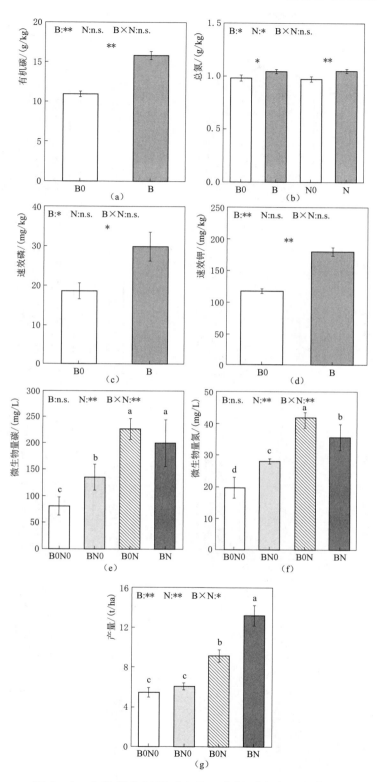

图 5-1　生物炭和氮肥对土壤理化性质和产量的影响

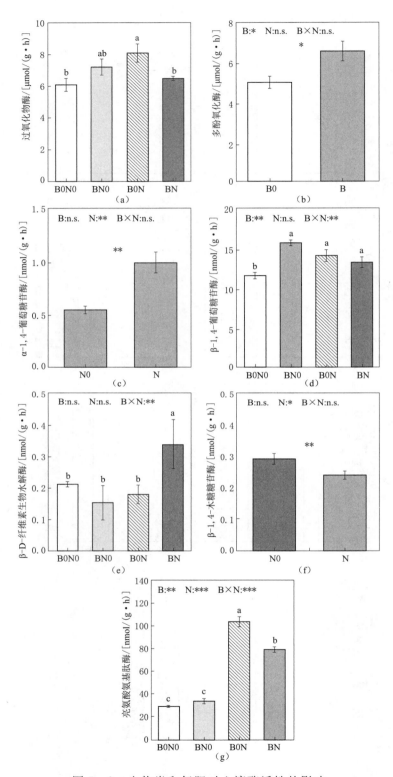

图 5-2 生物炭和氮肥对土壤酶活性的影响

生物炭和氮肥的交互作用显著影响了 PER、BG、CB 和 LAP 的活性。在 N0 处理中，添加生物炭使 PER、BG、CB 和 LAP 活性保持不变或增加［图 5 - 2 (a)、(d)、(e)、(g)］，但在施氮处理中，添加生物炭显著降低了 PER 和 LAP 活性［图 5 - 2 (a) 和 (g)］。BG 活性没有随生物炭的添加而改变［图 5 - 2 (d)］。NAG 活性约为 0.66 nmol/g，4 个处理间无显著差异。

5.1.3.3　磷脂脂肪酸浓度

革兰氏阳性细菌、革兰氏阴性细菌和总 PLFAs 均受生物炭和氮肥的主效应影响。施用生物炭显著降低了革兰氏阳性细菌、革兰氏阴性细菌的丰度和总 PLFAs 浓度，分别降低了 35%、28% 和 29%，而氮肥显著提高了这三个参数，分别提高了 9%、11% 和 7%［图 5 - 3 (a)、(b) 和 (f)］。生物炭和氮肥的交互作用显著影响了真菌 PLFAs 浓度，在 N0 和 N 肥处理中，生物炭处理显著降低了真菌 PLFAs 浓度［图 5 - 3 (d)］。施用生物炭细菌和放线菌 PLFAs 浓度较对照显著降低了 28% 和 27%［图 5 - 3 (c) 和 (e)］。

5.1.3.4　土壤细菌和真菌群落组成和多样性

不同处理下细菌和真菌群落组成相似，但丰度略有不同（图 5 - 4）。对于细菌群落，与其他处理相比，BN 使 Chloroflexi 的相对丰度提高了 52%~128% ($P < 0.05$)，

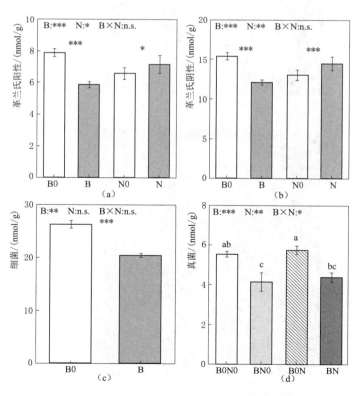

图 5 - 3 (一)　生物炭和氮肥对磷脂脂肪酸的影响

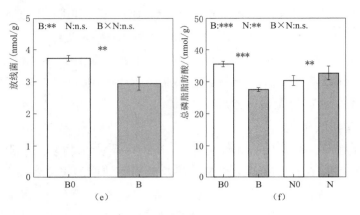

图 5-3（二）　生物炭和氮肥对磷脂脂肪酸的影响

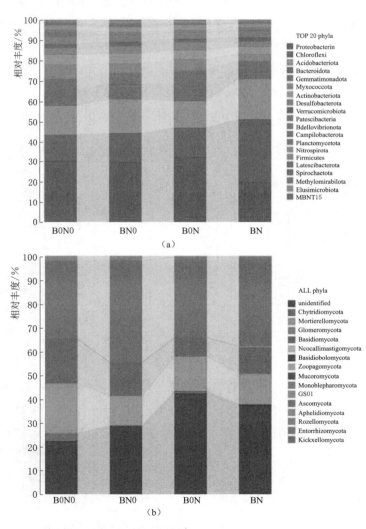

图 5-4　生物炭和氮肥对细菌和真菌相对丰度的影响

Proteobacteria 的相对丰度降低了 34%～61%（$P<0.05$）[图 5-4（a）]。与 B0N0 相比，BN0 处理下放线菌的相对丰度提高了 2.3%（$P<0.05$），BN 处理下放线菌的相对丰度降低了 31%（$P<0.05$）[图 5-4（a）]。与 B0N0 相比，BN0、B0N 和 BN 对酸杆菌属（Acidobacteriota）、芽单胞菌属（Gemmatimonadota）、黏菌属（Myxococcota）、脱硫杆菌属（Desulfobacterota）和疣微菌门（Verrucomicrobiota）的相对丰度没有显著影响 [图 5-4（a）]。

在真菌群落中，与 B0N0 相比，BN0、B0N 和 BN 对子囊菌门、梳霉门（Kickxellomycota）、被孢菌门、担子菌门和壶菌门的相对丰度没有显著影响 [图 5-4（b）]。与 B0N0 相比，B0N 和 BN 使未知菌门的相对丰度分别显著增加了 90% 和 70% [图 5-4（b）]。

细菌和真菌类群 Shannon 多样性指数分别在 9.96 和 5.27 左右，4 个处理间差异不显著。生物炭和氮肥的交互作用显著影响了细菌和真菌 Chao1 指数（图 5-5）。BN 处理下细菌 Chao1 指数显著低于 B0N0 和 B0N 处理 [图 5-5（a）]。对于真菌群落，B0N 处理下 Chao1 指数显著高于其他处理 [图 5-5（b）]。

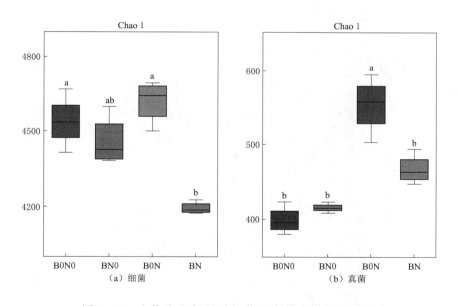

图 5-5　生物炭和氮肥对细菌和真菌多样性的影响

5.1.3.5　磷脂脂肪酸和微生物群落组成与土壤理化性质和酶活性的关系

革兰氏阳性细菌、总细菌和总 PLFAs 与 $NO_3^- - N$ 呈显著正相关，但与 AK 呈负相关 [图 5-6（a）]。AK 与革兰氏阴性细菌呈显著负相关，放线菌与 $NO_3^- - N$ 呈显著正相关 [图 5-6（a）]。细菌总 PLFAs 浓度与 SOC 和 TP 呈显著负相关 [图 5-6（a）]。

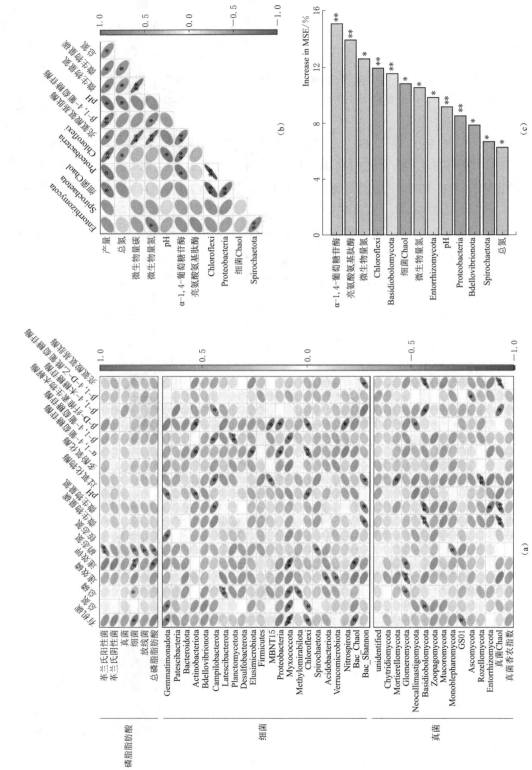

图 5 - 6　生物炭和氮肥对细菌和真菌多样性的影响

芽单胞菌（Gemmatimonadota）的相对丰度与 SOC、TN、$NH_4^+ - N$ 呈显著负相关，与 pH 值呈显著正相关 ［图 5-6（a）］。放线菌门的相对丰度与 AG、CB 活性呈显著负相关，与 pH 值呈显著正相关 ［图 5-6（a）］。弯曲杆菌（Campilobacterota）相对丰度与 MBN、PER、BG 活性呈显著负相关，而与 BX 活性呈显著正相关 ［图 5-6（a）］。AG 活性与迷踪菌门（Elusimicrobiota）和变形菌门（Proteobacteria）的相对丰度呈显著负相关，与绿弯菌门（Chloroflexi）的相对丰度呈显著正相关 ［图 5-6（a）］。此外，绿弯菌门的相对丰度与 SOC、TN、CB 呈显著正相关，与 pH 值呈显著负相关 ［图 5-6（a）］。酸性细菌（Acidobacterota）门和疣状微生物（Verrucomicrobiota）的相对丰度与 AP 活性呈正相关（$P<0.05$），而硝化螺菌（Nitrospirota）门的相对丰度与 CB 活性呈负相关（$P<0.05$）［图 5-6（a）］。细菌 Chao1 指数与 SOC（$P<0.05$）和 $NO_3^- - N$（$P<0.05$）呈负相关 ［图 5-6（a）］。细菌 Shannon 指数与 MBC、MBN、PER 和 LAP 显著正相关 ［图 5-6（a）］。

被孢霉门（Mortierellomycota）的相对丰度与 PER 活性呈显著负相关 ［图 5-6（a）］。肾小球菌的相对丰度与 TP（$P<0.05$）、AP（$P<0.01$）和 AK（$P<0.05$）呈正相关 ［图 5-6（a）］。虫霉门（Basidiobolomycota）与 TN（$P<0.05$）、MBC（$P<0.01$）、MBN（$P<0.01$）和 LAP（$P<0.01$）呈显著正相关，但与 C-循环酶 BX 活性呈显著负相关（$P<0.05$）［图 5-6（a）］。NAG 与子囊菌门（Ascomycota）相对丰度呈显著正相关 ［图 5-6（a）］。真菌 Chao1 指数与 BX 活性呈负相关（$P<0.05$），但与 MBC（$P<0.01$）、MBN（$P<0.01$）和 LAP 活性呈正相关 ［图 5-6（a）］。

5.1.3.6　水稻产量与土壤理化性质、酶活性、微生物群落组成和多样性的关系

土壤酶活性（AG 和 LAP）和土壤性质（TN、MBN 和 MBC）与产量呈显著正相关 ［图 5-6（b）］。变形菌门的相对丰度与产量呈显著正相关 ［图 5-6（b）］。Chloroflexi 菌的相对丰度与产量呈正相关（$P<0.01$）［图 5-6（b）］。产量与 pH 值呈显著负相关 ［图 5-6（b）］。

随机森林模型解释了 63.4% 的产量方差，AG 和 LAP 活性对产量的影响最为重要 ［图 5-6（c）］。此外，MBC、绿弯菌门和担子菌门的相对丰度以及细菌 Chao 1 指数在影响产量方面也是重要的 ［图 5-6（c）］。

5.1.4　讨论

5.1.4.1　生物炭和氮肥施用对土壤理化性质和酶活性的影响

生物炭显著增加了 SOC 含量。Liu 等（2016）也报告了类似的发现，他们观察到使用生物炭会增加有机碳含量。这可以解释为生物炭含碳量高，主要是顽固性芳香 C，增加了 SOC 存量（Zheng et al.，2016）。虽然我们的研究结果与其他人的研究结果一致，即生物炭添加显著增加了土壤有机碳，但我们的研究中有机碳的增加幅度高于

Liu 等（2016）的研究，这可能是由于生物炭 C∶N 比和土壤 pH 值等重要影响因素决定了生物炭添加对土壤有机碳的影响大小（Zheng et al.，2016）。我们的农田是碱性土壤，生物炭对有机碳的影响最大的是碱性土壤（Zheng et al.，2016）。

生物炭可以增加土壤 MBC，特别是与肥料一起施用时（Oladele et al.，2019）。本研究发现，施用生物炭显著提高了 MBC 和 MBN 的含量。这与 Liu 等（2018）的研究一致。一个可能的解释是，生物炭具有多孔结构和巨大的比表面积，可以保留和平衡土壤水分、空气和养分，从而改善微生物的生存环境。此外，生物炭在土壤中降解后可能成为微生物新的碳源，促进微生物生长（Smith et al.，2010）。重要的是，与单独施用生物炭相比，生物炭和氮肥联合施用显著提高了 MBC 和 MBN 含量。这可能是因为生物炭可以吸附氮和其他营养物质，从而创造出营养密集的微环境，为微生物的生长提供了理想的条件（Oladele et al.，2019）。

施用有机材料会影响土壤酶活性（Burns et al.，2013）。生物炭与氮肥配施显著提高了 BG 活性。这与 Günal 等（2018）的发现类似，他们发现乳制品废水生物炭和矿物肥料的组合显著提高了 BG 活性。此外，联合施用生物炭和氮肥显著提高了 CB 活性，这可能是由于底物有效性的提高和微生物活性提高了细胞外酶活性（Sekaran et al.，2020）。

5.1.4.2　生物炭和氮肥施用对 PLFAs 浓度及细菌和真菌群落组成的影响

生物炭对土壤微生物群落的影响可能是积极的、中性的或有害的（Lehmann et al.，2011）。我们发现，施用生物炭显著降低了革兰氏阳性、革兰氏阴性、总细菌、总真菌和总 PLFAs 的浓度，这可能是因为生物炭中的高芳香族 C 含量可能对微生物的生长和生存产生不利影响（Zhang et al.，2018；Zhang et al.，2018）。总 PLFAs 浓度是与微生物介导的土壤氮变化相关的最敏感的指标（Liu et al.，2018）。我们的研究发现，革兰氏阳性菌、总细菌、放线菌和总 PLFAs 浓度与 $NO_3^- - N$ 呈正相关（$P <$ 0.05）。考虑到总 PLFAs 通常受到活细胞的总生物量的强烈影响，这种确定的关系将 PLFA 微生物生长与 $NO_3^- - N$ 的有效浓度联系起来（Yang et al.，2022）。

施用生物炭和氮肥后土壤性质的变化是影响土壤微生物群落组成的主要因素（Muhammad et al.，2014）。在本研究中，我们观察到细菌和真菌群落组成发生了一些显著变化，细菌群落组成的变化大于真菌群落组成，这可能是因为生物炭提供的不稳定 C 底物可能更有利于快速生长的细菌而不是真菌（Liu et al.，2019）。在细菌群落中，Acidobacteria 是第三个最丰富的门，与土壤有机质的分解和腐殖质的形成有关（Yang et al.，2018）。我们发现 BN 处理中 Acidobacteria 的相对丰度增加，可能的解释是，生物炭含有更多的顽固 C，C 输入的类型被发现是土壤细菌群落结构变化的主要驱动因素（Li et al.，2017）。

变形菌门（包括 Alpha -、Beta -、Gamma -和 Deltaproteobacteria）是土壤碳循环

中的基本微生物，它们在含 C 和 N 的土壤中茁壮成长（Trivedi et al.，2013）。然而，变形菌门（Proteobacteria）的相对丰度在 BN 处理下显著降低，这通过 SOC、TN 和变形菌门的相对丰度之间的负相关性进一步证实了这一点。生物炭可以作为底物来改变某些特定微生物类群的生长和活动（Mitchell et al.，2015；Zheng et al.，2016）。Prayogo 等（2014）的研究表明，在田间条件下，长期施用生物炭可能会产生负启动效应。

　　生物炭和氮肥的施用影响了细菌和真菌群落的多样性。在本研究中，由 BN 处理中细菌 Chao1 指数最低。相对于单独施用生物炭或氮肥，生物炭和氮肥混施通常会降低细菌多样性，尽管生物炭有能力保留氮肥提供的 N，但生物炭可能没有足够的封存能力来保留大部分肥料提供的 N 供微生物使用（Li et al.，2020；Muhammad et al.，2014）。此外，B0N 处理中真菌 Chao1 指数高于其他处理，这可能是该处理中细菌丰富度最低的一种补偿效应，微生物群落之间竞争的增加可能会导致群落多样性的增加（Ratzke et al.，2020）。

5.1.4.3　长期施用生物炭和氮肥对产量的影响

　　许多因素，包括土壤理化性质、酶活性、微生物群落组成和多样性的变化，都会影响作物产量（Lehmann et al.，2011）。与对照（B0N0）相比，单施生物炭、单施氮肥和生物炭与氮肥混施显著提高水稻产量，这一发现与 Bai 等（2022）的研究结果一致。生物炭改变土壤理化性质和微生物特性，从而间接影响作物生长（Diatta et al.，2020；Xu et al.，2021）。此外，我们的研究结果表明，与不施氮肥相比，生物炭和氮肥处理中产量最高。我们支持先前的研究，即生物炭与有机和无机肥料混施可提高作物产量（Bai et al.，2022；Ye et al.，2020）。这是因为生物炭与有机和/或无机肥料混合可以增加养分保留能力，减少养分淋失，促进改善土壤 pH 值、孔隙度和团聚体稳定性，并调节土壤微生物群落的组成（Bai et al.，2022；Sun et al.，2021）。增加土壤养分保留能力和根系定殖也可以提高植物获取或吸收更多养分的能力，从而提高产量（Joseph et al.，2021）。在我们的研究中，施用生物炭和氮肥中 MBC 和 MBN 的变化相似，产量与 MBC 或 MBN 呈较强的正相关，这一发现与 Iqbal 等（2021）的研究结果一致，可能是由于土壤肥力的改善提高了水稻产量（Iqbal et al.，2021；Sun et al.，2021）。

　　水稻产量与酶活性（AG 和 LAP）显著正相关。生物炭与氮肥混施显著提高了土壤 LAP 活性；LAP 水解多肽链 N 段的疏水氨基酸，产生可用于植物生长的游离氨基酸或无机氮，从而提高作物产量（Awad et al.，2018）。生物炭与氮肥配施显著提高了绿弯菌门的相对丰度。绿弯菌是具有不同形态和许多生态系统功能的深度分支的细菌门，包括参与碳、氮和硫的循环（Fan et al.，2021），这可能有助于植物生长。

5.1.5　结论

不同生物炭和氮肥施用量对土壤理化性质、酶活性、PLFAs浓度、微生物群落组成和多样性以及水稻产量会产生影响。相对于B0N0，生物炭与氮肥配施显著提高了BG、CB和LAP活性。生物炭显著降低了革兰氏阳性菌、革兰氏阴性菌、真菌总数、细菌总数和PLFAs总数。单施生物炭、单施氮肥、生物炭和氮肥混施均可提高水稻产量。产量与LAP活性呈极显著正相关，与绿弯菌门的相对丰度呈显著负相关。综上所述，施用生物炭和氮肥可以通过改变土壤酶活性和土壤微生物群落来影响产量。

参 考 文 献

Abbas，T.，Rizwan，M.，Ali，S.，et al，2018. Biochar application increased the growth and yield and reduced cadmium in drought stressed wheat grown in an aged contaminated soil [J]. Ecotoxicology and Environmental Safety，148：825 – 833.

Ameloot，N.，De Neve，S.，Jegajeevagan，K.，et al，2013a. Short – term CO_2 and N_2O emissions and microbial properties of biochar amended sandy loam soils [J]. Soil Biology and Biochemistry，57：401 – 410.

Ameloot，N.，Graber，E. R.，Verheijen，F. G.，De Neve，S.，2013b. Interactions between biochar stability and soil organisms：review and research needs [J]. European Journal of Soil Science，64：379 – 390.

Amoakwah，E.，Arthur，E.，Frimpong，K. A.，et al，2022. Biochar amendment impacts on microbial community structures and biological and enzyme activities in a weathered tropical sandy loam [J]. Applied Soil Ecology，172：104364.

Anderson，C. R.，Condron，L. M.，Clough，T. J.，et al，2011. Biochar induced soil microbial community change：implications for biogeochemical cycling of carbon，nitrogen and phosphorus [J]. Pedobiologia，54：309 – 320.

Awad，Y. M.，Lee，S. S.，Kim，K. H.，et al，2018. Carbon and nitrogen mineralization and enzyme activities in soil aggregate – size classes：Effects of biochar，oyster shells，and poly-mers [J]. Chemosphere，198：40 – 48.

Bai，S. H.，Omidvar，N.，Gallart，M.，et al，2021. Combined effects of biochar and fertilizer applications on yield：A review and meta – analysis. Science of the Total Environment 59.

Beck，T.，Joergensen，R.，Kandeler，E.，et al，1997. An inter – laboratory comparison of ten different ways of measuring soil microbial biomass C [J]. Soil Biology and Biochemistry，29：1023 – 1032.

Breidenbach，B.，Pump，J.，Dumont，M. G.，2016. Microbial community structure in the rhizosphere of rice plants. Frontiers in Microbiology 6，1537.

Brune，A.，Frenzel，P.，Cypionka，H.，2000. Life at the oxic – anoxic interface：microbial activities and adaptations [J]. FEMS Microbiology Reviews，24：691 – 710.

Burns，R. G. ，DeForest，J. L. ，Marxsen，J. ，et al，2013. Soil enzymes in a changing environment: current knowledge and future directions [J]. Soil Biology and Biochemistry，58：216 – 234.

Buyer，J. S. ，Sasser，M. ，2012. High throughput phospholipid fatty acid analysis of soils [J]. Applied Soil Ecology，61：127 – 130.

Cameron，K. C. ，Di，H. J. ，Moir，J. L. ，2013. Nitrogen losses from the soil/plant system: a review [J]. Annals of Applied Biology，162：145 – 173.

Chen，J. ，Sun，X. ，Li，L. ，et al，2016. Change in active microbial community structure, abundance and carbon cycling in an acid rice paddy soil with the addition of biochar [J]. European Journal of Soil Science，67：857 – 867.

Czimczik，C. I. ，Masiello，C. A. ，2007. Controls on black carbon storage in soils. Global Biogeochemical Cycles 21.

Diatta，A. A. ，Fike，J. H. ，Battaglia，M. L. ，et al，2020. Effects of biochar on soil fertility and crop productivity in arid regions: a review. Arabian Journal of Geosciences 13.

Dominchin，M. F. ，Verdenelli，R. A. ，Berger，M. G. ，et al，2021. Impact of N – fertilization and peanut shell biochar on soil microbial community structure and enzyme activities in a Typic Haplustoll under different management practices. European Journal of Soil Biology 104，103298.

Fan，K. ，Delgado – Baquerizo，M. ，Guo，X. ，et al，2021. Biodiversity of key – stone phylotypes determines crop production in a 4 – decade fertilization experiment [J]. ISME J，15：550 – 561.

Frostegård，Å. ，Tunlid，A. ，Bååth，E. ，1993. Phospholipid fatty acid composition, biomass, and activity of microbial communities from two soil types experimentally exposed to different heavy metals [J]. Applied and Environmental Microbiology，59：3605 – 3617.

Gul，S. ，Whalen，J. K. ，Thomas，B. W. ，et al，2015. Physico – chemical properties and microbial responses in biochar – amended soils: Mechanisms and future directions [J]. Agriculture，Ecosystems & Environment，206：46 – 59.

Günal，E. ，Erdem，H. ，Demirbaş，A. ，2018. Effects of three biochar types on activity of β – glucosidase enzyme in two agricultural soils of different textures. Archives of Agronomy and Soil Science 64，1963 – 1974.

Ibrahim，M. M. ，Tong，C. ，Hu，K. ，et al，2020. Biochar – fertilizer interaction modifies N – sorption，enzyme activities and microbial functional abundance regulating nitrogen retention in rhizosphere soil. Science of the Total Environment 739，140065.

Iqbal，A. ，He，L. ，Ali，I. ，et al，2021. Co – incorporation of manure and inorganic fertilizer improves leaf physiological traits，rice production and soil functionality in a paddy field [J]. Scientific Reports，11：10048 – 10048.

Ju，X. – T. ，Xing，G. – X. ，Chen，X. – P. ，et al，2009. Reducing Environmental Risk by Improving N Management in Intensive Chinese Agricultural Systems [J]. PANS，106：3041 – 3046.

Kuzyakov，Y. ，Subbotina，I. ，Chen，H. ，et al，2009. Black carbon decomposition and incorporation into soil microbial biomass estimated by 14C labeling [J]. Soil Biology and Biochemistry, 41: 210 – 219.

Lammirato, C., Miltner, A., Kaestner, M., 2011. Effects of wood char and activated carbon on the hydrolysis of cellobiose by β – glucosidase from Aspergillus niger [J]. Soil Biology and Biochemistry, 43: 1936 – 1942.

Lehmann, J., Rillig, M. C., Thies, J., et al, 2011. Biochar effects on soil biota – a review [J]. Soil Biology and Biochemistry, 43: 1812 – 1836.

Li, F., Chen, L., Zhang, J., et al, 2017. Bacterial Community Structure after Long – term Organic and Inorganic Fertilization Reveals Important Associations between Soil Nutrients and Specific Taxa Involved in Nutrient Transformations [J]. Frontiers in Microbiology, 8: 187 – 187.

Li, H., Qiu, Y., Yao, T., et al, 2021. Nutrients available in the soil regulate the changes of soil microbial community alongside degradation of alpine meadows in the northeast of the Qinghai – Tibet Plateau [J]. Science of The Total Environment, 792: 148363.

Li, S., Wang, S., Fan, M., et al, 2020. Interactions between biochar and nitrogen impact soil carbon mineralization and the microbial community. Soil & Tillage Research 196, 104437.

Li, Y., Feng, H., Chen, J., et al, 2022. Biochar incorporation increases winter wheat (Triticum aestivum L.) production with significantly improving soil enzyme activities at jointing stage. Catena 211, 105979.

Liao, N., Li, Q., Zhang, W., et al, 2016. Effects of biochar on soil microbial community composition and activity in drip – irrigated desert soil [J]. European Journal of Soil Biology, 72: 27 – 34.

Liu, B., Li, H., Li, H., et al, 2021. Long – term biochar application promotes rice productivity by regulating root dynamic development and reducing nitrogen leaching [J]. Global Change Biology Bioenergy, 13: 257 – 268.

Liu, D., Huang, Y., Yan, H., et al, 2018a. Dynamics of soil nitrogen fractions and their relationship with soil microbial communities in two forest species of northern China [J]. PLoS One, 13: 196567 – 196567.

Liu, Q., Zhang, Y., Liu, B., et al, 2018b. How does biochar influence soil N cycle? A meta – analysis [J]. Plant and Soil, 426: 211 – 225.

Liu, Y., Zhu, J., Gao, W., et al, 2019. Effects of biochar amendment on bacterial and fungal communities in the reclaimed soil from a mining subsidence area [J]. Environmental Science and Pollution Research, 26: 34368 – 34376.

Lopes, É. M. G., Reis, M. M., Frazão, L. A., et al, 2021. Biochar increases enzyme activity and total microbial quality of soil grown with sugarcane [J]. Environmental Technology & Innovation, 21: 101270.

McCormack, S. A., Ostle, N., Bardgett, R. D., et al, 2013. Biochar in bioenergy cropping systems: impacts on soil faunal communities and linked ecosystem processes [J]. Global Change Biology Bioenergy, 5: 81 – 95.

Meena, A., Rao, K., 2021. Assessment of soil microbial and enzyme activity in the rhizosphere zone under different land use/cover of a semiarid region, India [J]. Ecological Processes, 10: 1 – 12.

Mitchell, P. J., Simpson, A. J., Soong, R., Simpson, M. J., 2015. Shifts in microbial community and water – extractable organic matter composition with biochar amendment in a temperate forest soi [J]. Soil Biology and Biochemistry, 81: 244 – 254.

Moore – Kucera, J., Dick, R. P., 2008. PLFA profiling of microbial community structure and seasonal shifts in soils of a Douglas – fir chronosequence [J]. Microbial Ecology, 55: 500 – 511.

Muhammad, N., Dai, Z., Xiao, K., et al, 2014. Changes in microbial community structure due to biochars generated from different feedstocks and their relationships with soil chemical properties. Geoderma 226 – 227, 270 – 278.

Oladele, S., Adeyemo, A., Adegaiye, A., Awodun, M., 2019. Effects of biochar amendment and nitrogen fertilization on soil microbial biomass pools in an Alfisol under rain – fed rice cultivation [J]. Biochar, 1: 163 – 176.

Pokharel, P., Ma, Z., Chang, S. X., 2020. Biochar increases soil microbial biomass with changes in extra – and intracellular enzyme activities: a global meta – analysis [J]. Biochar, 2: 65 – 79.

Prayogo, C., Jones, J. E., Baeyens, J., Bending, G. D., 2013. Impact of biochar on mineralisation of C and N from soil and willow litter and its relationship with microbial community biomass and structure [J]. Biology and Fertility of Soils, 50: 695 – 702.

Ratzke, C., Barrere, J., Gore, J., 2020. Strength of species interactions determines biodiversity and stability in microbial communities [J]. Nature Ecology & Evolution, 4: 376 – 383.

Sekaran, U., Sandhu, S. S., Qiu, Y., et al, 2020. Biochar and manure addition influenced soil microbial community structure and enzymatic activities at eroded and depositional landscape positions [J]. Land Degradation & Development, 31: 894 – 908.

Smith, J. L., Collins, H. P., Bailey, V. L., 2010. The effect of young biochar on soil respiration [J]. Soil Biology and Biochemistry, 42: 2345 – 2347.

Sun, J., Li, H., Zhang, D., et al, 2021. Long – term biochar application governs the molecular compositions and decomposition of organic matter in paddy soil [J]. Global Change Biology Bioenergy, 13: 1939 – 1953.

Tian, X., Wang, L., Hou, Y., et al, 2019. Responses of Soil Microbial Community Structure and Activity to Incorporation of Straws and Straw Biochars and Their Effects on Soil Respiration and Soil Organic Carbon Turnover [J]. Pedosphere, 29: 492 – 503.

Trivedi, P., Anderson, I. C., Singh, B. K., 2013. Microbial modulators of soil carbon storage: integrating genomic and metabolic knowledge for global prediction [J]. Trends in Microbiology, 21: 641 – 651.

Wagg, C., Bender, S. F., Widmer, F., et al, 2014. Soil biodiversity and soil community composition determine ecosystem multifunctionality [J]. PANS, 111: 5266 – 5270.

Xu, H., Cai, A., Wu, D., et al, 2021. Effects of biochar application on crop productivity, soil carbon sequestration, and global warming potential controlled by biochar C: N ratio and soil pH：A global meta – analysis ［J］. Soil & tillage research，213：105125.

Yang，C.，Zhong，Z.，Zhang，X.，et al，2018. Responses of soil organic carbon sequestration potential and bacterial community structure in moso bamboo plantations to different management strategies in subtropical China. Forests 9，657.

Yang，T.，Li，X.，Hu，B.，et al，2022. Soil microbial biomass and community composition along a latitudinal gradient in the arid valleys of southwest China. Geoderma 413，115750.

Yu，L.，Yu，M.，Lu，X.，et al，2018. Combined application of biochar and nitrogen fertilizer benefits nitrogen retention in the rhizosphere of soybean by increasing microbial biomass but not altering microbial community structure ［J］. Science of the Total Environment，640：1221 – 1230.

Zhang，G.，Guo，X.，Zhu，Y.，et al，2018a. The effects of different biochars on microbial quantity，microbial community shift，enzyme activity，and biodegradation of polycyclic aromatic hydrocarbons in soil ［J］. Geoderma，328：100 – 108.

Zhang，L.，Jing，Y.，Xiang，Y.，et al，2018b. Responses of soil microbial community structure changes and activities to biochar addition：a meta – analysis. Science of the Total Environment，643：926 – 935.

Zhang，W.，Dou，Z.，He，P.，et al，2013. New technologies reduce greenhouse gas emissions from nitrogenous fertilizer in China ［J］. PANS，110：8375 – 8380.

Zhang，Y.，Wang，J.，Feng，Y.，2021. The effects of biochar addition on soil physicochemical properties：A review. Catena 202，105284.

Zheng，J.，Chen，J.，Pan，G.，et al，2016. Biochar decreased microbial metabolic quotient and shifted community composition four years after a single incorporation in a slightly acid rice paddy from southwest China ［J］. Science of the Total Environment，571：206 – 217.

Zheng，Q.，Hu，Y.，Zhang，S.，et al，2019. Soil multifunctionality is affected by the soil environment and by microbial community composition and diversity. Soil Biology and Biochemistry 136，107521.

5.2　生物炭与土壤多功能性

5.2.1　背景

现代农业系统中过多的化学肥料施用可能导致环境污染、土壤质量下降和土壤生物多样性减少（Tsiafouli et al.，2015）。由农业废弃物热解产生的生物炭是一种环保的土壤改良剂。由于其高比表面积、多孔性和表面电荷，施用生物炭可以提高土壤性质，改变养分动态，刺激土壤中有益微生物的多样性，提高作物产量（Pathy et al.，2020）。生物炭与化肥一起施用可以改善土壤性质，有助于农业的可持续发展。

生物炭的应用会影响土壤中的各种生物地球化学过程，包括碳封存、养分运输和转化（Nelissen et al.，2012；Zheng et al.，2018）。生物炭被认为是一种有效的土壤碳汇，因为其高比例的惰性形式的 C 和高稳定性的抗腐性可以抑制 SOM 的长期周转，刺激碳储存和增加 SOC 含量（Cui et al.，2017；Dong et al.，2022a）。生物炭还含有N、P 和 K 等营养物质，具有很强的吸附和离子交换能力，可以作为营养源和营养汇，增加土壤营养含量（Hossain et al.，2020）。施用生物炭可以通过增加可溶性磷、改变P 的吸附/解吸平衡、改变土壤 pH 值或影响磷酸酶活性，直接或间接地影响土壤磷的动态变化。它还可以通过吸附和解吸等非生物因素或与矿化、硝化和固氮等氮转化过程有关的生物因素，影响氮的可用性（Gao et al.，2019）。此外，生物炭可以增加与N 和 P 循环有关的土壤酶的活性（Zhang et al.，2019b）。生物炭的特性和土壤理化性质的变化可以通过提供基质、合适的栖息地和生态位直接改变土壤微生物的生物量（Gul et al.，2015）。总之，研究主要集中在评估生物炭对各种土壤指标的影响，很少有研究从土壤功能的角度分析生物炭对土壤的影响。

评估生态系统同时提供多种功能和服务的能力（生态系统多功能性）是生态学中广泛使用的一种方法（Maestre et al.，2012）。土壤微生物参与土壤生态系统中重要的地球化学过程，是维持生态系统功能的关键资源，土壤微生物多样性是生态系统多功能性的一个重要驱动因素（Wagg et al.，2014）。已有研究表明，耕作和施肥等农业活动可能会减少土壤微生物多样性（Diosma et al.，2006）。微生物多样性的任何损失都可能降低多功能性，并对生态系统提供的服务产生负面影响（Delgado – Baquerizo et al.，2016）。然而，功能冗余概念的引入对微生物功能多样性的重要性提出了挑战。一些研究认为，由于不同的物种在生态系统中可以具有相同的功能，因此微生物多样性的丧失不一定会改变生态系统的功能（Bell et al.，2005；Loreau，2004）。

土壤 pH 值和土壤团聚物也是预测多功能性的重要因素。据报道，通过田间管理措施降低碱性土壤的 pH 值，可以改善养分供应和养分循环，提高土壤的多功能性（Li et al.，2021a）。土壤 pH 值也可以通过间接影响土壤生物丰富度来影响土壤多功能性（Delgado – Baquerizo et al.，2020）。土壤团聚可以促进碳固存，保持土壤肥力（Han et al.，2021a），并影响土壤酶的活性和特定过程（Nannipieri et al.，2012）。一般来说，宏观和微观团聚体（2～0.053mm，MA）有利于土壤有机碳的稳定积累，是促进植物生长和微生物利用的重要营养资源（Rabbi et al.，2014）。Han et al.（2021b）发现，土壤团粒大小可能通过微生物多样性的差异间接地对多功能性产生负面影响。尽管一些农业管理措施可以通过影响土壤性质或土壤生物多样性来影响土壤多功能性（Li et al.，2021a；Zhang et al.，2019a），但目前仍不清楚生物炭和氮肥如何影响土壤多功能性。

生物炭的应用增加了许多土壤类型的 pH 值（Hossain et al.，2020）。这是由于大多数生物炭的 pH 值是碱性的，这取决于碳化过程的速度、热解温度和原料的类型（Hossain et al.，2020）。生物炭改性土壤 pH 值升高的另一个原因是，生物炭表面含有硅酸盐、碳酸盐和带负电荷的有机功能团（Hossain et al.，2020）。此外，作为土壤物理结构的基本单位，土壤团聚体会因农业管理而发生改变（Xiao et al.，2019）。施用生物炭可以改善土壤结构，并对土壤团聚产生积极影响（Islam et al.，2021）。例如，生物炭可以使湿团聚物的稳定性提高 3%～226%（Blanco-Canqui，2017）。此外，生物炭可以通过提供能量和额外的栖息地，或通过改变土壤的基本属性间接地影响土壤微生物的丰度、丰富度和群落结构（Dai et al.，2021）。目前，生物炭的添加是否能通过改变土壤微生物的多样性和土壤性质来驱动土壤多功能性的变化还不清楚。这对于理解生物炭在可持续农业中的作用机制非常重要。

本研究的主要目的是在生态系统服务框架内评估长期施用生物炭对农业土壤多种功能的综合影响。基于 8 年的田间实验，我们通过 11 个土壤功能变量和 4 个决定土壤功能的潜在因素的反应，比较了生物炭和施氮对土壤养分保留和循环的影响。我们试图回答两个问题：①生物炭和施氮是否能提高土壤多功能性（MF）；②土壤多功能性是否由土壤性质、真菌和/或细菌多样性驱动。

5.2.2　材料和方法

5.2.2.1　实验地点和设计

实验地点选择在宁夏回族自治区青铜峡市叶盛镇。该地区的平均海拔为 1100m，年平均温度（MAT）为 9.1℃，年平均降水量（MAP）为 176mm。土壤类型为人为冲积层，土壤质地分数为 28.0% 的沙子、53.8% 的淤泥和 18.2% 的黏土，体积密度为 1.3g/cm³。在 0～20cm 的表层土壤中，SOM 为 16g/kg，TN 为 1.1g/kg。

试验于 2012 年开始，采用随机分区设计，有三种生物炭用量 [C0，无生物炭；C1，4.5t/(hm²·a)；C2，13.5t/(hm²·a)] 和两种氮用量 [N0，无氮肥；N1，300kg/(hm²·a)（当地常规施氮）]。每个小区为 13m×5m，小区之间有 1.5m 的缓冲区，所有 6 个处理都重复了 3 次。

所选水稻品种为宁京 43。以尿素（N，46% w/w）形式的氮肥分 3 次施入土壤表面（50% 作为基肥，30% 在分蘖期，20% 在结实期）。过磷酸钙（P₂O₅，16% w/w）和硫酸钾（K₂O，52% w/w）也被用作基肥，施用量为 39.3kg/hm² 和 74.5kg/hm²。生物炭是由小麦秸秆在 350℃ 的厌氧条件下热解而成的。生物炭中 C、N 和 P 的总含量（w/w）分别为 66%、0.5% 和 0.1%，pH 值（H₂O）为 7.78。生物炭与基肥一起撒在土壤表面，并通过耕作纳入土壤中，深度约为 20cm。没有生物炭或氮处理的地块也被翻耕以保持一致性。不同地块和年份的作物管理是一致的。

5.2.2.2　土壤采样和数据收集

在 2019 年收获时，从每个处理的 0～20cm 深度均匀地采集 5 个土壤样本，并混合成一个复合样本。土壤经过筛分（<2mm），分三部分储存：风干、4℃ 和 -80℃，

分别用于土壤理化分析、土壤酶活性测定和分子分析。土壤性质、土壤微生物多样性和生态系统功能的测定如下。

（1）土壤特性。所有土壤样品的 pH 值都是用 pH 计在 1∶2.5（w∶v）的土壤：水悬浮液中测量的。通过湿法筛分三种尺寸的土壤团聚体：①大团聚体（2～0.25mm）；②微团聚体（0.25～0.053mm）；③淤泥和黏土（＜0.053mm），如前所述（Elliott，1986）。

（2）多样性测量。在这项研究中，使用丰富度（即微生物分类群的数量）作为生物多样性的最常见指标（Hu et al.，2021b）。使用细菌和真菌 OTU 的总数来评估细菌和真菌的丰富性和多样性。分别使用 341F/805R 和 FITS7/ITS4 引物组进行 16S rRNA 和 ITS 基因扩增。扩增子测序使用 Illumina MiSeq 平台（Illumina，美国）进行。QIIME 软件包被用于生物信息学分析。根据 97％的序列相似度来选择操作分类单位（OTU）。具体方法详见 Delgado - Baquerizo 等（2017）。

（3）生态系统功能。在这项研究中，测量了以下 11 种功能，包括土壤有机碳（SOC）、氮［总氮（TN）、硝酸盐- N、铵- N］、磷［总磷（TP）、有效磷（AP）］、C -循环酶［β - 1,4 -葡萄糖苷酶（BG，纤维素降解）］、N -循环酶［β - 1,4 - N -乙酰氨基葡萄糖酶（NAG，甲壳素降解），亮氨酸氨基肽酶（LAP，亮氨酸和其他疏水氨基酸的水解）］，P -循环酶［碱性磷酸酶（ALP，磷酸盐的水解）］和土壤 DNA 浓度。这些变量涉及土壤物质和能量循环，是多功能研究中最常测量的指标，反映了多种生态系统功能，如土壤固碳、土壤养分储存和土壤肥力的积累（Hu et al.，2021b）。简而言之，SOC 常被用来表征土壤固碳的能力，而 TN、TP 和 AP 是评估 N 和 P 储存的良好指标，表明耕地的养分可用性（Hu et al.，2021b）。铵和硝酸盐由微生物介导的过程产生，如矿化、硝化和固氮是很容易被植物和微生物吸收的氮成分（Canfield Donald et al.，2010）。C -、N -和 P -循环酶参与物质循环，并通过催化 SOM 的分解释放营养物质（Li et al.，2021a）。DNA 浓度用于表征表面土壤微生物生物量（Hu et al.，2021b）。

（4）SOC 的测量是基于重铬酸钾氧化法。TN 是通过微克尔达尔消化法测定的（Gong et al.，2021）。土壤 TP 和 AP 在高氯酸消化和 0.5M NaHCO₃ 提取后分别用钼酸盐比色法测定。铵的浓度用吲哚酚蓝法比色测量。硝酸盐首先用硫酸肼还原成亚硝酸盐，亚硝酸盐的浓度从 2M KCl 提取液中测量（Hu et al.，2021b）。按照 Xu 等（2017）的方法，用 96 孔微孔板测量酶的活性，每个土壤样品进行了 8 次重复试验。参照产品说明，使用土壤 FastDNA Spin 试剂盒（MP Bio，美国）提取土壤 DNA。使用 1％琼脂糖凝胶和 NanoDrop 分光光度计（Thermo Scientific，美国）检查基因组 DNA 的纯度和质量。

（5）生态系统的多功能性。在本实验中，使用平均多功能性指数来评估土壤的多功能性（Delgado – Baquerizo et al.，2020；Maestre et al.，2012）。平均多功能性指数是将一系列的土壤功能转化为一个单一的指数，用来量化多种土壤功能的平均水平。为了量化多功能性，首先用 Z – score 转换对每个评估的土壤功能进行标准化，然后对每个处理的土壤功能的 Z – score 进行平均，得到多功能性指数。

5.2.2.3　统计学分析

采用双向方差分析（ANOVA）和 Tukey 的多重比较检验来评估生物炭和氮肥对土壤性质、微生物多样性和功能的影响。与对照组相比，五个生物炭和氮肥处理中每个土壤变量的增量用来表示处理效果，并通过 t 检验分析其差异。然后，采用 Pearson 相关分析来探讨土壤性质、微生物多样性、个体功能和土壤多功能性之间的关系。使用随机森林分析（R 中的"随机森林"包）评估每个单独的土壤功能对土壤多功能性的贡献的重要性。最后，在土壤性质（土壤 pH 值和土壤团粒）和土壤微生物多样性（土壤真菌丰富度和土壤细菌丰富度）与多功能性指数之间进行普通最小二乘法线性回归，以考察土壤性质和微生物多样性对土壤多功能性的影响。统计分析使用 SPSS 25.0（SPSS）进行，并使用 R 版本 4.1.2 和 Origin 2021 进行可视化。

5.2.3　结果

5.2.3.1　各处理中土壤功能变量和多功能性的反应

生物炭的施用是影响 SOC 的唯一显著效应（$P<0.001$）（表 5 – 3），与 C0N0 相比，随着生物炭用量的增加，SOC 增加 20%～58%（图 5 – 7，表 5 – 2）。土壤 TN 仅受氮肥影响（$P<0.05$），与 C0N0 处理相比，施用氮肥明显增加 TN 含量（图 5 – 7）。生物炭和氮肥对 TP 含量没有影响（表 5 – 3）。

表 5 – 2　相对于空白处理（C0N0），生物炭和氮肥处理对个体功能、土壤微生物丰富度和土壤性质（pH 值以及宏观和微观团聚体）的影响程度。平均值±SE（$n=3$）

影响因素	处　　理				
	C1N0	C2N0	C0N1	C1N1	C2N1
SOC	27±2	49±9	12±4	20±6	58±4
TN	7.1±2.8	8.2±1.6	10.0±2.5	9.3±1.2	15±3
TP	2.2±1.5	4.4±4.8	−0.55±2.53	2.8±1.9	3.3±3.4
硝酸盐 – N	−38±2	−16±1	30±0	12±4	−1.7±2.3
铵 – N	7.6±2.5	9.4±3.9	2.7±7.6	4.8±7.9	7.9±4.0
AP	9.4±2.7	75±1	−37±1	16±12	29±5
BG	6.5±1.3	36±3	22±7	11±3	24±6
NAG	65±16	2.3±1.8	−22±4	−51±3	−12±8

续表

影响因素	处理				
	C1N0	C2N0	C0N1	C1N1	C2N1
LAP	176±11	16±8	258±15	40±6	174±8
ALP	197±18	24±9	114±11	42±8	103±15
DNA	−2.2±0.1	−7.9±1.4	−1.2±3.3	0.20±4.44	−2.2±6.3
BAR	1.6±2.8	8.9±2.9	0.86±1.62	−2.5±1.0	−3.7±3.3
FUR	34±1	27±14	−2.4±2.1	62±8	15±3
pH	−0.03±0.46	−0.44±0.19	−1.0±0.3	0.05±0.13	−1.5±0.00
MA	−18±1	11±3	24±1	8.8±4.0	−5.1±4.0

生物炭和氮肥之间的相互作用影响了土壤硝态氮浓度和 AP 含量，而土壤铵态氮浓度则不受影响（表 5-3）。与 C0N0 处理相比，C1N0 和 C2N0 的硝态氮浓度明显下降（分别下降 38% 和 16%），C0N1 和 C1N1 处理的硝态氮浓度明显上升（分别上升 30% 和 12%）（图 5-7，表 5-2）。与 C0N0 相比，土壤中的 AP 含量仅在高生物炭处理中明显增加（增加 29%～75%），而单独施氮会降低土壤中的 AP 含量（表 5-3，图 5-7）。

土壤碳（BG）、氮（NAG、LAP）和磷（ALP）循环的酶受生物炭和氮肥的相互作用影响（表 5-3）。在 N1 时，BG 活性没有随着生物炭率的增加而发生明显变化，但在 N0 时，C2 的 BG 活性明显高于低生物炭率（图 5-7，表 5-2）。与未修正的对照组相比，C1N0 的 NAG 活性增加了 65%（$P<0.01$），C1N1 的 NAG 活性减少了51%（$P<0.001$）（图 5-7，表 5-2）。与其他两种生物炭用量相比，在施用 4.5t 生物炭的处理中，LAP 和 ALP 活性在没有氮的情况下明显升高，在施用 300kg 氮的处理中明显降低（图 5-7，表 5-2）。

土壤 DNA 浓度没有随生物炭和氮肥的施用而变化，说明土壤微生物的生物量在 6 个不同的处理中没有明显变化（表 5-3）。

生物炭和氮肥对土壤多功能性指数有明显的交互作用（$P<0.01$）。在不施用氮肥的情况下，施用生物炭能明显改善土壤多功能性指数，但 C1N0 和 C2N0 之间没有差异。相反，在施氮的条件下，与 C0N1 相比，施用生物炭对多功能性指数没有明显改善，但 C1N1 和 C2N1 之间的土壤多功能性指数存在差异，生物炭施用量越高，多功能性指数越高。

5.2.3.2　驱动因素对各处理的反应及因素间的相关性

生物炭和氮肥对细菌丰富度有明显的交互作用（$P<0.05$），真菌丰富度只受生物炭添加的影响（表 5-3）。与 C0N0 相比，C2N0 的土壤细菌丰富度增加了（9%）（表 5-2），而其他处理没有发现变化。而且，C1N0 和 C1N1 的土壤真菌丰富度增加（分

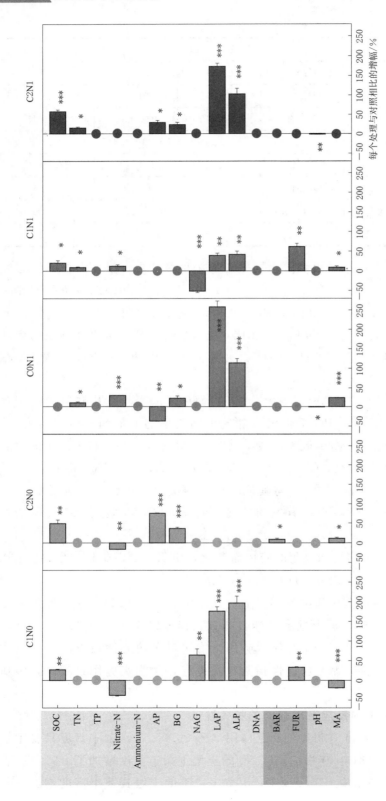

图 5 - 7　相对于空白处理（C0N0），生物炭和氮肥处理对个体功能、微生物组特性和

土壤物理化学参数的影响程度

注：圆圈表示生物炭和氮肥处理与C0N0之间没有差异的参数。正值表示与C0N0土壤相比，生物炭和氮肥处理的性状值更高，而负值表示相反。数据为平均值+SE（n=3）。对于每个参数，进行t检验以检测处理和C0N0之间的显著差异：* P≤0.05；* * P≤0.01；* * * P≤0.001。BAR代表土壤细菌丰富度；FUR代表土壤真菌丰富度；pH代表土壤 pH（水）。

表5-3 不同处理对个体功能、微生物丰富度（土壤细菌丰富度和土壤真菌丰富度）、土壤性质（pH值和宏观—微观团聚物）和多功能性的影响。平均值±SE（n=3）。

影响因素	处理						C*N	C	N
	C0N0	C1N0	C2N0	C0N1	C1N1	C2N1			
SOC/(g/kg)	10.3±0.4 c	13.1±0.1 b	15.4±0.9 a	11.6±0.4 B	12.4±0.6 B	16.3±0.4 A	n.s.	***	n.s.
TN/(g/kg)	0.93±0.04 a	1.00±0.03 a	1.01±0.02 a	1.03±0.02 A	1.02±0.01 A	1.07±0.02 A	n.s.	n.s.	*
TP/(g/kg)	0.60±0.01	0.62±0.01	0.63±0.03	0.60±0.02	0.62±0.01	0.62±0.02	n.s.	**	n.s.
硝酸盐-N/(mg/L)	0.15±0.01 c	0.09±0.00 e	0.13±0.00 d	0.20±0.00 a	0.17±0.01 b	0.15±0.00 c	***	n.s.	***
铵-N/(mg/L)	0.78±0.02	0.84±0.02	0.86±0.03	0.80±0.06	0.82±0.06	0.84±0.03	n.s.	n.s.	n.s.
AP/(mg/kg)	22.8±1.9 c	24.9±0.6 bc	39.9±0.2 a	14.4±0.2 d	26.5±2.6 bc	29.4±1.2 b	**	***	***
BG/[nmol/(g·h)]	11.4±0.4 c	12.2±0.1 c	15.6±0.3 a	14.0±0.7 b	12.8±0.4 bc	14.1±0.7 ab	**	**	***
NAG/[nmol/(g·h)]	0.68±0.01 b	1.13±0.11 a	0.70±0.01 b	0.53±0.03 bc	0.33±0.02 c	0.60±0.05 b	***	n.s.	***
LAP/[nmol/(g·h)]	28.9±0.8 d	79.8±3.3 b	33.4±2.3 cd	103.5±4.4 a	40.3±1.7 c	79.0±2.4 b	***	*	***
ALP/[nmol/(g·h)]	8.55±0.16 d	25.42±1.50 a	10.62±0.75 cd	18.29±0.94 b	12.13±0.71 c	17.32±1.28 b	**	***	n.s.
DNA/(mg/kg)	2.13±0.11	2.08±0.00	1.96±0.03	2.11±0.07	2.14±0.10	2.08±0.13	n.s.	n.s.	n.s.
BAR	3224±66 b	3277±91 ab	3512±94 a	3251±52 b	3144±31 b	3105±105 b	*	n.s.	*
FUR	339±28 b	453±4 a	429±48 ab	331±7 B	548±27 A	388±10 B	n.s.	***	n.s.
pH	8.16±0.02 a	8.16±0.04 a	8.12±0.02 a	8.07±0.02 B	8.16±0.01 A	8.04±0.00 B	n.s.	*	*
MA/%	65.5±1.2 c	53.5±0.8 d	72.9±1.8 b	81.4±0.4 a	71.2±2.6 b	62.2±2.5 c	***	***	***
MF	-0.65±0.09 c	0.15±0.15 ab	0.18±0.12 ab	0.06±0.17 ab	-0.18±0.05 b	0.43±0.14 a	**	**	*

注：BAR，土壤细菌丰富度；FUR，土壤真菌丰富度；pH，土壤pH（水）；MA，宏微聚物（0.053~2mm）；MF，多功能性。当生物炭和氮率的交互作用不显著时，对于每个参数，不同生物炭处理（C0，C1，C2）之间的显著差异在N0（无氮肥）时用不同的小写字母表示。当生物炭和氮率的交互作用不显著时，不同生物炭处理（C0，C1，C2）之间的显著差异在N1［300kg/（hm²·a）］时用不同的大写字母表示。当交互作用显著时，不同的小写字母表示所有处理之间的显著差异（P<0.05）。

别增加 34％和 62％）（图 5-8，表 5-2）。真菌丰富度随着生物炭施用量的增加呈现出驼峰状的趋势（表 5-3）。

生物炭和氮分别对土壤 pH 值有明显的影响，而土壤大-小团聚体的百分比则受生物炭 x 氮肥的交互作用影响（表 5-3）。当不施用氮肥时，生物炭的应用不影响土壤 pH 值。单独施用氮肥或与大量的生物炭一起施用都会显著降低土壤 pH 值。与 C0N0 相比，C0N1 和 C2N1 处理的土壤 pH 值分别从 8.16 降至 8.07 和 8.04（表 5-3，图 5-8）。无论是否施用氮肥，较低的生物炭率都不会导致土壤 pH 值的明显变化。C2N0、C0N1 和 C1N1 处理明显增加了土壤中的宏微聚物含量，只有 C1N0 处理非常明显地减少了 18％的土壤宏微聚物（$P < 0.001$），而 C2N1 处理没有明显变化（图 5-8）。在施氮的条件下，生物炭用量的增加使土壤宏微聚物的比例下降，但其中微聚物的比例呈上升趋势（图 5-8），而在不施氮的条件下，宏微聚物的含量随着生物炭用量的增加而下降，然后上升。

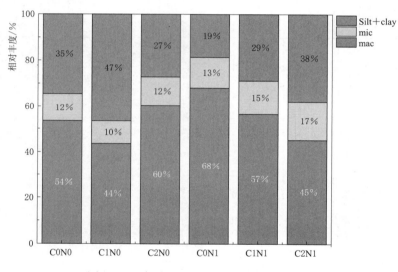

图 5-8　每个处理中团聚体的相对丰度

5.2.3.3　单个土壤功能、驱动因素和土壤多功能性之间的关系

SOC 和 TN 与土壤多功能性呈高度显著正相关（$P < 0.01$）。TP、铵-N、BG、LAP、ALP 与多功能性显著正相关（$P < 0.05$）（图 5-9）。随机森林模型解释了土壤多功能性的 41.2％的变异，其中 SOC 含量是最重要的影响功能（图 5-10）。ALP、BG、LAP 活性和铵-N 也是重要的影响函数（$P < 0.05$）。

SOC 与 TN 和 AP 呈正相关（$P < 0.01$），BG 活性与 SOC 和 AP 呈正相关（$P < 0.05$），ALP 活性与 NAG 和 LAP 活性呈正相关。同时，AP 与硝酸盐-N 浓度和 LAP 活性呈负相关（$P < 0.05$），硝酸盐-N 浓度和 NAG 活性呈负相关（$P < 0.01$），BG 活性与 DNA 浓度呈负相关（$P < 0.05$）。

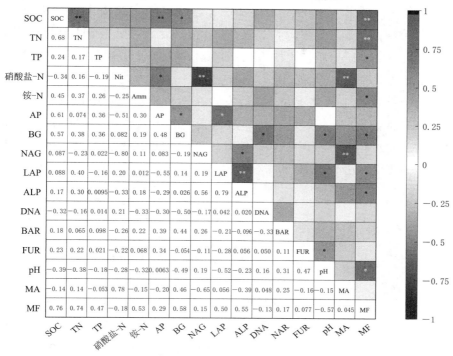

图 5-9　单项功能、微生物多样性、土壤物理化学参数和土壤多功能性之间的
皮尔逊相关关系

注：上半部分的颜色深浅表示相关的强度。星号表示每个系数的显著性水平：
$*P \leqslant 0.05$；$* * P \leqslant 0.01$。下半部分的数字是 r 值。

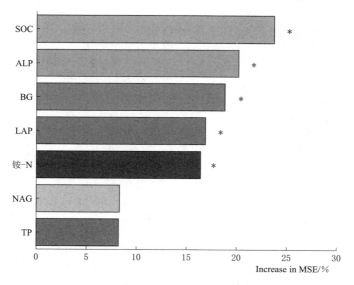

图 5-10　对生态系统多功能性具有较高
相对重要性的 7 个单独土壤功能的随机森林平均预测器重要性（MSE，
均方误差增加的百分比，$*P \leqslant 0.05$）

土壤微生物多样性不影响单个土壤功能，这些功能主要由土壤性质调节。其中，BG 和 LAP 与土壤 pH 值呈显著负相关（图 5-9）。此外，土壤 pH 值与真菌多样性呈正相关（$P < 0.05$）（图 5-9）。土壤大-小团聚体部分与土壤硝酸盐-N 浓度呈正相关，与 NAG 呈负相关（$P < 0.01$）（图 5-9）。

通过相关分析和线性回归分析，我们发现在四个驱动因素中，只有土壤 pH 值与土壤多功能性呈负相关（$P < 0.05$），大-微团聚物、土壤真菌多样性和细菌多样性与土壤多功能性无明显相关性（图 5-9，图 5-11）。宏观团聚物含量和微观团聚物含量与土壤多功能性无关（分别为 $R^2 = 0.02$，$P = 0.60$，$R^2 = 0.09$，$P = 0.23$）。

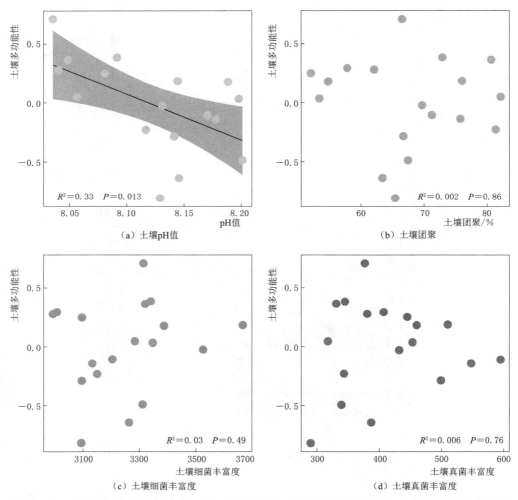

图 5-11 土壤多功能性与土壤 pH、土壤团聚（宏观和微观团聚）、土壤细菌丰富度和土壤真菌丰富度之间的关系

注：R^2 和 P 值来自拟合的线性 OLS 模型。实线表示有统计学意义（$P \leqslant 0.05$）的关系，阴影区表示回归线的 95% 置信区间。

5.2.4　讨论

5.2.4.1　生物炭对土壤个体功能的影响

在本实验中，生物炭没有明显改善土壤的养分储存功能，施用生物炭后土壤的 TN 和 TP 没有明显增加（表 5-2）。我们以前的研究发现，施用生物炭可以明显提高水稻产量（Liu et al.，2021），说明植物从土壤中吸收了更多的氮和磷营养。此外，不同的生物质和热解温度产生的生物炭中氮和磷的含量差异很大（Hossain et al.，2020）。本实验中选择的小麦秸秆作为生物质，较低的热解温度使生物炭中的氮和磷含量相对较低，这可能是未能明显增加土壤氮和磷养分储存的另一个原因。

我们还观察到，施用生物炭对铵-N 的含量没有明显影响，但减少了土壤中硝酸盐-N 的含量（表 5-2，图 5-8）。我们以前的研究表明，生物炭的应用增加了土壤中的 C∶N 比率（Sun et al.，2021），这导致了微生物生物量中 NO_3^- 固定的增加（Brassard 等，2016 年）。此外，NO_3^- 可能直接吸附在生物炭的表面（Prendergast-Miller et al.，2011）。在本研究中，施用生物炭后，土壤中的 AP 含量有所增加（表 5-2），这可能主要是由于加入生物炭后，减少了土壤中 Fe（Ⅲ）-（Hydr）氧化物表面吸附的 P 的数量，生物炭的吸附作用也减少了 AP 的浸出，从而增加了表土中的 AP 含量（Hossain et al.，2020）。有研究表明，长期施用氮肥会影响土壤中的磷（P）成分及其可利用性（Mahmood et al.，2021），我们发现施用生物炭可以缓解这一现象，增加土壤磷的可利用性（表 5-2）。

一些实验表明，随着生物炭施用梯度的增加，收获期土壤 NAG 和 LAP 活性的变化呈先增后减的趋势（Zhang et al.，2022）。这与我们的研究结果不完全相同，随着氮肥的加入，NAG 和 LAP 活性的变化呈先减后增的趋势（表 5-2），生物炭与氮肥相互作用引起的土壤性质（pH 值和土壤团粒）的变化可能是造成这种变化的主要原因。土壤 BG 活性与土壤 SOC 含量显示出明显的相关性，施用生物炭增加了土壤 SOC 含量，SOC 的可用性影响了 BG 活性（Lopes et al.，2015），此外，其活性受土壤 pH 值影响明显（表 5-2，图 5-9）。在本研究中，土壤 ALP 活性和氮循环酶表现出明显的相关性（图 5-9），表明生物炭和氮肥刺激了微生物的活性，增加了微生物对磷的需求，并提高了磷酸酶的活性。

在这项研究中，一些单独的土壤功能显示出明显的相关性（图 5-9）。土壤功能之间存在强相关意味着某种程度的冗余（Hu et al.，2021b）。然而，只有一种情况（即 LAP 活性与 ALP 活性），相关的 r 值高于 0.7，表明两者之间的功能冗余程度不是很高（Hu et al.，2021b）。同时，硝酸盐-N 与 NAG 呈负相关（$P < 0.01$），AP 与硝酸盐-N 和 LAP 呈负相关，BG 与 DNA 浓度呈负相关，表明这些单独的土壤功能之间存在一定的权衡（Manning et al.，2018），在考虑其不同的生态系统服务时需要

做出不同的权衡。

5.2.4.2 土壤微生物多样性和多功能性

在我们的实验中，土壤微生物多样性随着生物炭的应用而增加或没有影响。在没有氮肥的情况下，细菌多样性随着生物炭的施用而增加，这可能是由于生物炭提供的土壤营养成分和栖息地的增加（Palansooriya et al.，2019）。在生物炭施用量大的处理中，施氮导致细菌多样性下降，这可能是由于土壤 C：N 比例的变化改变了微生物群落结构，影响了细菌多样性（Li et al.，2018）。同时，随着生物炭施用量的增加，土壤真菌的多样性呈现先增后减的趋势，这可能是由于生物炭的高度稳定的有机碳限制了真菌代谢底物的供应（Chen et al.，2013）。此外，施用生物炭引起的土壤 pH 值变化可能是另一个因素。

在陆地生态系统中，土壤微生物的多样性决定了多功能性（Delgado-Baquerizo et al.，2016）。然而，在本研究中，我们没有发现土壤细菌和真菌的多样性与土壤多功能性之间存在明显的相关性（图 5-11）。解释这种差异的原因可能有四个。首先，微生物群落内可能存在一定程度的功能冗余（Li et al.，2021b）。功能冗余意味着不同的物种在生态系统中发挥同样的作用，因此，物种多样性的变化可能不会影响功能（Loreau，2004）。其次，所测功能的数量和特性决定了微生物多样性和多功能性之间的关系。当功能集包含更多的功能时，微生物多样性对多功能性的影响更强，其强度取决于所含功能的特性（Meyer et al.，2018）。第三，多功能性与微生物群落组成或特定的微生物功能组有关（Li et al.，2021a），而与整个土壤生物群无关（Wang et al.，2022b）。这是因为一些生态系统过程是由一些特定的微生物种群联合完成的，而整体生物群落的变化可能不会对这些群落产生影响（Li et al.，2021b）。第四，高强度的农业活动，如频繁耕作和过度施肥，简化了土壤群落，抑制了生物群落的作用（Tsiafouli et al.，2015）。本研究中长期的厌氧环境也可能导致土壤微生物更加稳定，或生存能力降低等，这些都可能导致无法驱动土壤功能。

5.2.4.3 土壤特性和多功能性

在本研究中，少量的生物炭施用对土壤 pH 值没有影响（表 5-2）。在施氮的情况下，少量的生物炭可以缓解长期施氮造成的土壤酸化，这可能是由于生物炭的添加可以提高土壤 pH 值的缓冲能力（Hu et al.，2021a）。同时，长期施用大量的生物炭，土壤 pH 值略有下降（表 5-2，图 5-8）。以前的研究也报道了在碱性土壤中添加生物炭后，土壤 pH 值有类似的轻微下降（El-Naggar et al.，2019；Hu et al.，2021a）。生物炭对土壤 pH 值的影响与土壤或生物炭的类型以及生物炭的施用量有关（El-Naggar et al.，2019）。在本研究中，添加生物炭后土壤 pH 值下降的原因是：①生物炭在土壤中的氧化（老化）可以促进酚类和羧酸的产生，从而降低土壤 pH 值（Hu et al.，2021a）；②生物炭的存在也促进了 SOM 的氧化，产生了酸性物质（Liang et al.，

2010；Zavalloni et al.，2011)。

一般来说，生物炭和氮肥的施用可以增强骨料的稳定性，增加大骨料含量，减少粉砂黏土含量（Islam et al.，2021)。然而，在我们的实验中，在不施氮的情况下，C2N0 处理增加了宏观微观团聚体的含量，C1N0 减少了。在施氮的情况下，宏观微观团聚体的含量也随着生物炭的应用而减少（表 5-2，图 5-8)。这可能是由于本研究中 SOM 的含量较低（Sun et al.，2021)，不利于宏观团聚体的形成。同时，Dong 等（2016）报道了不同数量的生物炭对土壤团聚体周转的影响机制不同，生物炭颗粒可以使大团聚体分解成小于 0.053mm 的颗粒。大量的生物炭与所有的团聚体相互作用，可以重新组织团聚体体的分布。此外，生物炭细料的不完全氧化和实验地块可能存在的小差异可能是淤泥黏土增加的另一个原因（Arthur et al.，2015)。

土壤性质的变化可以直接影响土壤功能，例如，碱性土壤容易导致养分的有效性和流动性降低（Pizzeghello et al.，2011)，而团聚体的大小可以影响 SOC 的稳定性（Zhang et al.，2015)。Yang 等（2021b）研究表明，土壤 pH 值的变化在驱动生态系统功能方面起着关键作用。Luo 等（2018）也发现 C-循环酶活性和 pH 值是多功能性的可行预测因素。我们的结果显示，土壤 pH 值的变化解释了土壤多功能性的变化。生物炭和氮肥的施用明显降低了土壤 pH 值，这与土壤碳和氮酶的活性明显相关（图 5-9)。碱性土壤 pH 值的降低有利于养分供应和养分循环，并改善多功能性（Li et al.，2021a)。虽然我们没有发现细菌多样性或真菌多样性与多功能性之间的显著关系，但我们不能排除是土壤中特定微生物群落的变化增强了土壤的多功能性，特定微生物类群对多功能性的积极影响可能是由改变土壤 pH 值控制的（Delgado-Baquerizo et al.，2017)。

一般来说，土壤团聚物可以影响土壤微生物的丰度、活性和群落结构，并通过微生物多样性决定生态系统功能（Han et al.，2021b)。然而，在我们的研究中，土壤宏观微观团聚体的含量对微生物多样性没有明显影响，但影响了土壤硝态氮含量和 NAG 活性（图 5-9)，表明团聚体含量可能与参与氮循环的微生物有关。尽管如此，土壤大型微团聚物的含量与土壤多功能性之间没有相关性（图 5-11)，表明土壤大型微团聚物的百分比不是土壤多功能性的预测因素，这可能是由于淹没的土壤环境抑制了土壤团聚物中的微生物活动，降低了大型团聚物在养分循环保持中的重要作用。

虽然我们在本实验中发现土壤 pH 值与多功能性之间存在明显的相关性，但土壤 pH 值的下降幅度非常小，最大下降幅度为 0.12 个单位，同时在 11 个单独的土壤功能中只有两个重要的功能（BG、LAP 活性）与 pH 值的变化明显相关（表 5-2，图 5-9，图 5-11)，说明土壤 pH 值可能不是驱动土壤多功能性变化的唯一因素。Li 等（2021a）认为，在大多数情况下，管理措施对多功能性的直接影响要强于通过土壤生物多样性变化产生的间接影响。Han 等（2021b）的研究也表明，土壤多功能性受到土壤资源供应的影响，土壤 C、N 和微生物功能多样性共同决定了多功能性。由此，我们可以推测，土壤多功能性的变化可能与生物炭和氮肥的施用直接相关。我们发现，SOC 含量是土壤多功能性的最重要的影响功能。Jing 等（2015）的研究也表明，较低的土壤 pH 值可以抑制 SOC 的分解，这可能增强生态系统提供多种生态功能的能力。虽然我们没有发现土壤 pH 值与 SOC 之间的关联，但添加生物炭对 SOC 含量有直接影响。此外，ALP、BG、LAP 活性和铵-N 浓度是预测多功能性的重要功能。碳和氮的添加增加了土壤养分和能量的可用性，较高的养分水平有利于微生物生产酶（Han et al.，2021b），所以生物炭和氮肥对土壤多功能性的提高可能部分是通过间接影响微生物的活性来实现的。

5.2.5　结论

我们的研究表明，长期施用生物炭和氮肥有利于土壤固碳，改善土壤养分含量以及养分循环能力。虽然生物炭并没有对所有的土壤功能产生积极影响，但总的来说，长期施用生物炭对改善土壤功能和提高土壤多功能性有积极意义。土壤多功能性与土壤 pH 值之间存在着明显的负相关关系。相比之下，微生物多样性与单个土壤功能或土壤多功能性没有明显的相关性。同样，尽管一些土壤功能受到土壤宏观微观团聚体的影响，但施用生物炭和氮肥后土壤团聚体的变化对土壤多功能性没有明显影响。我们的研究结果表明，生物炭和氮肥通过直接和间接（降低 pH 值）的作用共同决定了土壤的多功能性。

参 考 文 献

Achat，D. L.，Augusto，L.，Bakker，M. R.，et al，2012. Microbial processes controlling P availability in forest spodosols as affected by soil depth and soil properties [J]. Soil Biology and Biochemistry，44（1）：39-48.

Acosta-Martínez，V.，Ali Tabatabai，M.，2011. Phosphorus Cycle Enzymes，Methods of Soil Enzymology，pp. 161-183.

Ahmed，W.，Liu，K.，Qaswar，M.，et al，2019. Long-Term Mineral Fertilization Improved the Grain Yield and Phosphorus Use Efficiency by Changing Soil P Fractions in Ferralic Cambisol，Agronomy.

Aitkenhead，J. A.，McDowell，W. H.，2000. Soil C：N ratio as a predictor of annual riverine DOC flux at local and global scales [J]. Global Biogeochemical Cycles，14（1）：127-138.

Araújo，M. d. S. B. d.，Sampaio，E. V. S. B.，Schaefer，C. E. R.，2017. Phosphorus desorption affected by drying and wetting cycles in Ferralsols and Luvisols of Brazilian Northeast [J]. Archives of Agronomy and Soil Science，63（2）：242-249.

Arthur，E.，Tuller，M.，Moldrup，P.，et al，2015. Effects of biochar and manure amendments on water vapor sorption in a sandy loam soil [J]. Geoderma 243 - 244: 175 - 182.

Atere, C. T., Ge, T., Zhu, Z., et al, 2018. Carbon allocation and fate in paddy soil depending on phosphorus fertilization and water management: results of 13C continuous labelling of rice [J]. Canadian Journal of Soil Science, 98 (3): 469 - 483.

Atkinson, C. J., Fitzgerald, J. D., Hipps, N. A., 2010. Potential mechanisms for achieving agricultural benefits from biochar application to temperate soils: a review [J]. Plant Soil, 337 (1): 1 - 18.

Banerjee, S., Schlaeppi, K., van der Heijden, M. G. A., 2018. Keystone taxa as drivers of microbiome structure and functioning [J]. Nat Rev Microbiol, 16 (9): 567 - 576.

Bell, T., Newman, J. A., Silverman, B. W., et al, 2005. The contribution of species richness and composition to bacterial services [J]. Nature, 436 (7054): 1157 - 1160.

Bergkemper, F., Schöler, A., Engel, M., et al, 2016. Phosphorus depletion in forest soils shapes bacterial communities towards phosphorus recycling systems [J]. Environ Microbiol, 18 (6): 1988 - 2000.

Bi, Q. - F., Li, K. - J., Zheng, B. - X., et al, 2020. Partial replacement of inorganic phosphorus (P) by organic manure reshapes phosphate mobilizing bacterial community and promotes P bioavailability in a paddy soil. Sci Total Environ 703, 134977.

Blanco - Canqui, H., 2017. Biochar and Soil Physical Properties [J]. Soil Science Society of America Journal, 81 (4): 687 - 711.

Brookes, P. C., Powlson, D. S., Jenkinson, D. S., 1984. Phosphorus in the soil microbial biomass [J]. Soil Biology and Biochemistry, 16 (2): 169 - 175.

Brucker, E., Kernchen, S., Spohn, M., 2020. Release of phosphorus and silicon from minerals by soil microorganisms depends on the availability of organic carbon. Soil Biology and Biochemistry 143, 107737.

Buehler, S., Oberson, A., Rao, I. M., et al, 2002. Sequential Phosphorus Extraction of a 33P - Labeled Oxisol under Contrasting Agricultural Systems [J]. Soil Science Society of America Journal, 66 (3): 868 - 877.

Bünemann, E. K., 2015. Assessment of gross and net mineralization rates of soil organic phosphorus - A review [J]. Soil Biology and Biochemistry, 89: 82 - 98.

Campos, M., Rilling, J. I., Acuña, J. J., et al, 2021. Spatiotemporal variations and relationships of phosphorus, phosphomonoesterases, and bacterial communities in sediments from two Chilean rivers [J]. Sci Total Environ 776, 145782.

Canfield Donald, E., Glazer Alexander, N., Falkowski Paul, G., 2010. The Evolution and Future of Earth's Nitrogen Cycle [J]. Science, 330 (6001): 192 - 196.

Cao, N., Zhi, M., Zhao, W., et al, 2022. Straw retention combined with phosphorus fertilizer promotes soil phosphorus availability by enhancing soil P - related enzymes and the abundance of phoC and phoD genes. Soil and Tillage Research 220, 105390.

Chen, H., Chen, M., Li, D., et al, 2018a. Responses of soil phosphorus availability to nitrogen addition in a legume and a non - legume plantation [J]. Geoderma, 322: 12 - 18.

Chen, J., Liu, X., Zheng, J., et al, 2013. Biochar soil amendment increased bacterial but decreased fungal gene abundance with shifts in community structure in a slightly acid rice paddy from Southwest China [J]. Appl Soil Ecol, 71: 33 – 44.

Chen, Q. – L., Ding, J., Zhu, D., et al, 2020. Rare microbial taxa as the major drivers of ecosystem multifunctionality in long – term fertilized soils. Soil Biology and Biochemistry 141, 107686.

Chen, Q., Qin, J., Cheng, Z., et al, 2018b. Synthesis of a stable magnesium – impregnated biochar and its reduction of phosphorus leaching from soil [J]. Chemosphere, 199: 402 – 408.

Chen, W., Zhan, Y., Zhang, X., et al, 2022. Influence of carbon – to – phosphorus ratios on phosphorus fractions transformation and bacterial community succession in phosphorus – enriched composting. Bioresource Technology 362, 127786.

Cheng, Y., Li, P., Xu, G., et al, 2018. The effect of soil water content and erodibility on losses of available nitrogen and phosphorus in simulated freeze – thaw conditions [J]. CATENA, 166: 21 – 33.

Cleveland, C. C., Liptzin, D., 2007. C : N : P stoichiometry in soil: is there a "Redfield ratio" for the microbial biomass? [J]. Biogeochemistry, 85 (3): 235 – 252.

Condron, L. M., Turner, B. L., Cade – Menun, B. J., 2005. Chemistry and Dynamics of Soil Organic Phosphorus, Phosphorus: Agriculture and the Environment. Agronomy Monographs, 87 – 121.

Cui, J., Ge, T., Kuzyakov, Y., et al, 2017. Interactions between biochar and litter priming: A three – source 14C and δ13C partitioning study [J]. Soil Biology and Biochemistry, 104: 49 – 58.

Dai, Z., Liu, G., Chen, H., et al, 2020. Long – term nutrient inputs shift soil microbial functional profiles of phosphorus cycling in diverse agroecosystems [J]. The ISME Journal, 14 (3): 757 – 770.

Dai, Z., Xiong, X., Zhu, H., et al, 2021. Association of biochar properties with changes in soil bacterial, fungal and fauna communities and nutrient cycling processes [J]. Biochar, 3 (3): 239 – 254.

de – Bashan, L. E., Magallon – Servin, P., Lopez, B. R., et al, 2022. Biological activities affect the dynamic of P in dryland soils [J]. Biology and Fertility of Soils, 58 (2): 105 – 119.

Delgado – Baquerizo, M., Eldridge, D. J., Ochoa, V., et al, 2017. Soil microbial communities drive the resistance of ecosystem multifunctionality to global change in drylands across the globe [J]. Ecology Letters, 20 (10): 1295 – 1305.

Delgado – Baquerizo, M., Maestre, F. T., Reich, P. B., et al, 2016. Microbial diversity drives multifunctionality in terrestrial ecosystems. Nat Commun 7 (1), 10541.

Delgado – Baquerizo, M., Reich, P. B., Trivedi, C., et al, 2020. Multiple elements of soil biodiversity drive ecosystem functions across biomes [J]. Nature Ecology & Evolution, 4 (2): 210 – 220.

Diosma, G., Aulicino, M., Chidichimo, H., et al, 2006. Effect of tillage and N fertilization on microbial physiological profile of soils cultivated with wheat [J]. Soil and Tillage Research,

91 (1): 236 - 243.

Dong, L., Yang, X., Shi, L., et al, 2022a. Biochar and nitrogen fertilizer co - application changed SOC content and fraction composition in Huang - Huai - Hai plain, China. Chemosphere 291, 132925.

Dong, X., Guan, T., Li, G., et al, 2016. Long - term effects of biochar amount on the content and composition of organic matter in soil aggregates under field conditions [J]. Journal of Soils and Sediments, 16 (5): 1481 - 1497.

Dong, Z., Li, H., Xiao, J., et al, 2022b. Soil multifunctionality of paddy field is explained by soil pH rather than microbial diversity after 8 - years of repeated applications of biochar and nitrogen fertilizer. Sci Total Environ 853, 158620.

El - Naggar, A., Lee, S. S., Rinklebe, J., et al, 2019. Biochar application to low fertility soils: A review of current status, and future prospects [J]. Geoderma, 337: 536 - 554.

Elliott, E. T., 1986. Aggregate Structure and Carbon, Nitrogen, and Phosphorus in Native and Cultivated Soils [J]. Soil Science Society of America Journal, 50 (3): 627 - 633.

Elser, J. J., Bracken, M. E. S., Cleland, E. E., et al, 2007. Global analysis of nitrogen and phosphorus limitation of primary producers in freshwater, marine and terrestrial ecosystems [J]. Ecology Letters, 10 (12): 1135 - 1142.

Fan, Y., Lin, F., Yang, L., et al, 2018. Decreased soil organic P fraction associated with ectomycorrhizal fungal activity to meet increased P demand under N application in a subtropical forest ecosystem [J]. Biology and Fertility of Soils, 54 (1): 149 - 161.

Fan, Y., Zhong, X., Lin, F., et al, 2019. Responses of soil phosphorus fractions after nitrogen addition in a subtropical forest ecosystem: Insights from decreased Fe and Al oxides and increased plant roots [J]. Geoderma, 337: 246 - 255.

Fernández, L. A., Zalba, P., Gómez, M. A., et al, 2007. Phosphate - solubilization activity of bacterial strains in soil and their effect on soybean growth under greenhouse conditions [J]. Biology and Fertility of Soils, 43 (6): 805 - 809.

Fraser, T. D., Lynch, D. H., Bent, E., et al, 2015. Soil bacterial phoD gene abundance and expression in response to applied phosphorus and long - term management [J]. Soil Biology and Biochemistry, 88: 137 - 147.

Fraser, T. D., Lynch, D. H., Gaiero, J., et al, 2017. Quantification of bacterial non - specific acid (phoC) and alkaline (phoD) phosphatase genes in bulk and rhizosphere soil from organically managed soybean fields [J]. Appl Soil Ecol, 111: 48 - 56.

Gao, D. C., Bai, E., Yang, Y., et al, 2021. A global meta - analysis on freeze - thaw effects on soil carbon and phosphorus cycling [J]. Soil Biology & Biochemistry, 159.

Gao, S., DeLuca, T. H., 2018. Wood biochar impacts soil phosphorus dynamics and microbial communities in organically - managed croplands [J]. Soil Biology and Biochemistry, 126: 144 - 150.

Gao, S., DeLuca, T. H., Cleveland, C. C., 2019. Biochar additions alter phosphorus and nitrogen availability in agricultural ecosystems: A meta - analysis [J]. Sci Total Environ, 654: 463 - 472.

Gao, S., Hoffman‐Krull, K., DeLuca, T. H., 2017. Soil biochemical properties and crop productivity following application of locally produced biochar at organic farms on Waldron Island, WA [J]. Biogeochemistry, 136 (1): 31-46.

Gong, H., Du, Q., Xie, S., et al, 2021. Soil microbial DNA concentration is a powerful indicator for estimating soil microbial biomass C and N across arid and semi‐arid regions in northern China. Appl Soil Ecol 160, 103869.

González Jiménez, J. L., Healy, M. G., Daly, K., 2019. Effects of fertiliser on phosphorus pools in soils with contrasting organic matter content: A fractionation and path analysis study [J]. Geoderma, 338: 128-135.

Gu, C., Margenot, A. J., 2021. Navigating limitations and opportunities of soil phosphorus fractionation [J]. Plant Soil, 459 (1): 13-17.

Gul, S., Whalen, J. K., Thomas, B. W., et al, 2015. Physico‐chemical properties and microbial responses in biochar‐amended soils: Mechanisms and future directions [J]. Agriculture, Ecosystems & Environment, 206: 46-59.

Han, L., Zhang, B., Chen, L., et al, 2021a. Impact of biochar amendment on soil aggregation varied with incubation duration and biochar pyrolysis temperature [J]. Biochar, 3 (3): 339-347.

Han, S., Delgado‐Baquerizo, M., Luo, X., et al, 2021b. Soil aggregate size‐dependent relationships between microbial functional diversity and multifunctionality. Soil Biology and Biochemistry 154, 108143.

Hossain, M. Z., Bahar, M. M., Sarkar, B., et al, 2020. Biochar and its importance on nutrient dynamics in soil and plant [J]. Biochar, 2 (4): 379-420.

Hou, E., Chen, C., Wen, D., Liu, X., 2015. Phosphatase activity in relation to key litter and soil properties in mature subtropical forests in China. Sci Total Environ, 515-516, 83-91.

Hou, E., Luo, Y., Kuang, Y., et al, 2020. Global meta‐analysis shows pervasive phosphorus limitation of aboveground plant production in natural terrestrial ecosystems [J]. Nat Commun, 11 (1): 637.

Hu, B., Yang, B., Pang, X., et al, 2016. Responses of soil phosphorus fractions to gap size in a reforested spruce forest [J]. Geoderma, 279: 61-69.

Hu, F., Xu, C., Ma, R., et al, 2021a. Biochar application driven change in soil internal forces improves aggregate stability: Based on a two‐year field study. Geoderma 403, 115276.

Hu, W., Ran, J., Dong, L., et al, 2021b. Aridity‐driven shift in biodiversity‐soil multifunctionality relationships [J]. Nat Commun, 12 (1): 5350.

Huang, H., Shi, P., Wang, Y., et al, 2009. Diversity of Beta‐Propeller Phytase Genes in the Intestinal Contents of Grass Carp Provides Insight into the Release of Major Phosphorus from Phytate in Nature [J]. Applied and Environmental Microbiology, 75 (6): 1508-1516.

Islam, M. U., Jiang, F., Guo, Z., et al, 2021. Does biochar application improve soil aggregation? A meta‐analysis. Soil and Tillage Research 209, 104926.

Jakobsen, I., Leggett, M. E., Richardson, A. E., 2005. Rhizosphere Microorganisms and

Plant Phosphorus Uptake, Phosphorus: Agriculture and the Environment. Agronomy Monographs, pp. 437 – 494.

Jing, X., Sanders, N. J., Shi, Y., et al, 2015. The links between ecosystem multifunctionality and above – and belowground biodiversity are mediated by climate [J]. Nat Commun, 6 (1): 8159.

Johnson, A. H., Frizano, J., Vann, D. R., 2003. Biogeochemical implications of labile phosphorus in forest soils determined by the Hedley fractionation procedure [J]. Oecologia, 135 (4): 487 – 499.

Jones, D. L., Oburger, E., 2011. Solubilization of Phosphorus by Soil Microorganisms. In: E. Bünemann, A. Oberson, E. Frossard (Eds.), Phosphorus in Action: Biological Processes in Soil Phosphorus Cycling. Springer Berlin Heidelberg, Berlin, Heidelberg, pp. 169 – 198.

Li, F., Liang, X., Niyungeko, C., et al, 2019. Chapter Two – Effects of biochar amendments on soil phosphorus transformation in agricultural soils. In: D. L. Sparks (Ed.), Advances in Agronomy. Academic Press, pp. 131 – 172.

Li, K., Zhang, H., Li, X., et al, 2021a. Field management practices drive ecosystem multifunctionality in a smallholder – dominated agricultural system. Agriculture, Ecosystems & Environment 313, 107389.

Li, Q., Lei, Z., Song, X., et al, 2018. Biochar amendment decreases soil microbial biomass and increases bacterial diversity in Moso bamboo (Phyllostachys edulis) plantations under simulated nitrogen deposition [J]. Environmental Research Letters, 13 (4): 44029.

Li, Y., Ge, Y., Wang, J., et al, 2021b. Functional redundancy and specific taxa modulate the contribution of prokaryotic diversity and composition to multifunctionality [J]. Molecular Ecology, 30 (12): 2915 – 2930.

Li, Y., Li, H., Lu, X., 2021c. Effect of biochar applications on soil phosphorus availability under different soil moisture levels [J]. Canadian Journal of Soil Science, 102 (1): 155 – 163.

Liang, B., Lehmann, J., Sohi, S. P., et al, 2010. Black carbon affects the cycling of non – black carbon in soil [J]. Organic Geochemistry, 41 (2): 206 – 213.

Liu, B., Li, H., Li, H., 2021. Long – term biochar application promotes rice productivity by regulating root dynamic development and reducing nitrogen leaching [J]. GCB Bioenergy, 13 (1): 257 – 268.

Liu, X., Ma, Y., Manevski, K., et al, 2022. Biochar and alternate wetting – drying cycles improving rhizosphere soil nutrients availability and tobacco growth by altering root growth strategy in Ferralsol and Anthrosol. Sci Total Environ 806, 150513.

Lopes, A. A. d. C., Gomes de Sousa, D. M., Bueno dos Reis Junior, F., Carvalho Mendes, I., 2015. Air – drying and long – term storage effects on β – glucosidase, acid phosphatase and arylsulfatase activities in a tropical Savannah Oxisol [J]. Appl Soil Ecol, 93: 68 – 77.

Loreau, M., 2004. Does functional redundancy exist? [J]. Oikos, 104 (3): 606 – 611.

Lu, J. – l., Jia, P., Feng, S. – w., et al, 2022. Remarkable effects of microbial factors on soil phosphorus bioavailability: A country – scale study [J]. Global Change Biol, 28 (14):

4459 – 4471.

Luo, G., Rensing, C., Chen, H., et al, 2018. Deciphering the associations between soil microbial diversity and ecosystem multifunctionality driven by long – term fertilization management [J]. Functional Ecology, 32 (4): 1103 – 1116.

Luo, L., Ye, H., Zhang, D., et al, 2021. The dynamics of phosphorus fractions and the factors driving phosphorus cycle in Zoige Plateau peatland soil. Chemosphere 278, 130501.

Maestre, F. T., Quero, J. L., Gotelli, N. J., et al, 2012. Plant Species Richness and Ecosystem Multifunctionality in Global Drylands [J]. SCIENCE, 335 (6065): 214 – 218.

Magallon – Servín, P., Antoun, H., Taktek, S., et al, 2020. The maize mycorrhizosphere as a source for isolation of arbuscular mycorrhizae – compatible phosphate rock – solubilizing bacteria [J]. Plant Soil, 451 (1): 169 – 186.

Mahmood, M., Tian, Y., Ma, Q., et al, 2021. Changes in phosphorus fractions in response to long – term nitrogen fertilization in loess plateau of China. Field Crops Research 270, 108207.

Maltais – Landry, G., Scow, K., Brennan, E., 2014. Soil phosphorus mobilization in the rhizosphere of cover crops has little effect on phosphorus cycling in California agricultural soils [J]. Soil Biology and Biochemistry, 78: 255 – 262.

Manning, P., van der Plas, F., Soliveres, S., et al, 2018. Redefining ecosystem multifunctionality [J]. Nature Ecology & Evolution, 2 (3): 427 – 436.

Maranguit, D., Guillaume, T., Kuzyakov, Y., 2017. Effects of flooding on phosphorus and iron mobilization in highly weathered soils under different land – use types: Short – term effects and mechanisms [J]. CATENA, 158: 161 – 170.

McDowell, R. W., Sharpley, A. N., 2001. Approximating Phosphorus Release from Soils to Surface Runoff and Subsurface Drainage [J]. J Environ Qual, 30 (2): 508 – 520.

Menezes – Blackburn, D., Jorquera, M. A., Greiner, R., et al, 2013. Phytases and Phytase – Labile Organic Phosphorus in Manures and Soils [J]. Crit Rev Env Sci Tec, 43 (9): 916 – 954.

Meyer, G., Bünemann, E. K., Frossard, E., et al, 2017. Gross phosphorus fluxes in a calcareous soil inoculated with Pseudomonas protegens CHA0 revealed by 33P isotopic dilution [J]. Soil Biology and Biochemistry, 104: 81 – 94.

Meyer, S. T., Ptacnik, R., Hillebrand, H., et al, 2018. Biodiversity – multifunctionality relationships depend on identity and number of measured functions [J]. Nature Ecology & Evolution, 2 (1): 44 – 49.

Morshedizad, M., Leinweber, P., 2017. Leaching of Phosphorus and Cadmium in Soils Amended with Different Bone Chars. CLEAN – Soil, Air, Water 45 (8), 1600635.

Nannipieri, P., Ascher – Jenull, J., Ceccherini, M. T., et al, 2020. Beyond microbial diversity for predicting soil functions: A mini review [J]. Pedosphere, 30 (1): 5 – 17.

Nannipieri, P., Giagnoni, L., Renella, G., et al, 2012. Soil enzymology: classical and molecular approaches [J]. Biology and Fertility of Soils, 48 (7): 743 – 762.

Nannipieri, P., Kandeler, E., Ruggiero, P., 2002. Enzyme activities and microbiological and biochemical processes in soil. Enzymes in the environment: activity, ecology, and applications.

Nelissen, V., Rütting, T., Huygens, D., et al, 2012. Maize biochars accelerate short – term soil nitrogen dynamics in a loamy sand soil [J]. Soil Biology and Biochemistry, 55: 20 – 27.

Niederberger, J., Kohler, M., Bauhus, J., 2019. Distribution of phosphorus fractions with different plant availability in German forest soils and their relationship with common soil properties and foliar P contents [J]. SOIL, 5 (2): 189 – 204.

Olsen, R. G., Court, M. N., 1982. Effect of wetting and drying of soils on phosphate adsorption and resin extraction of soil phosphate [J]. Journal of Soil Science, 33 (4): 709 – 717.

Palansooriya, K. N., Wong, J. T. F., Hashimoto, Y., et al, 2019. Response of microbial communities to biochar – amended soils: a critical review [J]. Biochar, 1 (1): 3 – 22.

Pathy, A., Ray, J., Paramasivan, B., 2020. Biochar amendments and its impact on soil biota for sustainable agriculture [J]. Biochar, 2 (3): 287 – 305.

Perakis, S. S., Pett – Ridge, J. C., Catricala, C. E., 2017. Nutrient feedbacks to soil heterotrophic nitrogen fixation in forests [J]. Biogeochemistry, 134 (1): 41 – 55.

Pierzynski, G. M., McDowell, R. W., Thomas Sims, J., 2005. Chemistry, Cycling, and Potential Movement of Inorganic Phosphorus in Soils, Phosphorus: Agriculture and the Environment. Agronomy Monographs, pp. 51 – 86.

Pizzeghello, D., Berti, A., Nardi, S., Morari, F., 2011. Phosphorus forms and P – sorption properties in three alkaline soils after long – term mineral and manure applications in north – eastern Italy [J]. Agriculture, Ecosystems & Environment, 141 (1): 58 – 66.

Prendergast – Miller, M. T., Duvall, M., Sohi, S. P., 2011. Localisation of nitrate in the rhizosphere of biochar – amended soils [J]. Soil Biology and Biochemistry, 43 (11): 2243 – 2246.

Qaswar, M., Jing, H., Ahmed, W., et al, 2021. Linkages between ecoenzymatic stoichiometry and microbial community structure under long – term fertilization in paddy soil: A case study in China. Appl Soil Ecol 161, 103860.

Rabbi, S. M. F., Wilson, B. R., Lockwood, P. V., et al, 2014. Soil organic carbon mineralization rates in aggregates under contrasting land uses [J]. Geoderma, 216: 10 – 18.

Ragot Sabine, A., Kertesz Michael, A., Bünemann Else, K., Voordouw, G., 2015. phoD Alkaline Phosphatase Gene Diversity in Soil [J]. Applied and Environmental Microbiology, 81 (20): 7281 – 7289.

Rana, M. S., Hu, C. X., Shaaban, M., et al, 2020. Soil phosphorus transformation characteristics in response to molybdenum supply in leguminous crops. Journal of Environmental Management 268, 110610.

Raymond, N. S., Gómez – Muñoz, B., van der Bom, F. J. T., et al, 2021. Phosphate – solubilising microorganisms for improved crop productivity: a critical assessment [J]. New Phytol, 229 (3): 1268 – 1277.

Raymond, N. S., Jensen, L. S., Müller Stöver, D., 2018. Enhancing the phosphorus bioavailability of thermally converted sewage sludge by phosphate – solubilising fungi [J]. Ecological Engineering，120：44 – 53.

Richardson，A. E.，2001. Prospects for using soil microorganisms to improve the acquisition of phosphorus by plants [J]. Functional Plant Biology，28 (9)：897 – 906.

Rodriguez，H.，Fraga，R.，Gonzalez，T.，Bashan，Y.，2006. Genetics of phosphate solubilization and its potential applications for improving plant growth – promoting bacteria [J]. Plant Soil，287 (1 – 2)：15 – 21.

Rui，Y.，Wang，Y.，Chen，C.，et al，2012. Warming and grazing increase mineralization of organic P in an alpine meadow ecosystem of Qinghai – Tibet Plateau，China [J]. Plant Soil，357 (1)：73 – 87.

Schachtman，D. P.，Reid，R. J.，Ayling，S. M.，1998. Phosphorus Uptake by Plants：From Soil to Cell [J]. Plant Physiology，116 (2)：447 – 453.

Siles，J. A.，Starke，R.，Martinovic，T.，et al，2022. Distribution of phosphorus cycling genes across land uses and microbial taxonomic groups based on metagenome and genome mining. Soil Biology and Biochemistry 174，108826.

Sui，L.，Tang，C.，Cheng，K.，Yang，F.，2022. Biochar addition regulates soil phosphorus fractions and improves release of available phosphorus under freezing – thawing cycles. Sci Total Environ 848，157748.

Sumner，M. E.，Miller，W. P.，1996. Cation Exchange Capacity and Exchange Coefficients，Methods of Soil Analysis. SSSA Book Series，pp. 1201 – 1229.

Sun，H.，Wu，Y.，Zhou，J.，et al，2022. Microorganisms drive stabilization and accumulation of organic phosphorus：An incubation experiment. Soil Biology and Biochemistry 172，108750.

Sun，J.，Li，H.，Zhang，D.，et al，2021. Long – term biochar application governs the molecular compositions and decomposition of organic matter in paddy soil [J]. GCB Bioenergy，13 (12)：1939 – 1953.

Tabatabai，M. A.，1994. Soil Enzymes，Methods of Soil Analysis，pp. 775 – 833.

Tian，J. H.，Kuang，X. Z.，Tang，M. T.，et al，2021. Biochar application under low phosphorus input promotes soil organic phosphorus mineralization by shifting bacterial phoD gene community composition. Sci Total Environ 779.

Tiessen，H.，Moir，J. O.，1993. Characterization of available P by sequential extraction [J]. Soil sampling and methods of analysis，7：5 – 229.

Tsiafouli，M. A.，Thébault，E.，Sgardelis，S. P.，et al，2015. Intensive agriculture reduces soil biodiversity across Europe [J]. Global Change Biol，21 (2)：973 – 985.

Turner，B. L.，Haygarth，P. M.，2001. Phosphorus solubilization in rewetted soils. Nature，411 (6835)：258 – 258.

Turner，B. L.，Papházy，M. J.，Haygarth，P. M.，et al，2002. Inositol phosphates in the environment. Philosophical Transactions of the Royal Society of London [J]. Series B：Biological Sciences，357 (1420)：449 – 469.

Wagg，C.，Bender，S. F.，Widmer，F.，et al，2014. Soil biodiversity and soil community composition determine ecosystem multifunctionality [J]. P Natl Acad Sci USA，111 (14)：

5266 – 5270.

Wan, W. , Hao, X. , Xing, Y. , et al, 2021. Spatial differences in soil microbial diversity caused by pH – driven organic phosphorus mineralization [J]. Land Degradation & Development, 32 (2): 766 – 776.

Wang, R. , Yang, J. , Liu, H. , et al, 2022a. Nitrogen enrichment buffers phosphorus limitation by mobilizing mineral – bound soil phosphorus in grasslands. Ecology 103 (3), e3616.

Wang, Y. – F. , Chen, P. , Wang, F. – H. , et al, 2022b. The ecological clusters of soil organisms drive the ecosystem multifunctionality under long – term fertilization. Environment International 161, 107133.

Wang, Y. , Jensen, C. R. , Liu, F. , 2017. Nutritional responses to soil drying and rewetting cycles under partial root – zone drying irrigation. Agricultural Water Management, 179: 254 – 259.

Wang, Z. – R. , Niu, D. – C. , Hu, Y. – G. , et al, 2022c. Changes in soil phosphorus fractions associated with altered vegetation and edaphic conditions across a chronosequence of revegetated dunes in a desert area. Geoderma 424, 115995.

Wei, X. , Hu, Y. , Razavi, B. S. , et al, 2019. Rare taxa of alkaline phosphomonoesterase – harboring microorganisms mediate soil phosphorus mineralization [J]. Soil Biology and Biochemistry, 131: 62 – 70.

Xiao, S. – S. , Ye, Y. – Y. , Xiao, D. , et al, 2019. Effects of tillage on soil N availability, aggregate size, and microbial biomass in a subtropical karst region [J]. Soil and Tillage Research, 192: 187 – 195.

Xu, G. , Sun, J. , Shao, H. , Chang, S. X. , 2014. Biochar had effects on phosphorus sorption and desorption in three soils with differing acidity [J]. Ecological Engineering, 62: 54 – 60.

Xu, G. , Zhang, Y. , Shao, H. , Sun, J. , 2016. Pyrolysis temperature affects phosphorus transformation in biochar: Chemical fractionation and 31P NMR analysis [J]. Sci Total Environ, 569 – 570: 65 – 72.

Xu, X. , Mao, X. , Van Zwieten, L. , et al, 2020. Wetting – drying cycles during a rice – wheat crop rotation rapidly (im) mobilize recalcitrant soil phosphorus [J]. Journal of Soils and Sediments, 20 (11): 3921 – 3930.

Xu, Z. , Yu, G. , Zhang, X. , et al, 2017. Soil enzyme activity and stoichiometry in forest ecosystems along the North – South Transect in eastern China (NSTEC) [J]. Soil Biology and Biochemistry, 104: 152 – 163.

Yadav, R. S. , Tarafdar, J. C. , 2003. Phytase and phosphatase producing fungi in arid and semi – arid soils and their efficiency in hydrolyzing different organic P compounds [J]. Soil Biology and Biochemistry, 35 (6): 745 – 751.

Yang, F. , Sui, L. , Tang, C. , et al, 2021a. Sustainable advances on phosphorus utilization in soil via addition of biochar and humic substances. Sci Total Environ, 768, 145106.

Yang, F. , Zhang, Z. , Barberán, A. , et al, 2021b. Nitrogen – induced acidification plays a vital role driving ecosystem functions: Insights from a 6 – year nitrogen enrichment experiment in a Tibetan alpine meadow. Soil Biology and Biochemistry, 153, 108107.

Yang, L., Wu, Y., Wang, Y., et al, 2021c. Effects of biochar addition on the abundance, speciation, availability, and leaching loss of soil phosphorus. Sci Total Environ, 758, 143657.

Zaheer, R., Morton, R., Proudfoot, M., et al, 2009. Genetic and biochemical properties of an alkaline phosphatase PhoX family protein found in many bacteria [J]. Environ Microbiol, 11 (6): 1572 – 1587.

Zavalloni, C., Alberti, G., Biasiol, S., et al, 2011. Microbial mineralization of biochar and wheat straw mixture in soil: A short – term study [J]. Appl Soil Ecol, 50: 45 – 51.

Zederer, D. P., Talkner, U., 2018. Organic P in temperate forest mineral soils as affected by humus form and mineralogical characteristics and its relationship to the foliar P content of European beech [J]. Geoderma, 325: 162 – 171.

Zhang, B., Liang, A., Wei, Z., Ding, X., 2019a. No – tillage leads to a higher resistance but a lower resilience of soil multifunctionality than ridge tillage in response to dry – wet disturbances. Soil and Tillage Research 195, 104376.

Zhang, L., Xiang, Y., Jing, Y., Zhang, R., 2019b. Biochar amendment effects on the activities of soil carbon, nitrogen, and phosphorus hydrolytic enzymes: a meta – analysis [J]. Environ Sci Pollut R, 26 (22): 22990 – 23001.

Zhang, Q., Du, Z., Lou, Y., He, X., 2015. A one – year short – term biochar application improved carbon accumulation in large macroaggregate fractions [J]. CATENA, 127: 26 – 31.

Zhang, Y., Zhao, H., Hu, W., et al, 2022. Understanding how reed – biochar application mitigates nitrogen losses in paddy soil: Insight into microbially – driven nitrogen dynamics. Chemosphere 295, 133904.

Zhao, Y., Li, Y., Yang, F., 2021. Critical review on soil phosphorus migration and transformation under freezing – thawing cycles and typical regulatory measurements. Sci Total Environ 751, 141614.

Zheng, H., Wang, X., Luo, X., et al, 2018. Biochar – induced negative carbon mineralization priming effects in a coastal wetland soil: Roles of soil aggregation and microbial modulation. Sci Total Environ 610 – 611, 951 – 960.

Zhou, W., Lv, T. – F., Chen, Y., et al, 2014. Soil Physicochemical and Biological Properties of Paddy – Upland Rotation: A Review. The Scientific World Journal 2014, 856352.

Zicker, T., von Tucher, S., Kavka, M., et al, 2018. Soil test phosphorus as affected by phosphorus budgets in two long – term field experiments in Germany [J]. Field Crops Research, 218: 158 – 170.